Katharina Rogenhofer
Florian Schlederer

ÄNDERT SICH NICHTS, ÄNDERT SICH ALLES

WARUM WIR JETZT FÜR UNSEREN PLANETEN KÄMPFEN MÜSSEN

Paul Zsolnay Verlag

Mit freundlicher Unterstützung der Kulturabteilung
der Stadt Wien, Literatur und Wissenschaft

1. Auflage 2021
ISBN 978-3-552-07254-1
© 2021 Paul Zsolnay Verlag Ges. m.b. H., Wien
Satz: Nadine Clemens, München
Autorenfoto: © Heribert Corn / Zsolnay
Umschlag: Anzinger und Rasp, München
Druck und Bindung: Gugler GmbH, Melk / Donau, Österreich
Printed in Austria

 Cradle to Cradle Certified™ Pureprint
innovated by gugler*
Gesund. Rückstandsfrei. Klimapositiv.
www.gugler.at

klimapositiv gedruckt

 MIX
Papier aus verantwor-
tungsvollen Quellen
FSC® C005108

INHALT

EINLEITUNG • EIN BUCH DER CHANCEN 7

KAPITEL 1 • DIE PLANETARE GRENZE KLIMAKRISE 15
   1. Wir sitzen alle im selben Boot 15
   2. Die Fakten 23

KAPITEL 2 • GROSSE ZIELE UND WERTE 41
   1. Die Logik der Wirtschaft und die Gesetze der Natur 42
   2. Ein gutes Leben für alle 53
   3. Die Distanzen zwischen Arm und Reich 62
   4. Umverteilung und Teilhabe 71
   5. Die Partnerschaft von Markt und Staat ermöglichen 76
   6. Ein würdiges Ziel 81

KAPITEL 3 • EIN GREEN NEW DEAL 86
   1. Ein visionäres Programm 88
   2. Kommunikation und Mitbestimmung 92
   3. Investitionen und Finanzen 104
   4. Wirtschaft und Arbeit 117
   5. Energie und Gebäude 132
   6. Mobilität und Raumplanung 142
   7. Gesetze und Steuern 157

KAPITEL 4 • BILLIGE AUSREDEN – WARUM NICHTS GESCHIEHT 175
   1. Sollen die doch machen – das Verantwortungskarussell 176
   2. Das betrifft uns nicht – Alarmstufe rot-weiß-rot 208
   3. Das kostet zu viel – die Unkosten des Nichtstuns 219
   4. Die Technik wird's retten – warum so hysterisch? 223

**KAPITEL 5 • FOSSILE VERSTRICKUNGEN –
WARUM WIRKLICH NICHTS GESCHIEHT** 234

KAPITEL 6 • AKTIV WERDEN 252

DANKSAGUNG 271
ANMERKUNGEN 273

EINLEITUNG
EIN BUCH DER CHANCEN

Seit ich denken kann, wünsche ich mir etwas mehr als alles andere. Ich wünschte es mir, als ich mit fünf Jahren meine ein Meter lange Frotteezipfelmütze im Lainzer Tiergarten verlor und dachte, das sei die größte Krise auf der Welt. Ich wünschte es mir vor den Schulwettkämpfen im Bodenturnen, als ich Bauchkrämpfe bekam bei der Vorstellung, in einem zu engen Kostüm grazil wirken zu müssen. Ich wünschte es mir auf der Fahrt ins Krankenhaus, als ich beim Sprung vom Dreimeterturm nicht im Becken, sondern auf dem Startsockel daneben gelandet war und die gebrochenen Rippen meine Lunge aufspießten. Als ich nach vier Jahren liebevoller Beziehung aus der gemeinsamen Wohnung ausziehen musste, wünschte ich mir nichts sehnlicher. Und auch während der Arbeit am Klimavolksbegehren wünschte ich es mir beständig, denn ich war oftmals überfordert mit all der Verantwortung. Wenn es wieder einmal so aussah, als würden wir keine 100 000 Stimmen zusammenkratzen, ich spätnachts erschöpft im Bett lag und meine Zweifel mich nicht schlafen ließen, dann brannte der Wunsch unerfüllt in meiner Brust.

Wie alles Schöne auf der Welt kostet das, was ich mir wünsche, nichts. Mein Wunsch ist einfach. Alltäglich. Ein bisschen kitschig sogar. Darum hütete ich ihn wie ein Geheimnis. Ich traute mich nicht, ihn auszusprechen, bis ich ihn selbst nicht mehr spürte. Mittlerweile denke ich aber, dass alle – irgendwo tief drinnen, dort, wo das Kind wohnt – diesen Wunsch haben: dass einen jemand in den Arm nimmt und sagt, dass alles wieder gut wird.

GENERATION FUTURE Meine Eltern wurden in den frühen 1960ern geboren. Mein Vater kommt aus dem Mostviertel in Niederösterreich, meine Mutter aus Saalfelden in Salzburg. Was dort so los war in den Sechzigern? Die wilde Hippiezeit war es jedenfalls nicht. Aus den Erzählungen weiß ich, dass die schlimmen Nachkriegsjahre gerade vorüber waren. Meine Großeltern gehören zu der Generation, die schwere Entbehrungen in Kauf genommen und Europa neu aufgebaut hat. Die Probleme der Zeit waren sehr konkret. Das neue Fahrrad meiner Oma wurde gegen einen Sack Kartoffeln getauscht, Essensmarken akribisch gesammelt und sparsam aufgeteilt. Wie man im nächsten Jahr über die Runden kommen sollte – solche Fragen betrafen jede und jeden ganz unmittelbar. Und trotz all der Schwierigkeiten konnte meine Oma später ihren Kindern versprechen, dass alles gut wird. Wenn sie fleißig lernten und brav arbeiteten, würde alles gut werden. Sie glaubten ihr. Und weil Mütter sowieso immer recht haben, wurde es auch besser.

Als ich dann irgendwann in den Neunzigern antanzte, sah die Zukunft vielversprechender aus denn je. Der Kalte Krieg war zu Ende, und die Europäische Union formte sich aus einer Friedensvision heraus. Was es heißt, unerfüllte Grundbedürfnisse zu haben, kann ich mir gar nicht vorstellen. Wenn es mir schlechtging, setzte sich meine Mutter zu mir, umarmte mich und versprach, dass alles gut wird. Ich glaubte ihr.

Uns hier in Österreich, in Europa geht es besser als allen Generationen vor uns. Vergleicht man den durchschnittlichen Lebensstandard von vor hundert Jahren mit dem heutigen, ist das Ergebnis eindeutig. Auch weltweit gibt es viele Erfolge im Kampf gegen Hunger, Kindersterblichkeit und Analphabetismus. Und das mit dem Klima? Ja, meine Güte. Warum verbreiten wir Jugendlichen da so eine »Panik«? Ein bisschen übertrieben ist das mit dieser schwedischen Greta-Göre ja schon. Nicht in die Schule gehen – was fällt denen ein? Das hätte es bei uns nicht gegeben, werden sich manche denken. Die sollen einmal lernen statt demonstrieren.

Nun, wir haben gelernt, und ziemlich schnell war klar: Wir rasen momentan auf eine Katastrophe zu, und niemand tut etwas dagegen. Im

Gegenteil. Seit der Jahrtausendwende scheint alles aus dem Ruder zu laufen. Die Weltbevölkerung steigt rasant, unzählige Menschen verlieren durch Krieg und Hungersnöte ihre Heimat und müssen flüchten, politische Ausgrenzung erlebt einen Aufschwung, soziale Netzwerke spalten Gesellschaften, das reichste Prozent der Menschen besitzt mehr als fünfzig Prozent, also über die Hälfte des globalen Vermögens[1], Naturkatastrophen werden häufiger und heftiger, und die Corona-Pandemie verschärft die Ungerechtigkeiten, wo man auch hinblickt. Im gemeinsamen Boot schließen die LenkerInnen der Welt die Augen, während wir auf einen tödlichen Wasserfall zurasen, und erhöhen dabei sogar noch das Tempo.

Wie kann das passieren, vor unser aller Augen? Vom Schulbuch bis zur Spitzenforschung sind sich alle einig: Der Mensch verursacht eine nie dagewesene Zerstörung. Artensterben, Übersäuerung der Meere, Überdüngung der Böden und die Veränderung des Klimas. Diese ökologischen *Krisen* bedrohen alle Lebensbereiche. Sie machen die Zukunft so ungewiss wie schon lange nicht mehr. Wenn wir so weitermachen, wartet keine bessere Welt auf unsere Kinder. Es wartet noch nicht einmal eine *gute* Welt auf sie. Wenn wir nämlich nichts ändern, dann ändert sich alles.

Viele junge Menschen haben genau das verstanden. Sie haben gelernt, dass man Geld nicht essen kann. Sie rudern mit aller Kraft gegen den mächtigen Strom, der uns täglich näher zur Klippe schwemmt.

Aber auch ohne Klippe würde sich der Gedanke lohnen, was denn eigentlich das Ziel ist, auf das wir unser Boot zusteuern. Was ist das große Ganze, der große Plan für das 21. Jahrhundert? Blenden Sie einmal alle tagespolitischen Geplänkel aus und stellen Sie sich vor, wie Österreich in zehn, in fünfzig, in hundert Jahren aussehen soll. Welche Gedanken kommen Ihnen in den Sinn?

Sie haben kein Bild im Kopf? Vermutlich weil kaum jemand einen Entwurf wagt, geschweige denn einen Plan vorlegt. Wir leben in einer Zeit der visionslosen Politik. Welches Ziel haben wir denn im Blick, um auch in Flauten und wilden Stürmen das gemeinsame Boot auf Kurs zu halten? Werden wir in hundert Jahren noch immer in einer Vierzig-Stunden-Woche Überstunden machen und danach blindlings Dinge kaufen, die nach einem Monat wieder kaputt sind, damit das darauffolgende Jahr ein paar Prozent Wirtschaftswachstum verzeichnet? Ist das unser großes Ziel: einfach *mehr*? Werden wir in hundert Jahren immer noch mehr Rendite wollen, mehr einkaufen, mehr, mehr, mehr? Die letzten Ressourcen aus uns und der Natur herausquetschen, bis alle der Erschöpfung erliegen? Werden wir immer noch die Ellbogen ausfahren, um andere Menschen und Regionen zu unterdrücken und auf ihre Kosten ein Leben im Luxus zu führen? Das ist weder eine gute Strategie noch ein würdiges Ziel. Ich habe genügend Menschen kennengelernt, um mit tiefer Überzeugung sagen zu können: So sind wir Menschen nicht! Wo bleiben also die Ideen und Visionen für ein 21. Jahrhundert, das uns Menschen würdig ist?

MIA UND FINN Sie haben sicherlich auch eine Vorstellung von der Zukunft. Etwas, wo Sie hinwollen. Bei mir sind die Zukunftsträume gefüllt mit Kinderlachen und einem Familiengefühl. Ich will Kinder haben. Mia und Finn heißen sie in meinem Kopf. Ich frage mich jedoch, ob ich sie einer Welt aussetzen will, in der kriegerische Konflikte und die Zerstörung der Natur ganz neue Ausmaße erreichen werden. Ich habe mir schon oft vorgestellt, wie ich mit ihnen im Wienerwald spazieren gehen werde, so wie meine Mutter es mit mir getan hat. Vielleicht würde Finn auch eine Frotteezipfelmütze haben, aus zwei großen Dreiecken gebastelt und heiß geliebt. Vielleicht würde Mia auch ein Naturtagebuch führen, wo sie Blätter von Pflanzen einklebt, mit langen Namen, die ihr Knoten in die Zunge machen. Wenn wir dann abends gemeinsam das dicke Buch befüllen und die Farben der Natur bewundern, will ich beide in den Arm nehmen und ihnen mit ehrlicher Überzeugung sagen können, dass sie glücklich werden. Dass es dafür nur eine gesunde Portion an Neugierde und Mut braucht. Dass alles gut wird. Betrachte ich die Welt heute, dann wäre das eine Lüge. Wie sollte ich ihnen das versprechen, wenn wir die kleinen und großen Wunder, das Schöne in der Welt weiterhin und unwiederbringlich zerstören? Ich würde Mia und Finn keine Hoffnung geben können, dass sich alles zum Besseren wendet.

Als ich das 2016 erkannt hatte, änderte sich mein Leben. Ich beschloss, genau dafür zu kämpfen und mich ab sofort dem Naturschutz zu widmen. Als Biologiestreberin ist dieses Ziel nun keine große Sensation. Dennoch ließen sich mit dem Gipfel im Visier gewisse Wege sofort ausschließen und andere einschlagen. Ich änderte mein Studium, zog dafür nach England, sagte ein Forschungsprojekt in Madagaskar ab, bewarb mich für ein Praktikum bei den Vereinten Nationen, schrieb dem Bundespräsidenten eine E-Mail, plante Streiks und organisierte ein Volksbegehren. Wenn man das Ziel kennt, trifft man Entscheidungen leichter.

Je mehr ich über unsere Umwelt erfuhr, desto mehr wollte ich die Menschen verstehen. Als begeisterte Naturwissenschafterin fiel mir auf: Die größten Krisen der Natur verursachen wir im Moment selbst. Die Menschheit ist die bestimmende Naturgewalt. Deshalb ist es an uns, den Kurs anzupassen. Wir haben es in der Hand. Plötzlich diskutierte ich als Biologin über Wirtschaft, Politik und soziale Fragen. Das machte die Probleme interessanter, aber auch verdammt kompliziert. Beim Naturschutz prallt alles aufeinander: Geld und Armut, Gerechtigkeit und Macht, Grundbedürfnisse und Fortschritt. Und dabei scheinen jene Überzeugungen die Oberhand zu behalten, die den Menschen langfristig *kein* gutes Leben garantieren.

Man spürt sie ja selbst, diese wachsende Unzufriedenheit, die Verunsicherung, die aus den Jahrzehnten entstanden ist, wo wir aufgewiegelt, ausgenommen, provoziert und belogen wurden. Politik hält kaum mehr Versprechen, Fakten werden nicht anerkannt, das normale Leben wird immer teurer, und man muss sich jedes noch so kleine Recht erstreiten, weil es einem jemand wegnehmen will. Im Supermarkt findet man nur noch Mogelpackungen, und das Marketing verspricht einem immer mehr, obwohl das Gekaufte immer weniger kann. Man könnte sich die ganze Zeit darüber aufregen. Und klar sind viele wütend, wenn schöne Worte niemals zu Taten werden.

Ich selbst bin wütend über all die Ungerechtigkeit, die täglich irgendwo auf dieser Welt geschieht – oft genug auch in meiner direkten Umgebung, vor der eigenen Haustür. Sich dafür einsetzen? Wie soll sich das ausgehen, wenn man ständig dutzende Aufgaben gleichzeitig jonglieren muss und dann auch noch selbst dafür verantwortlich ist, bei jedem Einkauf und jeder Entscheidung das Klima, die heimischen Bergbäuerinnen und Bergbauern, den lokalen Einzelhandel und überhaupt die Menschheit zu retten? Das überfordert. Darum schaltet man irgendwann ab. Es sind zu viele Probleme, zu viel Getöse, zu viele Krisen.

Auch ich frage mich täglich: Kann das alles noch werden? Wird alles wieder gut? Doch die Frage ist nicht, *ob* das noch etwas werden kann, sondern *was* es werden soll. Wie ist denn eigentlich alles, wenn es gut ist? Ich will in diesem Buch eine Vision spinnen: Es geht darum, gemeinsam herauszufinden, in welcher Welt Sie und ich, wir als Menschen gemeinsam leben wollen.

Es geht um eine Politik, die sich den Menschen verschreibt. Nicht der Wirtschaft. Nicht der Arbeit. Diese Dinge sind wichtig, ja, aber wenn man über sie nachdenkt, haben die Menschen Vorrang. Wirtschaft und Arbeit müssen dem Wohl der Menschen folgen und nicht umgekehrt. *Geht's der Wirtschaft gut, geht's uns allen gut* – das stimmt zurzeit nicht für alle, sondern nur für jene, denen es ohnehin schon gutgeht. Können wir es nicht umdrehen und das Wohlergehen der Menschen ins Zentrum unserer Wirtschaft setzen?

Es geht um ein gutes Leben, in dem wir die Grenzen unseres Planeten nicht *überschreiten* und gesellschaftliche Standards nicht *unterschreiten*. Beide Übertritte schaden langfristig dem Wohl der Menschheit. Es geht um eine Zukunft für alle, in der die Natur und die Menschen nicht ausgebeutet werden.

Die Politik hat eigentlich die Aufgabe, die Menschen mit solchen Visionen mitzunehmen und daran zu arbeiten, sie zur Wirklichkeit zu machen. Aber irgendwie sind andere Interessen in den Vordergrund gerückt. Die Politik wurde zum verlängerten Arm einer zügellosen Wirtschaft und egoistischer Interessen, anstatt daran festzuhalten, wofür sie da ist: die Interessen des Volkes zu vertreten und den Menschen ein gutes Leben zu ermöglichen. Bildung, Teilhabe an der Gesellschaft, Kultur, Austausch, Nachhaltigkeit, Gleichberechtigung, Gesundheitsversorgung, Zugang zu sauberer Mobilität und Energie, Umweltschutz – all das und noch viel mehr darf doch nicht zur Debatte stehen! Wie kann es überhaupt passieren, dass uns Menschen regieren, für die diese Dinge nebensächlich sind?

Gerade der Klimaschutz darf für keine Partei Verhandlungssache sein. Die Klimakrise bedroht unsere Freiheit und Demokratie, und sie, nicht der Klimaschutz, kostet viel – von Ernteausfällen bis Menschenleben. Wenn man in einem brennenden Haus sitzt, streitet man doch nicht darüber, ob das Löschen zu viel Geld kostet und ob neuartige Werkzeuge das verbrannte Haus sowieso wiederaufbauen werden. Man springt auf und macht, was notwendig ist, um sich und seine Liebsten zu retten. Und trotzdem müssen Millionen Schülerinnen und Schüler den Unterricht bestreiken und auf den Straßen dieser Welt das Notwendige einfordern – den Schutz unserer Zukunft.

Ich beschäftige mich seit ein paar Jahren täglich mit den kleinen und großen Desastern der Welt. Die überdüngten Äcker, die sterbenden Bienen und Wälder, die schmelzenden Gletscher, neue Krankheiten, verschwindende bedrohte Tierarten usw. Das klingt alles nach Weltuntergang und kann eigentlich niemand mehr hören. Manchmal verzweifle ich an diesen Gedanken. An anderen Tagen weiß ich, dass wir alle Anteil daran haben, wie unsere Geschichte ausgeht. Ich fokussiere mich darum gerne auf die Lösungen. Und da gibt es viele.

Dies ist ein Buch der Visionen. Es ist ein Buch der Chancen – gerade im Hinblick auf Österreich. Es ist ein wunderschönes, reiches Land mit allen Möglichkeiten. Was kann eine österreichische Wirtschaft zum Wohle der Menschen und der Umwelt bedeuten? Wie kann Arbeit aussehen? Für diese Vision werden wir neue Gesellschaftsbilder benötigen, neue Idole, neue Ziele. Die alten sind uns nicht mehr dienlich. Derzeit sind nämlich gerade jene Berufe angesehen, in denen ohne Rücksicht schnelles Geld gemacht wird, und nicht jene, die unsere Gesellschaft reicher machen, die unseren Kindern das Verstehen beibringen, die aufziehen und erziehen, die pflegen und Gemeinschaft erzeugen, die an der Zukunft bauen und die Natur erhalten, kurz die *systemrelevanten* Berufe.

Es geht also um eine Weichenstellung für unser Land und die ganze Welt. Es geht um einen großen Plan, wie Österreich eine Wirtschaft, eine Politik und eine Gesellschaft bauen kann, die dem 21. Jahrhundert gerecht wird. Wir wollen eine dieser Modellregionen werden, die von anderen Ländern studiert wird, ein Vorbild, das es wert ist, kopiert zu werden. Wir wollen diese gerechte Welt sein, die bei uns zu Hause beginnt und in alle Himmelsrichtungen ausstrahlt.

Wenn wir daran arbeiten, dann haben wir nicht nur auf Papiersackerl umgestellt oder Plastikstrohhalme abgeschafft, dann sind wir bei der Bewältigung der Klimakrise nicht nur mit einem blauen Auge davongekommen, sondern wir haben eine neue Welt gewonnen. Eine, in der es sich zu leben lohnt. Eine, auf die wir stolz sein können. Wenn das unser Ziel ist, dann kann ich Mia und Finn in ihre großen Augen schauen, sie in den Arm nehmen und ihnen voller Zuversicht versprechen, dass alles gut wird.

KAPITEL 1

DIE PLANETARE GRENZE KLIMAKRISE

1. WIR SITZEN ALLE IM SELBEN BOOT

Das Schlauchboot treibt voran. Ich sitze gleich neben Ihnen. Sie und Ihre Familie genießen die schönen Wälder, durch die uns der Fluss bringt. Im selben Boot sitzen viele Kinder, nicht nur österreichische, sondern Kinder aus aller Welt. Sie sprechen verschiedene Sprachen mit ihren Eltern, die ebenfalls im Boot sitzen.

Eine kleine Gruppe von Leuten, die Anzüge tragen, tatsächlich nur eine Handvoll, hat plötzlich eine Idee. Sie wollen die Ruder einsetzen, um schneller zu fahren. Es spricht sich herum, dass man dann schneller am Ziel sei. Sie und Ihre Familie wundern sich. Wieso will man denn schneller vorankommen, wo es gerade so schön ist? Solange Sie die Aussicht genießen können, stört es Sie aber nicht. Außerdem wissen die sicher, was sie tun, und es kann ja auch nicht schaden, früher am Ziel zu sein.

»Wo wollen wir denn hin?«, fragen Sie den Herrn im Anzug, der Ihnen ein Ruder in die Hand drückt.

»Wir sind gleich da. Rudern Sie«, antwortet er.

Wir werden schneller. Es rudern vor allem die Herrschaften in den bequemen Sitzen hinten, die als Erste Paddel erhalten haben. Ihnen wird heiß vom Rudern. Ganz recht ist Ihnen die Anstrengung eigentlich nicht. Es war doch ein gemütlicher Ausflug geplant. Sie hoffen, dass Sie sich etwas ausruhen können, wenn erst einmal die vielen Leute vorne im Boot ein Paddel haben. Ihr Vater zeigt Ihnen, wie man das Paddel richtig hält. Sie verdrehen die Augen. Väter. Überall gleich auf dieser Welt. Ihre Mutter packt ein Jausenpaket aus und reicht zerquetschte Brötchen herum.

Als das Schlauchboot erneut beschleunigt, merken Sie, dass am Heck ein Motor tuckert. Die paar Leute, die ihn entdeckt und aufgedreht haben, freuen sich und staunen über das neue Tempo. Manche versuchen, die Leistung des Motors noch weiter zu verbessern. Bald haben sich auch starke Steuermänner gefunden, die den Motor und die Fahrtrichtung überwachen.

In unserer Nähe sitzt ein junges Mädchen mit Zöpfen. Es hat bisher wenig gesprochen. Jetzt zeigt es auf eine Frau, die mit gerunzelter Stirn das Wasser untersucht. Die Frau sieht besorgt aus. Sie klettert an den Insassen des Boots vorbei und bittet die Steuermänner, den Motor zu drosseln und ihr zuzuhören. Wegen des Motorenlärms hören wir nicht, was sie sagt. Sie glauben, das Wort »Strömung« gehört zu haben. Ein paar andere Leute schauen in den Fluss, manche nicken und rudern weiter. Selbst die Steuermänner am Motor erkennen die Strömung, aber versichern allen rundherum, dass alles in Ordnung sei – sie schicken dazu auch ihre Securitys aus. Einer der kräftigen Männer kommt zu uns und beruhigt uns, dass es keinen Grund zur Sorge gäbe.

»Bewahren Sie Ruhe«, sagt er, »und rudern Sie einfach weiter, bis wir endlich da sind.«

Wir blicken uns um. Rechts hinter uns baut eine Gruppe Amerikaner gerade an einem weiteren, noch größeren Motor. Dafür benötigen sie aber einige der im Boot verbauten Gestänge. Auch vom wasserfesten Textil, aus dem das Boot besteht, schneiden sie sich dafür Stücke heraus.

»Was tun die denn da?«, fragen Sie Ihren Vater bestürzt. »Die können doch nicht einfach das Boot, in dem wir sitzen, auseinandernehmen!« Er wischt den Einwand mit einer Geste ins Nichts. Die wüssten schon, was sie täten.

Gegenüber sitzt ein chinesisches Ruderteam, das mit Sportpaddeln ins Wasser sticht. Sie feuern sich gegenseitig an, schneller als die anderen zu sein. Etwas seltsam erscheint Ihnen das schon. Wir sitzen doch alle im selben Boot?! Wie kann es da ein Gewinn sein, wenn eine Gruppe über die andere triumphiert?

Mittlerweile haben die vielen Menschen vorne im Boot Ruder bekommen. Die Kinder der asiatischen Großfamilie paddeln sogar mit den Händen, ebenso die anderen, die nur noch einen Platz am Boden ergattert haben. Weil es so viele sind, tut auch das seine Wirkung.

Weiter hinten gibt es einen Tumult. Da wird ausgelassen gefeiert, stellen Sie fest. Die Motoren rauschen, und im erfrischenden Fahrtwind wird laute Musik aufgedreht, um das Brummen zu übertönen. Die Korken knallen. Von jenen, die nun die großen Motoren steuern, macht sich niemand mehr die Hände dreckig. Sie sitzen in bequemen Polstersesseln, die aus dem Gummi des Schlauchboots gemacht wurden, und stoßen auf die Geschwindigkeit an. An manchen Stellen sieht das Boot wie geplündert aus, zerrissen und lädiert. Davon bekommen die hinten im Boot allerdings wenig mit.

Vorne am Bug zankt man sich indessen um ein altes Holzruder. Manchen der Beteiligten reicht es. Sie sind müde, das Wasser spritzt ihnen andauernd ins Gesicht, und sie haben Hunger. Die Feierlichkeiten hinten sind auch für sie nicht zu überhören. Sie machen sich auf den Weg, um zumindest einen kleinen Teil vom Buffet, das mittlerweile eröffnet wurde, zu ergattern.

»Nix da«, baut sich der kräftige Security vor ihnen auf. Er schickt sie zurück, wo sie seinen Worten nach hingehören, an den Bug. Als die Burschen bei uns vorbeikommen, geben Sie ihnen einen Teil von Ihrem Jausenbrot mit.

Die Zankerei vorne im Boot ist jetzt zu Gezerre und Geraufe ausgeartet. Manche Mädchen drohen dabei, in den Fluss gestoßen zu werden. Irgendwer müsste denen doch helfen, denken Sie. Warum tut denn niemand etwas? Sie blicken sich um. Keiner greift ein. Sich bei Streitenden einzumischen, das ist eine heikle Sache. Außerdem ist es trotz allem ein Urlaubstag. Wir haben uns doch extra frei genommen, um die Natur zu genießen. Das wollen Sie sich nicht mit ungemütlichem Zank ruinieren.

Mittlerweile bläst ein protziger Antrieb der chinesischen Gruppe

Abgaswolken in die Luft, sodass man den Wald kaum noch sieht. Nein, ist das nicht …? Sie schauen genau, pressen die Augen zusammen. Kommen die Rauchwolken etwa vom Wald *selbst*? Hat er zu brennen begonnen?

Da ertönt ein gellender Schrei. Er fährt Ihnen durch Mark und Bein und lässt uns alle hochfahren. Wir blicken uns irritiert um; selbst Ihr Vater hat es mitbekommen, obwohl er schlecht hört. Es ist das junge Mädchen mit den Zöpfen. Es ist aufgestanden und zeigt mit einem Finger auf den Fluss vor uns. Wir folgen ihrem Finger, sehen aber nichts, was diese Aufregung rechtfertigt.

»Wasserfall!«, schreit sie. »Wir steuern auf einen Wasserfall zu! Reißt die Ruder rum. Alle. BITTE!«

Die besorgte Frau von vorhin stellt sich hinter sie und erklärt: »Derzeit haben wir eine Geschwindigkeit von vier Kilometern pro Stunde. In 420 Metern stürzen wir einen Wasserfall hinunter. Wir haben noch sechs Minuten, bevor wir alle in den Tod stürzen. Außerdem wird die Strömung immer stärker. Es ist sehr gut möglich, dass wir schon in vier Minuten die Kontrolle über das Boot verlieren. Wir *müssen* die Motoren abstellen und die Ruder gemeinsam herumreißen – *sofort*!«

Kinder überall im Boot beginnen sich zu wehren. Sie halten mit ihren kleinen Händen die Ruder fest, andere drücken voller Anstrengung mit bloßen Händen gegen die Strömung. Es sind vier Millionen Kinder, aber ihre Kraft reicht nicht aus. Sie bitten die Erwachsenen an Bord, nicht mehr weiterzurudern und stattdessen die Paddel querzustellen. Die Kinder flehen die Securitys an, sie zu den Steuermännern an den Motoren vorzulassen, sie rufen ihnen zu, die Triebwerke augenblicklich abzustellen.

»Hört ihr nicht den tosenden Wasserfall?«, schreien sie aus ihren kleinen Kehlen. Tatsächlich können Sie selbst schon das verhängnisvolle Brausen hören. Doch in der Nähe der Motoren hört man es nicht, auch nicht die Rufe der Kinder. Man feiert ausgelassen. Das Motorengeräusch und die Musik übertönen alles.

Da kommt die Beschwichtigung der Securitys wie eine Verhöhnung:

»Die Herrschaften wissen sehr gut über den Wasserfall Bescheid. Dazu brauchen sie euch nicht, ihr Rotzgören! Seid also ruhig.« Und allen im Boot rufen sie zu: »Die Steuermänner versprechen Ihnen, alles in ihrer Macht Stehende zu tun, um einen Absturz zu verhindern. Bald werden sie die Motoren drosseln und anfangen umzusteuern. Seien Sie unbesorgt und rudern Sie bitte weiter.« Hinter den Securitys, die den Weg versperren, sehen Sie die Steuermänner auf gemütlichen Liegen sonnenbaden. Sie lassen sich von Männern in Anzügen neue, viel bessere Motoren zeigen.

Jetzt ermahnt auch Ihr Nachbar die Kinder, ruhig zu sein. Bei so einem Lärm könne er beim Paddeln nicht die Aussicht genießen. Ihr Vater lehnt sich zu Ihnen und sagt: »Rotzgören, wirklich wahr. Wir fahren doch schon seit Stunden auf diesem Fluss. Wieso sollte ausgerechnet jetzt ein Wasserfall kommen?! Die sollen einmal ordentlich rudern lernen, bevor sie mir etwas vorschreiben.« Sie erinnern sich, dass Ihnen einer der Anzugträger beim Losfahren zugeflüstert hat, dass es in diesen Gewässern gar keine Wasserfälle gibt. Sie wissen nicht, wem Sie glauben sollen. Andererseits, selbst ohne Wasserfall wäre eine gemütliche Bootstour viel schöner als dieser anstrengende Wettkampf.

Soeben stecken überall im Boot neue Gruppierungen Motoren ins Wasser: Der indische Bereich hat plötzlich einen, der brasilianische hat einen, und viele weitere tun es ihnen gleich. Das finden Sie nun zugegeben etwas dreist. Haben die hinten im Boot nicht gerade eben gesagt, Sie würden sich mit aller Kraft darum kümmern umzudrehen? Sagten sie nicht klar und deutlich, sie würden die Motoren bald drosseln? Doch das Gegenteil ist der Fall.

Gleich mehrere Gruppen machen sich jetzt mit Messern an den Bootsgummi, um sich ihren Teil davon rauszuschneiden. Dem Boot geht zusehends die Luft aus. In manchen Bereichen steht sogar schon das Wasser, das die Wellen hereingeschwappt haben. Nein, nicht hereingeschwappt! Sie können es nicht fassen. Das Wasser stammt von einem *Loch*, das die amerikanische Truppe in den Boden geschnitten hat! Sind die noch zu retten!? Schwallartig sprudelt das Wasser dort drüben in unser Boot. Sie fühlen sich gar nicht mehr wohl. Sie bekommen es mit der Angst zu tun. Was, wenn …?

Wir legen noch einmal einen Zahn zu. Das chinesische Sportruderteam hat inzwischen Verstärkung erhalten, erhöht die Schlagzahl und dreht den Motor *Made in China* auf Maximalbetrieb. Der australischen Gruppe schlägt eine Rauchwolke aus dem brennenden Wald um uns herum entgegen, während sie schon knöcheltief im Wasser hockt. Sie setzen sich Masken auf und starten einen neuen Motor. Ein Brasilianer schwingt auf einmal eine Axt und schmettert sie – wumms! – in den Boden des Bootes. Sie spüren die Wucht des Stoßes bis zu Ihrem Sitz. Wasser sprudelt durch das neu geschlagene Leck herein. Der Brasilianer reißt das Gestänge heraus und nutzt es als provisorisches Ruder.

Der einst beschauliche Fluss ist zu einem wilden Gewässer geworden, wie das in der Nähe eines reißenden Wassersturzes eben der Fall ist. Das Schlauchboot schwankt bedrohlich bei immer extremerem Wellengang. Wasser sprüht ins Boot herein. Selbst wir bekommen einen Schwall ab. Sie wischen sich das Wasser aus dem Gesicht. Zumindest sitzen wir noch nicht im Wasser wie die Leute in der Nähe der Lecks.

»Klar bekommt man ein bisschen Wasser ab, wenn man Boot fährt«, sagt Ihr Vater und lacht wie ein Abenteurer aus einem Actionfilm. »Das war schon immer so.« Sie stimmen ihm entschieden *nicht* zu, aber mit ihm zu diskutieren hat noch nie etwas gebracht.

Da kann ich nicht länger stillsitzen.

Sie beobachten mich, wie ich aufstehe.

Einige andere in unserem Teil des Bootes tun es uns gleich. Wir reden mit Ihrem Vater und tausenden anderen, dass dieser Wellengang und diese Spritzer Vorboten des bevorstehenden Wasserfalls sind, dass wir aufhören müssen, unser eigenes Boot zu zerstören, denn es gibt weit und breit kein zweites. Manche erkennen die Gefahr und erheben sich, um uns zu helfen. Auch sie reden mit den Menschen, mit jenen, die sie kennen, und auch mit jenen, die sie nicht kennen. Die Kunde verbreitet sich. Schneller als zuvor. Bei vielen stößt sie auf verschlossene Ohren. Ihr Vater hört uns auch nicht zu. Das ist nicht seine Stärke, wissen Sie. Wenn er recht behalten will, kann niemand etwas an seiner Überzeugung ändern.

Kinder brechen in Tränen aus, selbst in unserem Bootsteil. Die Erwachsenen aus den Inselstaaten, die an der Spitze des Bootes als Erste dem Absturz zum Opfer fallen werden, haben die Paddel weggeworfen. Sie können den Wasserfall schon sehen. Darunter sind auch ein paar niederländische Insassen. Sie wappnen sich für den Notfall. Sie haben das Glück, Schwimmwesten zu besitzen, und schnüren diese jetzt fest. Den Westen sieht man an, dass sie aus Bootsgummi geflickt worden sind. Die Großfamilie aus Bangladesch am Bug hat keine Schwimmwesten. Sie waren zu schwer zu bekommen.

Um vor der Gefahr zu fliehen, drängen nun viele nach hinten. Als die Menschen zu uns vorstoßen, merken Sie, dass unsere Paddel viel größer sind als deren. Die Securitys werden ungehalten. Schimpfend verdonnern sie die Menschen zurück an die Spitze mit der Anweisung, erst einmal selbst einen Motor zu bauen, damit man schneller am Ziel sei.

»Wasserfall!«, brüllen sich die Leute heiser. Auch die Kinder und die Frau, die gar nicht mehr mit dem Rechnen hinterherkommt, stimmen ein. »WASSERFALL!«

Es wird genickt und beteuert, dass man schon alles unternehme, um einen Absturz zu verhindern. Einer der Steuermänner regt sich über die Kompromisslosigkeit der Kinder und der Frau auf. Man könne doch jetzt nicht darauf beharren, die Motoren abzuschalten. Vielleicht, unter Umständen, mit großem Aufwand, könne man die Beschleunigung für kurze Zeit gering halten. Aber *bremsen und umdrehen*?! Viel zu teuer. Keinesfalls! Das würde ja die Anstrengung zunichte machen, und die teuren Motoren würden sich nicht rentieren. Vielleicht ist der Wasserfall ja auch gar nicht so hoch, vielleicht existiert er ja gar nicht, dieser angebliche »Wasserfall«. Das ist doch wieder nur so ein Hype!

Indessen rühmen sich die anderen Steuermänner an den Motoren damit, den Absturz mit einer genialen Erfindung verhindern zu wollen. Sie bekommen von den Anzugträgern eingeflüstert, dass man ja Flügel aus dem Gummi-Material des Schlauchbootes basteln könnte. Ja, das würde maximal eine halbe Stunde dauern, kein Problem. Wenn man noch etwas mehr beschleunige, mit dem richtigen Motor nämlich, könne man dann beim Wasserfall problemlos abheben und wegfliegen. Sie fragen sich, wie man mit einem völlig zerstörten Boot irgendwo landen soll. Das überlege man sich dann, wenn es so weit ist, heißt es.

Alles versinkt im Chaos. Sie verlieren den Überblick. Es gibt verzweifelte Leute im Boot, die keine Hoffnung mehr haben. Ein paar schwangere Frauen schlagen vor, den Männern an den Motoren eins mit dem Ruder überzuziehen. Schließlich ginge es auch um ihre ungeborenen Kinder! Das missfällt Ihnen. Gewalt vom Zaun zu brechen, wo wir doch nur eine kleine Bootsfahrt machen wollten? Andererseits, man müsse ja wirklich etwas tun – gegen die Lecks, gegen das Wasser im Boot und vor allem gegen den Wasserfall!

Die schlaue Frau, die nach wie vor das Wasser und die Aussicht analysiert, berät sich eifrig mit ihren Kolleginnen und Kollegen überall im Boot. Dann verkündet sie gemeinsam mit sämtlichen Kindern, dass es *alle* im Boot hören können: »Wir haben jetzt ein Tempo von zwölf Kilometern pro Stunde. In 266 Metern stürzen wir einen Wasserfall von ungeahnter Höhe hinunter. Weniger als eininhalb Minuten sind es noch, bevor das Boot diesen Kipppunkt erreicht. In fünfzehn Sekunden aber werden wir schon die Kontrolle über das Boot verlieren. Noch gibt es Hoffnung, die *allerletzte Hoffnung*, gemeinsam umzusteuern und unser Boot zu retten. Dafür müssen wir wirklich *alle* zusammenhelfen, jede Person mit dem, was sie am besten kann – jetzt SOFORT.«

Da komme ich zu Ihnen zurück. Sie erkennen mich wieder. Ich setze mich neben Sie, lächle Sie mit wässrigem Blick an. Wir schauen einander tief in die Augen. Und Sie verstehen. Nicht nur mit dem Kopf, mit Ihrem Herzen.

»Aber wie?«, fragen Sie.

Ich lege Ihnen ein Buch in die Hände. Es hat einen blitzgelben Umschlag mit einem roten Rufzeichen. Sie vergessen den ganzen Trubel, schlagen es auf und lesen einen einzigen Satz:

Ich setze viel Hoffnung in *Sie*.

2. DIE FAKTEN

Die Frau im Boot war natürlich eine Wissenschafterin. Es könnte zum Beispiel Helga Kromp-Kolb sein, die renommierte österreichische Meteorologin und Klima-Expertin. Sie sagte mir einmal: »Ich komme mir schon vor wie eine hängengebliebene Schallplatte.« Schon lange bevor ihre Haare grau waren, hat sie die Wichtigkeit von Klimaschutz betont. Niemand weiß besser als sie, dass die Klimakrise seit mehr als dreißig Jahren ignoriert wird. »Die Politikerinnen und Politiker behielten ihren Kurs bei, obwohl die Auswirkungen immer deutlicher wurden.« Niemand drang zu den Steuermännern durch. Aber auch die Menschen im Boot, wir alle, haben den drohenden Wasserfall nicht ausreichend im Blick gehabt.

Unsere Schulbücher und Unterrichtsmaterialien, die Artikel und Berichte, unsere Filme und Dokumentationen, die Art, wie in Medien das Wetter präsentiert oder über Waldbrände und Überschwemmungen berichtet wird, sie alle schafften es nicht, die Klimakrise verständlich und greifbar zu machen. Und dennoch bestätigte Helga, was auch ich erlebt hatte: Viele trauen sich nicht mehr nachzufragen, wenn ihnen die Klimakrise unverständlich ist. Hingegen freut es mich immer, wenn jemand Interesse an etwas so Wichtigem zeigt und es besser verstehen will.

Ich beginne darum von vorne. Von ganz vorne. Bei der Klimakrise heißt das, wir beginnen beim Treibhauseffekt. Und der erste Schritt, diesen zu verstehen, ist einer in das Treibhaus hinein, um die Wärme des Effekts auf der eigenen Haut zu spüren.

DAS TREIBHAUS

Die Tomaten gedeihen hier im Treibhaus prächtig, trotz der kalten Temperaturen draußen. Warum? Das Sonnenlicht scheint von außen herein. Seine Energie erwärmt zunächst den Boden und die Pflanzen hier drinnen, dann auch die Luft. Die Innentemperatur steigt. Die Wärme der Erde und der Pflanzen wird in Form von Infrarotstrahlung wieder abgestrahlt. Damit diese nicht in alle Richtungen verschwindet, gibt es das Glas. Für sichtbares Licht ist das Glas *durchlässig* – sonst könnten wir gar nicht durch die Scheiben durchsehen, und es könnte auch kein Sonnenlicht hereinkommen; für Infrarotstrahlung ist das Glas aber *undurchlässig*. Die Scheiben reflektieren die Infrarotstrahlung zurück nach innen, also zurück auf Erde und Pflanzen, die die Wärme wieder aufnehmen. So bleibt die Innentemperatur hoch – für das Gemüse ideal.

So wird der Treibhauseffekt üblicherweise erklärt. In der Atmosphäre funktioniert er auch tatsächlich so – im Glashaus spielt die Tatsache, dass das Glas den Wind abhält, eine noch wichtigere Rolle.

DER LEBENSNOTWENDIGE TREIBHAUSEFFEKT

Um unseren Planeten haben wir offensichtlich keine Glasscheiben gebaut, sondern profitieren von der Atmosphäre. Sie ist ein Gemisch aus verschiedenen Gasen:

STICKSTOFF (N_2):	CA. 78 %
SAUERSTOFF (O_2):	CA. 21 %
ARGON (Ar):	CA. 0,9 %
KOHLENDIOXID (CO_2) UND ANDERE:	CA. 0,04 %

Gase wie Kohlendioxid absorbieren die Infrarotstrahlung der Erde, erwärmen sich und strahlen die Energie dann in alle Richtungen ab, teilweise auch zurück auf die Erde. Diese Gase nennt man deshalb *Treibhausgase*. Sie sind zentral in der Entstehung des Lebens auf der Erde gewesen. Ohne sie und ihren Treibhauseffekt hätte es auf der Erdoberfläche eine ungemütliche Durchschnittstemperatur von −18 °C. Alles Wasser wäre gefroren.

Man kann die Atmosphäre im Grunde genommen mit einer Decke vergleichen. Wenn Ihnen kalt ist, decken Sie sich zu, damit Ihnen warm wird. Die Decke verhindert, dass die Wärme Ihres Körpers in den Raum abgestrahlt wird. Im Gegensatz zu einem Thermophor gibt die Decke selbst keine Wärme ab. Die Decke reflektiert jedoch einen Teil Ihrer eigenen Wärme zurück. Treibhausgase sind wie Decken um den Planeten herum. Wir brauchen sie in der Atmosphäre, damit wir nicht erfrieren.

KREISLÄUFE SIND GUT

Irgendwann haben die Menschen begonnen, Feuer zu machen. Sie haben Holz verbrannt. Bei der Verbrennung eines Holzscheits entsteht Kohlendioxid (CO_2), das sich in der Atmosphäre verteilt. Das ist eine zusätzliche dünne Decke. Die wenige Wärme, die es noch durch die erste Decke geschafft hat, wird von der zweiten zurückgestrahlt. Je mehr Decken, das heißt je mehr Kohlendioxid, desto heißer wird es.

Zum Glück gibt es einen genialen natürlichen Prozess, der Kohlendioxid aus der Atmosphäre »saugt«: die Photosynthese von Pflanzen. Sie nutzen das CO_2, Wasser und Sonnenlicht, um daraus Blätter und Holz wachsen zu lassen, und setzen in dem Prozess Sauerstoff frei, den wir wiederum zum Leben brauchen. Die zusätzliche Decke, die durch die Verbrennung von Holz dazugekommen ist, wird die Erde mit dem Wachstum eines neuen Baumes wieder los. Der Kreislauf ist im Gleichgewicht, solange gleich viele Pflanzen wachsen, wie gerade verbrannt werden.

ZU VIEL DES GUTEN

Im 19. Jahrhundert begannen die Menschen, Kohle in großen Mengen zu verbrennen, dann Erdöl und Erdgas. Alle drei Brennstoffe entstanden vor Millionen von Jahren aus abgestorbenen Pflanzen. Bei Kohle waren es Bäume, bei Erdöl und Erdgas waren es Algen.

Während ihres Lebens saugten die Bäume und Algen das Kohlendioxid aus der Atmosphäre. Sie verwerteten es zu eigenen Bestandteilen. Als sie abstarben, wurden sie von neuen Bodenschichten überdeckt, bis sie unter großem Druck und über lange Zeit zu den drei fossilen Energieträgern »zusammengequetscht« wurden. Wenn wir heute gigantische Mengen an Kohle, Öl und Gas verbrennen, setzen wir damit das Kohlendioxid frei, das über Millionen von Jahren langsam und langfristig unter der Erde gespeichert wurde. Das ist kein Kreislauf – zumindest nicht in den Zeitskalen, in denen wir Menschen denken. Jedes Mal, wenn wir mehr verbrennen, als gebunden werden kann, legt sich eine weitere dünne Decke über die Erde, sodass wir allmählich zu schwitzen beginnen. Wir beschleunigen die Erderhitzung wie mit einem großen Verbrennungsmotor. Das ist der menschengemachte Treibhauseffekt.

ALLERHAND TREIBHAUSGASE

Kohlendioxid (CO_2) ist nicht das einzige Treibhausgas. Die Liste besteht aus vielen unaussprechlichen chemischen Verbindungen. CO_2 hat als einzelnes Molekül sogar einen recht geringen Treibhauseffekt. Zur Berechnung der Treibhauswirkung eines Gases wird CO_2 deshalb als Vergleichswert herangezogen.

Methan, das zum Beispiel natürlich bei der Verdauung von Kühen und in Mooren produziert wird, ist 28-mal so wirksam wie Kohlendioxid.[1] Ein Kilogramm Methan hat denselben Treibhauseffekt wie 28 Kilogramm Kohlendioxid. Wissenschafterinnen und Wissenschafter sprechen darum in ihren Berechnungen häufig von *CO_2-Äquivalenten*: Ein Kilogramm Kohlendioxid und ein Kilogramm Methan zusammen entsprechen 29 Kilogramm CO_2-Äquivalenten. Ist Kohlendioxid eine dünne Baumwolldecke, dann wäre Methan eine dicke Winterdecke.

Doch wappnen Sie sich: Schwefelhexafluorid. Klingt gefährlich? Ist es auch. Das Gas wird als Isolations- oder Löschgas in Hochspannungsschaltanlagen oder als Ätzgas in der Halbleiterindustrie verwendet. Seine Treibhauswirkung ist 22 800-mal so stark wie die von Kohlendioxid. Bis zum Verbot 2007 wurde Schwefelhexafluorid auch als Reifenfüllgas verwendet.

Aber es klingen nicht alle Treibhausgase nach Chemiebaukasten. Den größten Anteil am natürlichen Treibhauseffekt hat Wasserdampf. Da sich sein Gehalt in der Atmosphäre ändert (Luftfeuchtigkeit), habe ich ihn zuvor nicht in den Bestandteilen der Atmosphäre gelistet, aber er beeinflusst sowohl Wetter als auch Klima. Müssen Sie sich deshalb Gedanken über die Klimakrise machen, wenn aus Ihrem Wasserkocher etwas entwischt? Nein, denn riesige Mengen natürlichen Wasserdampfs in der Atmosphäre machen die kleinen Beiträge aus dem Haushalt vernachlässigbar. Die Milliarden zusätzlichen Tonnen Kohlendioxid machen wegen der winzigen natürlichen Konzentration einen großen Unterschied. Lag die Konzentration in der vorindustriellen Zeit noch bei 0,028 Prozent, ist sie heute bereits auf über 0,041 Prozent gestiegen.[2] Das ist der höchste Wert seit vierzehn Millionen Jahren.[3]

ERDERHITZUNG

In unterschiedlichen Erdzeitaltern gab es schon häufig große Veränderungen des Klimas. Im Gegensatz zum Wetter, das durch kurzfristige Änderungen wie Tiefdruckgebiete und Niederschlag beeinflusst wird, beschreibt das Klima den langfristigen Zustand des Klimasystems bestehend aus Atmosphäre, Wasser und Eis, Erdkruste und sämtlichen Organismen.

Wir leben am Ende eines Erdzeitalters, das wir Holozän nennen. Das Holozän begann vor rund zehntausend Jahren und hielt das ideale Klima für uns Menschen bereit. Die angenehmen und stabilen klimatischen Bedingungen ermöglichen es den Menschen, sesshaft zu werden und von der Landwirtschaft zu leben.

Klimawandel ist für den Planeten also nichts Neues. Was allerdings neu ist, ist das immense Tempo der Veränderung. Während es normalerweise abertausende Jahre dauerte, in denen sich Pflanzen und Tiere langsam anpassen konnten, beobachten wir jetzt rapide Veränderungen in wenigen Jahren. Der rasante Klimawandel in den letzten Jahrzehnten deckt sich mit den Berechnungen der Klimawissenschaft und ist *ausschließlich* durch die zusätzlichen Emissionen von uns Menschen erklärbar.

Leider werden wir auch schon ZeugInnen der Konsequenzen: Die globale Erhitzung beträgt aktuell +1,2 °C gegenüber der vorindustriellen Zeit, also bevor man begann, fossile Brennstoffe im großen Maßstab zu verbrennen.[4] Für manche Regionen ist dieser Wert höher. In Österreich ist er beinahe doppelt so hoch und beläuft sich jetzt bereits auf mehr als +2 °C.[5]

Das klingt nach nicht so viel? Denken Sie an Fieber. Bei 39 °C sagt niemand: »Ach, die 2 °C mehr machen doch nichts! Ich arbeite einfach weiter wie bisher.« In einem heiklen System, wie es die Alpenregionen sind, machen schon wenige Grad Temperaturanstieg einen gewaltigen Unterschied. Die Folgen kann niemand mehr leugnen: Unser Klima hat sich verändert. Und es verändert sich weiter – schneller denn je.

Damit katapultieren wir uns aus den günstigen Klimabedingungen des Holozäns hinaus in eine ungewisse Klimazukunft, an die sich irgendwann weder Menschen noch die meisten Ökosysteme anpassen können.

Darum verpflichteten sich 194 Staaten der Welt dazu, die globale Erhitzung deutlich unter +2 °C zu halten und große Bemühungen anzustellen, sie auf +1,5 °C zu beschränken. Das ist das Pariser Klimaziel, auf das man sich 2015 bei der UN-Klimakonferenz weltweit einigte. Und wir kommen dieser Grenze wie dem Wasserfall immer schneller näher, weil die Steuermänner ihren Kurs noch immer nicht geändert haben.

DIE FOLGEN DER KLIMAKRISE

Schon jetzt erleben wir weltweit eine Häufung von Wetterextremen. Dürreperioden lösen historische Waldbrände wie jene in Skandinavien (2018), Brasilien (2019), Kalifornien (2019, 2020) und Australien (2020) aus. Gleichzeitig schwellen Regenfälle zu Überflutungen an, Taifune toben stärker, und Hitzesommer sind eine immer größere Belastung. Für Kleinkinder und alte Menschen ist die Hitze auch bei uns schon jetzt eine reale Lebensbedrohung geworden. In den letzten zwanzig Jahren hat sich weltweit die Zahl der Naturkatastrophen im Vergleich zu den vorhergehenden zwanzig Jahren auf 7348 verdoppelt.[6] Das ist keine gemütliche Bootsfahrt mehr, das ist die *Klimakrise*.

Durch die Erderhitzung verschieben sich Klimazonen allmählich in Richtung der Polgebiete. Bei einer globalen Erhitzung von 2,6 bis 4,8 °C wird der Gürtel zweitausend Kilometer nördlich und südlich des Äquators, also die größten Teile Südamerikas, Afrikas und Südostasiens, im Jahr 2100 für menschliches Leben ungeeignet sein. Bei Durchschnittstemperaturen von 40 °C und Luftfeuchtigkeit ab siebzig Prozent endet menschliches Leben dort innerhalb von sechs Stunden im Freien.[7] Das liegt daran, dass Schweißproduktion keinen Hitzeausgleich im menschlichen Körper mehr ermöglicht, weil die Umgebungsluft mit Feuchtigkeit gesättigt ist. Die Körpertemperatur von 37 °C wird kritisch überschritten und führt unweigerlich zum Tod.

In diesem Worst-Case-Szenario verwandeln wir viele Teile der Erde in Todeszonen. Bis 2070 würden ein bis drei Milliarden Menschen dann ihren Lebensraum verlassen müssen, weil Durchschnittstemperaturen wie in der Sahara dort zur Normalität werden.[8] Nicht Millionen. *Milliarden*. Also ein wesentlicher Anteil der Weltbevölkerung. Aber auch die wahrscheinlichsten Szenarien bedeuten Fluchtbewegungen wie nie zuvor.

Ihre Enkel werden das miterleben. Finn und Mia werden das mit ihren Familien in den Abendnachrichten hören. Sie werden am Sofa sitzen, ihre Kinder in die Arme nehmen und zweifeln, dass alles wieder gut wird. Ihre Enkel werden mit hunderten Millionen Menschen konfrontiert sein, die wegen des Klimas aus ihrer Heimat flüchten müssen. Schließlich werden diese nicht am Bug sitzen bleiben und wortlos den Wasserfall als Erste hinunterstürzen.

Die Erderhitzung lässt das Eis der Polkappen und unsere heimischen Gletscher schmelzen. Die Nordostpassage – der nördliche Seeweg von Europa über Sibirien bis nach Alaska – ist seit einigen Jahren aufgetaut und mittlerweile sogar ohne Eisbrecher schiffbar. Letztes Jahr ist in Island der erste Gletscher unwiederbringlich verlorengegangen. In Kapitel 4 werden wir uns die Auswirkungen der Klimakrise auf Österreich im Detail ansehen, denn auch hierzulande sterben in Hitzewellen bereits mehr Menschen als bei Verkehrsunfällen.

Das Wasser des geschmolzenen Festlandeises, aber auch die wärmebedingte Ausdehnung von Wasser lassen die Meeresspiegel steigen. Bis 2050 werden 340 Millionen Menschen durchschnittlich einmal pro Jahr mit Überflutungen konfrontiert sein. Unmittelbar bedroht sind Metropolen in Küstennähe mit Millionen von EinwohnerInnen wie New York (20 Millionen), Schanghai (23) und Tokio (30). Tiefliegende Staaten wie die Niederlande (17 Millionen EinwohnerInnen) und Bangladesch (165) wissen, was ihnen bevorsteht.⁹ Die wohlhabenden Niederlande investieren deshalb kräftig in Dämme und schwimmende Stadtteile als Vorkehrungen gegen die Wassermassen; Bangladesch kann sich das nicht leisten. Über 160 Millionen BengalInnen sitzen in der ersten Reihe im Kurs auf die Klimakatastrophe, ohne Schwimmwesten, ohne Sicherheitsnetz.

Inselstaaten wie die Malediven und Tuvalu drohen tatsächlich völlig zu versinken. Es waren Länder wie diese, die beim Weltklimarat (IPCC) vor ein paar Jahren eine Studie in Auftrag gaben. Sie wollten wissen, welchen Unterschied eine Erderhitzung von +1,5 °C statt +2 °C bis 2050 für ihre Heimat bedeutete. Als der Spezialbericht im Herbst 2018 erschien, waren seine Resultate selbst für die Wissenschafterinnen und Wissenschafter erschreckend. Wie im Boot wurden die Resultate weltweit verkündet, vor allem den Steuermännern, also den Regierungen aller Nationen der UN. Nicht zuletzt wegen der schockierenden Ergebnisse formte sich 2018 die globale Klimabewegung.

ZWEI SZENARIEN IM VERGLEICH

Der Bericht fasst sechstausend unabhängige Studien aus den Klimawissenschaften zusammen, und sein Ergebnis lautet: Wir müssen alles in unserer Macht Stehende tun, um unter +1,5 °C Erderhitzung zu bleiben – schon eine Erhitzung um +2 °C wäre katastrophal. Mit den Worten der Forscherinnen und Forscher: Eine Begrenzung der Erderwärmung auf +1,5 °C gegenüber +2 °C reduziert die herausfordernden Auswirkungen auf Ökosysteme, die Gesundheit und das Wohlbefinden der Menschen wesentlich. Ein Temperaturanstieg um 2 °C verschärft extreme Wetterlagen, den Anstieg des Meeresspiegels, das Schmelzen des arktischen Eises, das Korallensterben und den Verlust von einzigartigen Ökosystemen. Auch wenn der Ton sehr sachlich bleibt, spricht die Liste der dramatischen Konsequenzen einer um 2 °C heißeren Welt Bände:

- Während bei +1,5 °C jeder siebte Mensch auf der Erde von extremer Hitze betroffen ist, werden es bei +2 °C mehr als jeder dritte sein. Das sind zirka 3,5 Milliarden Menschen.
- Bei einer Erhitzung von 2 °C werden weltweit 61 Millionen Menschen mehr von schweren Dürren betroffen sein.[10] Reis, Mais und Weizen werden in vielen Regionen nur mehr schwer angebaut werden können. Das bedeutet Szenen von hungernden Familien im Fernsehen, während Mia und Finn am Teppich spielen.
- Mias Lieblingsfarbe wird bunt sein. Sie wird mit großen Augen staunen, wenn ich ihr alte Videos von Korallenriffen zeige. Bei +1,5 °C sterben siebzig bis neunzig Prozent aller heutigen Korallenriffe ab. Bei +2 °C sind es 99 Prozent.
- Finn wird aus seinem Eisbärpyjama tagelang nicht herauszubekommen sein. Leider wird Finn ein komplettes Abschmelzen des Nordpols im Sommer miterleben. Bei +2 °C ist das zehnmal wahrscheinlicher als bei +1,5 °C. Das bedeutet einen vollständigen Verlust des Lebensraums für seine geliebten Eisbären, aber auch für Seehunde und viele Seevögel.
- Die enorme Hitze wird keine angenehmen Familienurlaube am Mittelmeer mehr zulassen. Bei +2 °C Erhitzung wird der Mittelmeerraum zu trockenem Ödland verkommen – der Ursprung von Obst und Gemüse für ganz Europa versiegt.

Das sind nur fünf Fakten aus einem über 600-seitigen Bericht. Wer auch nur die 24-seitige Zusammenfassung gelesen hat, versteht, dass eine Erderhitzung um 2 °C *keine Option* ist. Jedes Zehntelgrad spielt dabei eine Rolle, denn es könnte den Unterschied machen, ob eine weitere Million Menschen ihre Lebensgrundlage verlieren wird. Wem das noch nicht überzeugend genug ist: Die Erhitzung auf 1,5 °C zu beschränken, könnte unsere einzige Chance auf eine halbwegs stabile Zukunft sein. Bei jedem weiteren Anstieg steigt die Wahrscheinlichkeit, dass wir vollends die Kontrolle über das globale Klima verlieren, so wie jene über unser Boot kurz vor dem Wasserfall.

2015 haben die Staaten der Vereinten Nationen deshalb *vertraglich zugesichert*, das Pariser Klimaziel einzuhalten. Der Trend der weltweiten Emissionen ist jedoch nach wie vor steigend, als hätte niemand von den Entscheidungsträgerinnen und -trägern verstanden, worum es wirklich geht. Die Motoren tuckern weiter, als hätte schon das Bekenntnis, sie abzudrehen, das Problem gelöst.

Der IPCC-Bericht betont sehr deutlich, dass die Erreichung des 1,5-°C-Ziels *möglich* ist. Es braucht dafür aber massive Reduktionen beim Ausstoß von Treibhausgasen und rasche, weitreichende und beispiellose Veränderungen in allen Bereichen des gesellschaftlichen Lebens."¹ Das klingt schwierig? Ja, es ist zweifellos die Herkulesaufgabe des 21. Jahrhunderts.

Es werden im Bericht deswegen verschiedene Pfade für die Erreichung des 1,5-°C-Ziels vorgestellt. Spätestens 2050 müssten wir global Nettonull erreichen, um weitere Erhitzung zu vermeiden. Nettonull heißt, nur so viel zu emittieren, wie auch wieder natürlich – durch Bäume, Wiesen oder Moore – gebunden werden kann. Es heißt, *keine* zusätzlichen Treibhausgase in die Atmosphäre auszustoßen. Das wiederum bedeutet, dass bis 2050 jeder Verbrenner, jeder Gasherd, jeder Heizkessel und jedes Flugzeug, jedes Kohlekraftwerk und jede Raffinerie durch erneuerbare Alternativen ersetzt sein muss. Das klingt politisch unmöglich? Nun, mit physikalischen Naturgesetzen lässt sich leider nicht verhandeln. Wir *müssen* es schaffen, und der Bericht zeigt, dass es gelingen kann.

Es reicht allerdings nicht, bis 2050 zu warten und dann alles gesammelt abzudrehen. Es ist von großer Bedeutung, wie viele Treibhausgase *bis 2050* ausgestoßen werden. Wir haben nur mehr eine gewisse Menge – ein *Budget* – an Treibhausgasen zur Verfügung. Es ist wie bei einem Sparbuch mit einer gewissen Summe Geld drauf: Entweder Sie heben alles gleich am Anfang ab, verprassen das Geld und schauen dann den Rest des Monats durch die Finger; oder Sie teilen sich das Geld ein.

Der Bericht empfiehlt eine Einteilung. Eine jährliche Reduktion der Treibhausgase wird schrittweise die alte fossile Infrastruktur mit tauglichen Alternativen ersetzen. Eine so tiefgreifende Transformation ist nicht von heute auf morgen bewältigbar. Es müssen Zwischenziele definiert werden. Bis 2030 etwa müssten sich die globalen Emissionen laut IPCC halbieren. Je früher man abbremst und das Ruder dreht, desto sanfter wird die Kehrtwende.

Leider glauben viele Politikerinnen und Politiker, dass solche Veränderungen von einem Tag auf den anderen funktionieren – nämlich an einem ungewissen Tag in der Zukunft, wenn sie nicht mehr im Amt sind. Darum ist jahrzehntelang nichts passiert. Hätte man damals begonnen, als WissenschafterInnen wie Helga Kromp-Kolb das erste Mal vor der Klimakrise gewarnt haben, wäre das ein sanfter Richtungswechsel gewesen, der weder Panik noch Bestürzung hervorgerufen hätte. Jetzt, mehr als dreißig Jahre später, braucht es relativ tiefgreifende Maßnahmen, um nicht den Wasserfall hinunterzustürzen. Die verbleibende Distanz zur Kante, das ist die verbleibende Menge an Treibhausgasen, die die gesamte Menschheit noch zur Verfügung hat.

DAS CO_2-BUDGET DER MENSCHHEIT

Der IPCC gab das Treibhausgasbudget der Welt ab 2018 noch mit 420 Milliarden Tonnen an. Als wir im Winter 2018 mit Fridays For Future in Wien starteten, betrug es nur mehr 380 Milliarden Tonnen für die Grenze von +1,5 °C Erderhitzung. Derzeit werden weltweit *jede Sekunde* 1331 Tonnen ausgestoßen. Das ergibt im Jahr 42 Milliarden Tonnen CO_2. Bei Erscheinen dieses Buches im Juli 2021 waren auf dem CO_2-Konto der Menschheit darum nur noch 266 Milliarden Tonnen.[12] Wissen Sie noch, was Sie 2018 zu Weihnachten gemacht haben? Seitdem haben wir ein Drittel des gesamten Kohlendioxids ausgestoßen, das uns für die Einhaltung des Pariser Klimaabkommens zur Verfügung steht.

Wie lange bleibt uns dann noch, bis wir die beiden Grenzen von +1,5 °C und +2 °C überschritten haben? Wenn wir weiterhin solche Mengen an Treibhausgasen in die Atmosphäre schleudern, haben wir in etwa 24 Jahren die absolut zu vermeidende +2-°C-Grenze erreicht.[13] Das ist das Jahr 2045, also relativ weit weg. Ich selbst werde meinen 51. Geburtstag feiern. Mia oder Finn werden möglicherweise gerade zu arbeiten beginnen. Wie sieht das aber für +1,5 °C Erderhitzung aus? Schon in etwa sechs Jahren, im Jahr 2027, ist diese Grenze erreicht. Finn und Mia werden vielleicht noch nicht einmal geboren sein, da ist das Schicksal der Erde schon besiegelt.

Bis zum Corona-Jahr 2020 stießen wir Jahr für Jahr *mehr* CO_2 aus, wodurch sich diese Zeitspanne weiter verringerte. Zum Zeitpunkt des IPCC-Berichts von 2018 lag dieser Punkt nicht im Jahr 2027, sondern noch im Jahr 2030. Und mit jeder Sekunde, in der wir nichts ändern, tickt die Uhr, rückt die Kante des Wasserfalls näher, bald auf 2026 und womöglich 2025, bis es plötzlich für die +1,5 °C zu spät sein wird. Und dann? Hilft nur mehr Schadensbegrenzung. Auch +1,6 °C oder +1,7 °C sind noch um Welten besser als +2,0 °C. Jedes Zehntelgrad macht für Millionen Menschen den Unterschied zwischen Leben und Tod.

Leider gibt es noch schlimmere Nachrichten.

LÄCHELN UND HOFFNUNG GEBEN

Alles, was ich Ihnen bisher über den Treibhauseffekt und die Erderhitzung berichtet habe, ist seit den 1970ern das Einmaleins der Klimawissenschaft. Natürlich präzisierten die Forscherinnen und Forscher ihre Modelle und ihr Verständnis des Ganzen. Die grundsätzlichen Mechanismen und Aussagen blieben aber die gleichen.

Meine Mutter hat mir schon früh die Liebe zur Natur mitgegeben. Wenn wir spazieren gingen, deutete sie immer wieder auf Pflanzen am Wegrand und benannte sie. Ich habe später Biologie und dann Naturschutz studiert. Auch Florian, mit dem ich dieses Buch geschrieben habe, hat schon in der Schule den Klimawandel erklärt bekommen. Wir kannten all die obengenannten Prognosen, und doch blieben wir bis 2018 relativ *untätig*. Was hat sich geändert?

Erst als wir verstanden, dass es eine rote Linie gibt, eine Deadline für alle Aktionen gegen die Klimakrise, wurden wir aktiv. Mussten wir aktiv werden. Seitdem begleitet uns diese Deadline täglich. Jeder Tag ohne Maßnahmen, sei es ein fauler Sonntag oder ein arbeitsintensiver Montag, bringt uns näher an den Abgrund. Die roten Linien der Erde, das sind die Kipppunkte. Und ein Kipppunkt ist wie die Kante eines Wasserfalls: Übertreten wir ihn, gibt es kein Zurück mehr, und die Krise wird zur Katastrophe.

Es fällt mir oft schwer, die Panik runterzuschlucken und angesichts des lauernden Abgrunds freundliche Podiumsdiskussionen zu führen, oftmals mit Menschen, die nicht zuhören, in schönen Sätzen schwurbelnd Maßnahmen versprechen, aber untätig an den großen Steuerhebeln sitzen. Lächeln und Hoffnung geben. Das sollte man machen, sagen alle. Keine Panik verbreiten. Weltuntergangsszenarien sind ungemütlich. Doch wenn ich auf einen Wasserfall zusteuere, dann lächle ich nicht, dann gebe ich keine Hoffnung, sondern ich kümmere mich mit aller Kraft um die Vermeidung des Absturzes. Denn wissen Sie, was wirklich ungemütlich ist: der Weltuntergang. Gut, der Welt wird das alles egal sein, nur wir Menschen werden aussterben, antworten hier ein paar Spitzfindige. Mehr Krieg, mehr Armut, weite Teile des Planeten unbewohnbar, überflutet oder von Hitzeperioden geplagt, auf Jahrtausende vermüllt und verseucht, viele der Pflanzen- und Tierarten ausgestorben – was könnte sonst dem Wort Weltuntergang gerechter werden? Es ist der Untergang der Welt, wie wir sie kennen.

DIE KIPPPUNKTE UNSERES PLANETEN

Was sind nun diese roten Linien genau? Die Teufelskreise der Erderhitzung nennt man in der Wissenschaft *positive Rückkopplungen* oder *Kipppunkte*. Es sind sich selbst verstärkende Prozesse. Haben sie einmal eingesetzt, beschleunigen sie sich immer weiter, wie die verhängnisvolle

Strömung eines Flusses vor einem Wasserfall – dort, wo kein Gegenhalten mehr hilft und das Umdrehen unmöglich ist. »Positiv« ist also bestimmt kein Werturteil, sondern besagt, dass sich die Prozesse gegenseitig verstärken.

Wir wissen bereits, dass – neben Kohlendioxid, Methan und anderen Gasen – Wasserdampf einen großen Anteil am Treibhauseffekt hat. Bei wärmeren Temperaturen verdunstet mehr Wasser, also steigt der Anteil von Wasserdampf in der Atmosphäre beträchtlich. Das wiederum verstärkt den Treibhauseffekt, erwärmt die Erde und lässt noch mehr Wasser verdunsten. Die Erhöhung des Wasserdampfs ist der größte Rückkopplungsfaktor.[14] Es ist ein Teufelskreis, der gegen alle Klimaschutzmaßnahmen arbeitet. Leider nicht der einzige.

Die Erhitzung lässt die Polkappen schmelzen. Dadurch steigt nicht nur der Meeresspiegel, sondern ein natürlicher Prozess der Kühlung wird reduziert, der *Albedo-Effekt*. Eis reflektiert Sonnenlicht stärker als Wasser oder Landfläche, die das Sonnenlicht als Wärme aufnehmen. Sie kennen das von einem hellen und einem dunklen Badetuch, das Sie in die Sonne legen. Das dunkle wird viel wärmer als das helle. Das weiße Eis der Polargebiete dient als eine Art gigantischer Spiegel. Wegen der Erderhitzung schwinden die Eisflächen jedoch. Weniger Eisflächen bedeuten, dass mehr Wärme in Wasser oder Landmassen aufgenommen wird, was wiederum verstärkend zur Erderhitzung beiträgt und weiteres Eis schmelzen lässt. Ein Teufelskreis. Und es gibt noch weitere.

Stellen Sie sich eine Weltkarte vor. Im Norden, in Kanada und in Sibirien, da ist verdammt viel Gegend. Weite Gebiete davon sind Permafrost, also Boden, der ganzjährig gefroren bleibt. Im Verlauf von Jahrtausenden wurden im Permafrostboden Tier- und Pflanzenreste gefroren und vor der Zersetzung geschützt, wie in einem Tiefkühlfach. Erwärmen sich nun aber die Böden, beginnt der Abbau der Pflanzen und Tiere, und es werden Methan und CO_2 freigesetzt. Die Klimawissenschaftlerinnen und -wissenschafter sind derzeit alarmiert, weil die sibirischen Permafrostböden schon jetzt durch die Klimakrise schneller auftauen, als man vermutet hatte. Das starke Treibhausgas Methan wiederum erhitzt die

Erde weiter. Schon wieder eine positive Rückkopplungsschleife. Zwei habe ich noch für Sie.

Wenn wir schon bei der Weltkarte sind, vergegenwärtigen Sie sich die immensen blauen Regionen. Zwei Drittel der Erdoberfläche sind mit Wasser bedeckt. Auch die Meere nehmen Kohlendioxid auf. Wie viel CO_2 im Wasser gelöst ist, hängt von der Temperatur des Wassers ab. Wird es wärmer, kann es weniger CO_2 halten. Es gibt das Gas an die Atmosphäre ab. Dieser Effekt ist nicht besonders groß, aber angesichts der gewaltigen Wassermengen ist auch dieser Teufelskreis bedeutend.

Und zum Abschluss betrachten wir noch die grünen Regionen auf unserer Erde. Wälder, insbesondere Regenwälder, sind die Lungen unseres Planeten. Sie speichern riesige Mengen an Kohlendioxid und wandeln ebenso riesige Mengen durch Photosynthese in Sauerstoff um. Die Erderhitzung verschiebt die Klimazonen, und weite Waldgebiete sind von diesen Veränderungen massiv bedroht. Sie sterben ab oder fallen Waldbränden zum Opfer. Allein der Waldbrand in Australien Anfang 2020 hat mehr als fünfmal so viel CO_2 ausgestoßen als Österreich in einem ganzen Jahr.[15] Das freigesetzte Kohlendioxid beschleunigt die Erderhitzung. Schon wieder eine selbstverstärkende Rückkopplung.

DIE MENSCHHEIT GIBT DIE KONTROLLE AB

Auch Florian und ich haben viel zu spät verstanden, was diese Teufelskreise bedeuten. Sie bedeuten, dass die Menschheit die Kontrolle über das weltweite Klima abgibt. Wenn die Teufelskreise in vollem Gange sind, kann man sie nicht mehr aufhalten. Selbst wenn wir von einem Tag auf den anderen jedes Flugzeug, jede Bohrinsel, jede Gasheizung und jeden Dieselgenerator außer Betrieb nehmen, wird die Erderhitzung weitergehen. Dann hat die Menschheit den Kampf gegen die Klimakrise verloren. Wir sprechen dann nicht mehr von 1,5 °C oder 2 °C Anstieg, sondern von 3 °C bis 5 °C bis zum Ende des Jahrhunderts. Nur zum Vergleich: 5 °C Erderhitzung gab es zuletzt vor 252 Millionen Jahren, und sie führte zum Aussterben von mehr als 95 Prozent aller Arten.[16]

Die Erhitzung auf 1,5 °C zu beschränken gibt uns also die größtmögliche Chance, das Klimasystem zu stabilisieren und nicht in den Abgrund zu stürzen. Trotz dieser erschreckenden Erkenntnis sind die versprochenen Maßnahmen der Staaten noch vollkommen unzureichend. Die derzeitigen Klimaziele aller Nationen werden mit hoher Wahrscheinlichkeit eine Erderhitzung von +3 °C verursachen – und das wohlgemerkt, wenn wir sie einhalten.[17] Bisher werden sogar diese laschen Ziele beinahe alle jährlich verfehlt.

Geht es so weiter, werden wir in den kommenden Jahren wahrscheinlich den Punkt erreichen, an dem wir die Kontrolle über das System Erde verlieren. Dann ist das Spiel gelaufen. Dann verselbstständigt sich die Erderhitzung, und wir müssen unter größten Anstrengungen Schadensbegrenzungen durchführen, um unsere Zivilisation zu retten.[18] Die Welt, auf die wir dann zusteuern, ist nicht vorstellbar. Milliarden flüchtende Menschen, Hungersnöte – nicht nur in entfernten Regionen, sondern mitten in Europa –, kriegerische Konflikte um Wasser, Nahrung und Platz zum Überleben sind vorprogrammiert. Täglich verlieren wir ein weiteres Wunder, das wir nicht mehr zurückerhalten werden. Die Lage spitzt sich zu. Es verändert sich bereits alles, weil wir nichts getan haben, aber …

ES IST NICHT ZU SPÄT

Einen Vorteil hat die Tatsache, dass all diese Folgen von uns ausgelöst werden. Wir haben es in der Hand. Ändern wir etwas, können wir die Klimakatastrophe aufhalten. So wie wir begonnen haben, die Grenzen unseres Planeten zu überschreiten, können wir nun auch bewusst umsteuern. Nicht ein Vulkanausbruch oder ein Meteoriteneinschlag zwingen uns ein beklagenswertes Schicksal auf. Unsere Weiterfahrt ist eine bewusste Entscheidung. Wir haben das Ruder in der Hand. Wir können den Kurs bestimmen. Wir sind die GestalterInnen unserer eigenen Zukunft.

Dass man ein Überschreiten der planetaren Grenzen gemeinsam verhindern kann, zeigt die Bewältigung des nun nicht mehr wachsenden Ozonlochs. Es erhöhte ab den 1980ern die UV-Strahlung in der Südpolregion dramatisch und setzte die Bewohnerinnen und Bewohner Australiens und Neuseelands einem hohen Hautkrebsrisiko aus. Entschiedene und globale Maßnahmen bewirkten, dass das jährlich auftretende Loch in der Ozonschicht kleiner wurde und 2070 auf die Größe von 1980 zurückgegangen sein wird.[19]

Wir können die verheerenden Rückkopplungseffekte in der Klimakrise ebenfalls aufhalten. Noch haben wir die Kontrolle über das System, aber mit jedem Tag nähern wir uns der roten Linie, nach der es kein Zurück mehr gibt. Deshalb müssen nun endlich wirksame Maßnahmen gesetzt und unsere Emissionen reduziert werden. Die Steuermänner dieser Welt müssen aufwachen. Öl, Kohle und Gas müssen bleiben, wo sie sind, nämlich unter der Erde. Ich will fast sagen: *um jeden Preis!*

Darum gehen wir auf die Straße. Darum schreien wir uns seit zwei Jahren die Kehle aus dem Leib. Darum campen Schülerinnen und Schüler vor dem Bundeskanzleramt, darum machen wir Volksbegehren, schreiben wir Briefe, Gesetzesvorschläge und Bücher, reden unerbittlich auf EntscheidungsträgerInnen ein, singen, stampfen, brüllen, verhandeln, ermutigen, geben Hoffnung, tun alles, was wir können. Darum klingt Greta Thunberg nach Panik – wie sollte einen so etwas nicht in Panik versetzen!? Es ist zum Verzweifeln. Doch Aufgeben ist keine Option, denn unsere Geschichte ist nicht zu Ende. Gemeinsam können wir noch umsteuern.

Zusätzlich zum physikalischen System Erde stoßen auch unsere gesellschaftlichen Systeme an ihre Grenzen. Wir merken an allen Ecken und Enden, dass etwas nicht stimmt. Die Bilder von Armut und Ausbeutung sind erdrückend. Die Lage spitzt sich zu. Menschen machen sich auf den gefährlichen Weg aus ihrer Heimat ins Ungewisse. Wir stolpern von einer Krise in die nächste, und immer öfter werden uns Scheinlösungen angeboten. Das Vertrauen in die Politik schwindet, brutale Machthaber feiern Erfolge, und Gesellschaften werden polarisiert. Diese Entwicklungen verstärken Ungerechtigkeit in all ihren Formen. Doch auch hierbei sind wir nicht unserem Schicksal ausgeliefert. Wir können und sollten diesen Kurs ändern.

Wir können soziale Gerechtigkeit für alle Menschen verwirklichen und im Einklang mit der Umwelt leben. Zu Ersterem drängt uns unsere Menschlichkeit, zu Zweiterem zwingen uns die Naturgesetze. Das Gute ist, dass sich diese beiden Ansprüche keineswegs im Weg stehen. Nein, sie ergänzen einander sogar. Das zweite Kapitel wird zeigen, dass die Zeit niemals eine bessere war, um sich auf das Wesentliche zu besinnen: ein gutes Leben für alle innerhalb der natürlichen Grenzen unserer Erde.

KAPITEL 2
GROSSE ZIELE UND WERTE

VIER WORTE, DIE MEIN LEBEN VERÄNDERTEN

16. März 2020. Heute ist der erste Tag des Corona-Lockdowns. Ungewisse Zeiten liegen vor uns. Alle Veranstaltungen für das Klimavolksbegehren wurden abgesagt. Irgendwie bin ich erleichtert. Seit mehr als einem Jahr hatte ich keine Verschnaufpause. Nun zwingen die äußeren Umstände meinem Kalender die längst überfällige Freizeit auf. Flo und ich beschließen um 11 Uhr, die Zeit für dieses Buch zu nutzen.

»Wann sollte man auch sonst ein Buch schreiben«, scherzt er, »wenn nicht in einer weltweiten Virusapokalypse?« Wir wollen täglich unseren Fortschritt besprechen. Flo tut das, was er am liebsten tut: Er macht eine Liste mit To-dos. Ich tue das, was ich am liebsten tue: Ich mache einen Zeitplan.

Nur acht Stunden später ist alles hinfällig.

Es sind vier Worte, die unser Vorhaben zerstören. Sie reißen mir den Boden unter meinem Leben weg: »Die Mama ist umgekippt!«

Zweimal hat mein Vater während meines Meetings angerufen. Ich habe ihn weggedrückt und war etwas genervt, weil mein Handy ohnehin vor Nachrichten übergeht. Er hatte mir davor schon bezüglich einer Reparatur in meiner Wohnung geschrieben. »Ich rufe zurück«, hatte ich ihm geantwortet. Das Meeting ist aus, ich bin müde. Ich will nicht mehr telefonieren, will nichts mehr organisieren. Mein ganzes Leben besteht aus Organisation, 24 Stunden lang, sieben Tage die Woche. Ich rufe zurück.

»Bitte setz dich kurz hin« ist Papas erster Satz. Und dann: »Die Mama ist umgekippt!«

Wenig später sitze ich am Boden und weine. Neben mir hockt meine Mitbewohnerin. Milly hält mich fest, während ich das Gefühl habe zu zerbrechen. Ich zittere. Tränen fließen ungehemmt. Ich fühle mich völlig hilflos. Der Kontrollverlust erdrückt mich. Meine Welt taumelt.

Mama ist um 18.30 Uhr heimgekommen. Unerträgliches Kopfweh. Kopfwehtablette. Bei einem Scherz über Corona ist ihre Stimme leiser geworden. Zusammengesackt. Schweiß überall. Plötzlich Bewusstsein verloren. Papa hat sofort den Notarzt gerufen. Rettung. Schnelle Handgriffe. Blaulicht. Hirnblutung. Sie wird jetzt notoperiert.

»Es wird alles wieder gut«, redet mir Milly zu, doch ich will es nicht hören. Ich glaube es nicht. Stattdessen pochen fürchterliche Fragen in meinem Kopf. Was-wenn-Fragen. Was, wenn ich sie nie wiedersehe? Was, wenn sie mich nie wieder in den Arm nehmen kann? Was, wenn nichts mehr gut wird?

1. DIE LOGIK DER WIRTSCHAFT UND DIE GESETZE DER NATUR

Es besteht dieser Mythos, dass alles besser wird, wenn wir weitermachen wie bisher. Bei unseren Großeltern und Eltern war es tatsächlich so. Nach dem Krieg ging es in Europa stetig bergauf. Die Vision einer besseren Zukunft, weitreichende Reformen und die harte Arbeit von Millionen Menschen ermöglichten der nächsten Generation mehr Freiheiten, mehr Privilegien und mehr Möglichkeiten. Es war in vielen Ländern eine Zeit des Wachstums und der Beschleunigung – vor allem wirtschaftlich.

DIE GROSSE BESCHLEUNIGUNG

Das rapide Wachstum hatte seinen Anfang in der industriellen Revolution. Sie führte in einigen Teilen der Welt zu großem Reichtum. Vor dem 19. Jahrhundert hingen wirtschaftliche Prozesse großteils von der Arbeit ab, die Menschen oder Tiere verrichteten, oder von der mechanischen Energie, die frei verfügbar genutzt werden konnte, zum Beispiel über Wasserräder oder Windmühlen. Je mehr Menschen beschäftigt wurden, je mehr Ochsen vor Karren gespannt wurden, je mehr mechanische Energie aus Wasser und Wind genutzt werden konnte, desto höher war die Produktion von Gütern.

Dieser Zusammenhang wurde in der industriellen Revolution entkoppelt. Das war vor allem das Verdienst fossiler Brennstoffe. Mit der Entdeckung und Förderung von Öl, Kohle und Gas als Energiequellen wurde Energie speicherbar und transportabel, und zwar in schier unermesslichen Mengen. Durch Verbrennung übersetzte sich diese Energie in Arbeit und Produktion, und damit in Geld. Öl avancierte zur geopolitischen Macht in Flüssigform.

Wirtschaftliches Wachstum hängt bis heute eng mit der Energie zusammen, die für wirtschaftliche Prozesse nutzbar gemacht werden kann.[1] Deshalb beschleunigten die plötzlich verfügbaren, äußerst dichten fossilen Energiequellen viele sozioökonomische Prozesse. Gemessen am *Bruttoinlandsprodukt* (BIP), kann man ab den 1950ern ein rapides Wirtschaftswachstum feststellen.

Gleichzeitig mit dem BIP wuchsen auch viele andere Kennzahlen. Während sich das BIP seit 1950 versiebenfachte, verdreifachte sich die Weltbevölkerung. Dieses Wachstum ging mit einem massiv gesteigerten Ressourcenverbrauch einher. Das Haber-Bosch-Verfahren revolutionierte die Landwirtschaft und machte es möglich, künstlichen Ammoniakdünger herzustellen. Die riesigen Mengen an Dünger steigerten den Ertrag. Gigantische Dämme wurden gebaut, die Wassernutzung stieg. Gleichzeitig startete die moderne Globalisierung, wie wir sie kennen: Unternehmen expandierten über die Landesgrenzen hinaus, und es wurden immer mehr ausländische Direktinvestitionen getätigt. Dieses Zeitalter, diese historische Ära des gleichzeitigen Anstiegs vieler sozioökonomischer Kennzahlen, nennt man die *große Beschleunigung*.[2] Sie dauert bis heute an.

In einigen Teilen der Welt ermöglichte die rasante Wirtschaftstätigkeit öffentliche Investitionen in Schulen, Gemeindebauten und in das Gesundheitssystem. Viele Menschen – gerade in ländlichen Gegenden – erhielten das erste Mal Zugang zu Strom, es wurden Straßen gebaut, Kanalsysteme verbesserten die gesundheitlichen Zustände in Städten, und internationale Forschung wurde intensiviert. Doch mit den humanitären Verbesserungen in einigen Ländern stieg gleichzeitig überall der Druck auf die Ökosysteme der Erde.

DIE PLANETAREN GRENZEN

Die zunehmende Verbrennung fossiler Energieträger führte zu steigenden Treibhausgas-Emissionen, wie wir in Kapitel 1 gesehen haben. Die Übernutzung natürlicher Ressourcen zog ihrerseits weitere Naturzerstörung nach sich. So hat sich der Süßwasserverbrauch verdreifacht, der Energieverbrauch ist um das Vierfache gestiegen und der Verbrauch von Düngemitteln auf das Zehnfache explodiert. Die Abholzung der Regenwälder und die Versiegelung von Böden begannen in großem Stil und führten zu Artenschwund. Die Meere nahmen das zusätzliche CO_2 aus der Luft auf, was zur Übersäuerung und in weiterer Folge zu Korallensterben führte.[3]

Das Problem mit vielen der aufgelisteten Prozesse ist, dass es *positive Rückkopplungen* gibt. Jene der Erderhitzung haben wir im vorigen Kapitel beschrieben. Solche selbst verstärkenden Prozesse existieren auch für andere ökologische Systeme, und sie beeinflussen sich gegenseitig. Je mehr Naturraum zerstört wird, desto mehr Biodiversität geht verloren, desto stärker geraten natürliche Nahrungsketten unter Druck, desto mehr wichtige Schlüsselarten verschwinden, was wiederum das Ökosystem verändert. Die systemische Naturzerstörung durch ressourcenintensive Produktion, die Bodenversiegelung mit Beton und Asphalt, die Umwandlung in gleichförmiges industrielles Agrarland und die Abholzung von Wäldern für Monokulturen, all das führt zu Artenverlusten und Instabilität.

Der Druck auf die natürlichen Systeme unserer Erde wurde so groß, dass wir die natürlichen Grenzen des Planeten ausreizen. Wie für den Treibhausgasausstoß gibt es für alle diese Arten der Übernutzung rote Linien – *planetare Grenzen*.[4] Es sind naturgegebene Limits unserer Erde. Ihre Überschreitung schränkt mit sehr hoher Wahrscheinlichkeit die Funktionsfähigkeit der Umwelt ein und destabilisiert die Natur wie keine andere Veränderung seit Anbeginn der Menschheit. Indem wir das Klima überhitzen, die Böden überdüngen, die Wälder dem Erdboden gleichmachen und das Artensterben so weit treiben, dass ganze Ökosysteme zusammenbrechen, machen wir den Planeten unbewohnbar.

Die Art und Weise, wie wir in der Großen Beschleunigung leben und wirtschaften, droht gerade mehrere planetare Grenzen zu sprengen. Manche haben wir mit großer Wahrscheinlichkeit schon überschritten. Die Überdüngung, der Verlust der Biodiversität und die Klimakrise lassen schon lange die Alarmglocken läuten.

Der Mensch ist zur dominierenden Kraft auf diesem Planeten geworden. Geologen und Geologinnen sprechen darum bereits vom Erdzeitalter des *Anthropozäns*. Wir verändern die Meere, die Böden und die Atmosphäre maßgeblich. Wir gehen dabei so rücksichtslos vor, dass wir im schlimmsten Fall das Überleben der Menschheit riskieren. Die wirtschaftliche Beschleunigung ist nicht kompatibel mit unserer Lebensgrundlage.

DIE GRENZEN DES WACHSTUMS

Wegen Covid kann mein Papa nicht mit meiner Mama und dem Notarzt ins Spital fahren. Er bleibt zu Hause zurück, allein mit der Ungewissheit um Mamas Überleben. Ich muss zu ihm, denke ich nach dem Telefonat. Ich sollte für ihn da sein. Ich kann mich aber kaum aufraffen.

Milly schlägt vor, gemeinsam zu ihm zu fahren. Da ich zu schwach bin, mich aufs Rad zu setzen, ruft sie ein Taxi. Alles liegt hinter einem dunklen, dumpfen Schleier. Ich ziehe mir abwesend meine Jacke an, setze mich mechanisch in den Wagen. Ich schließe die Augen. Was, wenn ich nach heute Nacht keine Mama mehr habe? Papa und ich. Zu zweit. Das ist erschütternd. Es ist unvorstellbar.

Viele Dinge sind so lange unvorstellbar, bis sie plötzlich eintreten. Viele von uns, die in einer Zeit des ständigen Wachstums geboren wurden und gelebt haben, befremdet der Gedanke, dass dem Wachstum Grenzen gesetzt sind. Es ist unvorstellbar geworden.

Mit seinem historischen Bericht »Die Grenzen des Wachstums« hat der Club of Rome bereits 1972 infrage gestellt, ob Wachstum – vor allem Wirtschaftswachstum – auf Dauer aufrechterhalten werden kann. Auf Basis von Computersimulationen kamen die ForscherInnen zu dem Schluss, dass bei stetiger Zunahme der industriellen Produktion und Wachstum der Bevölkerung der Ressourcenverbrauch und die Zerstörung von Lebensraum das System zum Zusammenbruch bringen werden. Egal, wie sie die Parameter einstellten, ungebremstes Wachstum führte früher oder später zum Ende der Zivilisation.

Zum dreißigsten Jubiläum des Berichts wurde 2004 der neueste Stand zur Kapazität der Erde veröffentlicht: Ihre Fähigkeit, Ressourcen für dieses immerwährende Wachstum bereitzustellen und Schadstoffe zu absorbieren, ist seit 1980 überschritten.[5] Die Autorinnen und Autoren gehen von einem Szenario aus, das sie *Overshoot and Collapse* nennen, also Überschreitung der Grenzen mit anschließendem Kollaps. Sie datieren das ab 2030. Aber warum ist das so?

Unsere aktuelle Wirtschaftsweise ist auf den unaufhaltsamen Durchfluss von Produkten angewiesen. Wir messen das mit ebenjenem Bruttoinlandsprodukt (BIP). Es gibt den Marktwert der Produkte und Dienstleistungen an, die in einem Land jährlich produziert und konsumiert werden. Damit ist es eine *Fließgröße*. Das bedeutet, dass unser wirtschaftliches Fortkommen allein dadurch gesteigert wird, dass wir wie wild

Produkte produzieren, am besten nur einmal verwenden, um sie dann gleich wieder wegzuschmeißen und neue zu kaufen. Wenn wir der Logik des BIP folgen, kommen wir also wirtschaftlich voran, wenn wir produzieren, konsumieren und wegschmeißen – je mehr und je schneller, desto besser.

Das alles wäre kein Problem, wenn wir nicht zur Produktion Ressourcen abbauen müssten und am Ende Müllberge und Schadstoffe anhäuften. Linear zu produzieren birgt zwei fatale Folgen: Einerseits verbrauchen wir eine enorme Menge an Ressourcen; andererseits produzieren wir so viel Müll, dass wir langfristig darin untergehen.

Die Rohstoffe, die für diese Produktionslogik nötig sind, werden vorrangig der Natur entnommen. Sind es nichterneuerbare Stoffe wie Mineralien, Erdöl oder Kohle, sind die Vorkommen irgendwann erschöpft. Hier ist unser Vorgehen offensichtlich keine langfristige Strategie. Sind es regenerative Ressourcen wie Holz, Getreide oder Fisch, besteht die Möglichkeit der nachhaltigen Nutzung. Jedoch unter der wichtigen Bedingung, dass nicht mehr entnommen wird, als nachwachsen kann. Die Menge, die wir der Natur also schadlos entnehmen können, ist begrenzt. Überschreiten wir diese Menge, hat das zur Folge, dass die regenerativen Quellen beschädigt oder sogar zerstört werden.

Försterinnen und Bauern, Fischerinnen und Indigene, alle Menschen, die nah an der Natur arbeiten und leben, wissen das besser als viele andere. Wir dürfen der Natur nicht mehr und nicht schneller Rohstoffe entnehmen, als sie diese nachproduzieren kann. Wenn wir die Meere überfischen, dann werden die Schwärme kleiner, der Nachwuchs wird geringer, und irgendwann ist der letzte Fisch gefangen. So zerstören wir gedankenlos unsere Lebensgrundlage. Durch den Irrglauben, die Ressourcen seien unbegrenzt, haben wir den Planeten ausgeblutet und pressen jetzt noch ein paar gute Jahre aus ihm heraus. Dann ist Schluss.

GRÜNES WACHSTUM

Kann Wirtschaftswachstum nicht mit Umweltschutz vereinbar gemacht werden, fragen sich an dem Punkt vielleicht einige. Auch viele Politikerinnen und Politiker sprechen davon: grünes Wachstum. Wenn wir erneuerbare Energien statt fossiler verwenden würden, dann sänken die Emissionen. Und wenn unsere Wirtschaft den Materialverbrauch reduziert, mehr auf Recycling setzt und statt der Produktion Dienstleistungen in den Vordergrund stellt, dann könnte das BIP doch weiterwachsen – ganz ohne die schädlichen Konsequenzen. Man nennt diesen Vorgang, Wirtschaftswachstum von Emissionen und Ressourcenverbrauch zu trennen, Entkopplung. Um den Traum von Wirtschaftswachstum samt Umweltschutz zu verwirklichen, bräuchte es aber eine *absolute Entkopplung*: Das BIP müsste steigen, während der Ressourcenverbrauch und die Emissionen sinken. Geht das?

Durch erneuerbare Energien ist die absolute Entkopplung von Emissionen möglich. Die Frage ist nur: Schaffen wir es schnell genug, um die Erderhitzung auf 1,5 °C zu beschränken? Wie erwähnt, hängt wirtschaftliches Wachstum bis heute eng mit der Energie zusammen, die nutzbar gemacht werden kann. Wenn dieser Zusammenhang bestehen bleibt, ist es sehr unwahrscheinlich, dass wir es gleichzeitig schaffen, den zusätzlich anfallenden Energiebedarf klimafreundlich zu decken und das bestehende Energiesystem schnell genug klimaneutral zu machen.[6]

Für Materialnutzung sind die Ergebnisse noch klarer. Eine Metastudie von 179 wissenschaftlichen Artikeln zeigt, dass es derzeit nirgends auf der Welt Wirtschaftswachstum bei sinkender Ressourcennutzung gibt. Schon gar nicht in den Ausmaßen, die es bräuchte, um die planetaren Grenzen einzuhalten.[7] Eine weitere Überblicksstudie von 835 wissenschaftlichen Beiträgen bestätigt, dass derzeit nirgendwo ausreichend schnelle Raten der Entkopplung, weder von Treibhausgas-Emissionen noch von Materialverbrauch, gefunden werden können.[8]

Natürlich ist der Zusammenhang kein Naturgesetz. Doch selbst wenn wir mit einem wirtschaftlichen Strukturwandel hin zu Dienstleistungen, Kreislaufwirtschaft und erneuerbaren Energien irgendwann ausreichende Entkopplung erreichen würden, sollten wir uns nicht auf dieses Versprechen versteifen. Fakt ist: Gerade verbrauchen wir mehr, als uns zusteht, und das muss sich ändern.

PLANETEN AUF KREDIT

Die Fahrt im Taxi dauert gefühlte Ewigkeiten. Milly und ich reden nichts. Draußen ziehen die Straßenlichter vorbei. Ein Krankenwagen überholt und biegt ab. Einen Augenblick lang sehe ich das Krankenhaus, in dem Mama gearbeitet hat. Dann geht es weiter. Meinen alten Schulweg entlang. Ich war so stolz, als ich mit acht das erste Mal ganz allein in die Schule fahren durfte. Mama hat mir erst vor kurzem erzählt, dass sie mir eine Woche lang gefolgt ist – ganz unauffällig –, um sicherzugehen, dass ich es schaffe. Sie war immer da. Was, wenn sie es plötzlich nicht mehr ist? Wenn nach heute Nacht nur noch Papa da ist, und sonst niemand? Was dann? Die Häuserfronten verschwimmen vor meinen Augen.

Mein Papa arbeitete, seit ich denken kann, als Führungskraft im Ausland. Die meiste Zeit pendelte er zwischen Wien und Kiew. Montags zum Flughafen, freitags zurück nach Wien. Der Job hatte einen familiären Preis. Meine Mama war über weite Strecken meiner Kindheit quasi Alleinerzieherin. Sie war meine Bezugsperson, meine Anlaufstelle bei Problemen und meine Stütze, wenn es mir nicht gutging. Und Papa? Seine Freigiebigkeit erinnerte mich immer wieder daran, dass er sein Einkommen von einem Betrieb erhielt, dessen Kerngeschäft ökologisch bedenklich ist. Das führte zu heftigen Diskussionen. Konträre Meinungen gehörten bei uns zum Sonntagsfrühstück wie aufgeschnittene Tomaten.

Mittlerweile bin ich dankbar für diese Auseinandersetzungen, weil sie mir beibrachten, respektvoll zu diskutieren und andere Ansichten kritisch zu hinterfragen. Es ging in den Debatten um landwirtschaftliche Praktiken. Wir redeten über die Tatsache, dass Konzerne Saatgut verkaufen, das Bäuerinnen und Bauern nur einmal anbauen konnten. Die zweite Generation von Samen ist nicht zum Wiederanbau geeignet.

Außerdem braucht man passgenau entwickelten Pflanzenschutz, damit die Pflanzen ideal gediehen. Das macht die Bäuerinnen und Bauern von den Produkten einer einzigen Firma abhängig. Wir diskutierten die Überdüngung vieler Flächen, bei der immer mehr Stickstoff ins Grundwasser und Phosphor in die Flüsse geschwemmt werden, über die Konsequenzen für die Artenvielfalt und die Biodiversität. Und wir sprachen über die generelle Umwandlung von Naturgebieten in Agrarland.

»Katharina«, sagte Papa dann ausweglos, »die Bevölkerung wächst, und wir haben nur einen Planeten. Wir müssen ihn darum effizienter nutzen.«

»Ja, wir müssen sehr viele Menschen ernähren«, stimmte ich meinem Papa zu, »aber das muss uns doch ohne Ausbeutung gelingen. Sonst sägen wir uns doch den Ast ab, auf dem wir sitzen!«

Die gesamte Menschheit braucht derzeit nicht nur einen, sondern 1,7 Planeten, um ihre Lebensweise zu stemmen. Nur um das zu betonen: Wir brauchen eigentlich *noch ein Asien, Europa, Nord- und Südamerika*. In Österreich benötigen wir für die ressourcenintensive Produktion all unserer Materialien und die Absorption all unserer Abfallstoffe beinahe doppelt so viel. Würden alle Menschen wie wir Österreicherinnen und Österreicher leben, benötigten wir 3,2 Erden. Selbst wenn sämtliche anderen Gesteinsplaneten unseres Sonnensystems wie die Erde beschaffen wären, reichte das nicht aus!

Wir haben die Kapazitäten der Erde überschritten, wie es der Club of Rome vorausgesagt hat. Warum »funktioniert« das Leben auf der Erde dann noch? Offensichtlich steht uns nur *ein* Planet zur Verfügung. Dennoch verbrauchen wir 1,7. Wie kann das gehen?

Betrachten Sie es als Kredit. Ja, genau, wie der Kredit einer Bank. Die Ressourcen, die wir jetzt verbrauchen, den Abfall, den wir jetzt erzeugen, selbst die Emissionen, die wir jetzt ausstoßen, das sind alles Kredite, die wir uns von jemandem borgen. Wir borgen uns die Rohstoffe der Zukunft und machen sie heute zu Geld. Dieser Kredit kurbelt unsere heutige Wirtschaft an und beschert uns in Österreich materiellen Wohlstand.

Wir sind so daran gewöhnt, dass es uns gar nicht auffällt. Für uns ist der jetzige Lebensstil normal geworden. Wir vergessen, dass uns solche Mengen an Ressourcen gar nicht zustehen. Wir vermüllen unsere Erde und überlassen die Aufräumarbeit anderen. Wir stoßen Treibhausgase aus, deren Folgen die nächsten Generationen erleben müssen. Es ist so, als würden Sie jedes Jahr einen weiteren Kredit von der Bank aufnehmen, um Ihren Lebensstil zu finanzieren. Sie würden dann ein Leben lang Schulden anhäufen.

Das Problem ist, dass wir in der Vergangenheit nicht selbst für diese Schulden geradestehen mussten. Unsere Kinder und Enkel müssen das nun. Auf einmal heißt es: Kinder haften für ihre Eltern. Sie können nämlich die Rohstoffe der Erde nicht mehr verwenden, die wir aufgebraucht haben; auch nicht die nachwachsenden, wenn wir die Ökosysteme dafür zerstört haben. Sie müssen die Meere vom Müll befreien, den wir ihnen hineingeschmissen haben. Sie müssen sich um die klimakritische Atmosphäre kümmern, die wir mit Treibhausgasen vollgepumpt haben. Wir leihen uns derzeit den Planeten von kommenden Generationen und häufen Schulden an, die Mia und Finn in der Zukunft zahlen müssen.

Das ist in etwa so, als würden Sie sich das Sparkonto Ihrer Kinder auszahlen lassen, das ein großzügiger Onkel den Kleinen bei deren Geburt angelegt hat. Ihre Kinder gehen ohnehin noch in die Volksschule. Sie können sich nicht wehren. Würden Sie sich das Geld nehmen und sich endlich den Swimmingpool und das neue Auto anschaffen? Es könnte Ihnen doch egal sein, wie Ihre Kinder die erste Wohnung mieten, ein Studium finanzieren, eine eigene Familie gründen oder in der Pension über die Runden kommen. Es ist Ihnen aber nicht egal. Sie würden das nicht tun. Denn es wäre unglaublich ungerecht, Ihren Kindern die Zukunft zu stehlen. Und genauso ungerecht ist der *Generationenkredit*, den wir uns tagtäglich auszahlen lassen.

Die natürlichen Ressourcen sind im Gegensatz zu Geld ein *realer* Wert. Kohlendioxid und Müll sind so harte Tatsachen wie Hirnblutungen. Bei abgebrannten Wäldern und erhöhtem Meeresspiegel kann niemand später Mitleid zeigen und den Kreditrahmen erhöhen oder gar erlassen. Selbst wenn es ums nackte Überleben geht – und das wird es –, müssen Finn und Mia die Schulden begleichen, die wir ihnen heute aufbürden. Aber nicht nur sie.

Menschen in vielen Ländern zahlen heute schon die Kosten. Wir verstärken durch unsere Emissionen Extremwetter weltweit. Das kostet Menschen die Heimat oder sogar das Leben. Familien müssen aufgrund von Wassernot flüchten, in der Hoffnung, woanders fruchtbares Land zu finden. Bäuerinnen und Bauern in Österreich zahlen mit ihrer Ernte drauf. Die planetaren Grenzen zu überschreiten bedeutet nicht nur, die Natur zu verändern, sondern auch Existenzen zu zerstören und soziale Probleme überall auf der Welt zu verschlimmern.

GERECHTIGKEIT UND UMWELTSCHUTZ

Darum ist die Bewältigung der Klimakrise fundamental mit *Gerechtigkeit* verbunden: Gerechtigkeit zwischen den *Generationen*, weil diejenigen, die heute den Planeten überstrapazieren, die Kosten der Plünderung nicht begleichen müssen; und *soziale Gerechtigkeit*, weil reiche Länder und Menschen die meisten Ressourcen verbrauchen und Emissionen erzeugen, während jene, die am wenigsten zur Zerstörung beitragen, die Schäden am deutlichsten spüren.

Die reichsten zehn Prozent sind für die Hälfte der weltweiten Emissionen seit 1990 verantwortlich. Dagegen verursachen die ärmsten fünfzig Prozent nur zehn Prozent des globalen Treibhausgasausstoßes.[9] Das gilt auch im Ländervergleich. Bis 2015 addiert, verursachten die USA vierzig Prozent der globalen Emissionen, die EU 29 Prozent und der sogenannte globale Norden, jene Länder, die von der Industrialisierung am meisten profitiert haben, zusammengerechnet 92 Prozent. Historisch gesehen, haben die Länder des globalen Südens mit acht Prozent also kaum Anteil an der Misere.[10]

Trotzdem werden arme Menschen am schwersten von der Klimakrise getroffen – national und international. Dürren, Überflutungen und Verschmutzung treffen benachteiligte Gruppen häufiger, da sie teilweise in nicht befestigten Siedlungen nahe beim Wasser leben, nur von den Erträgen ihres Feldes abhängig sind, oder weil sie vermehrt dort wohnen, wo Umweltverschmutzung passiert, da sie es sich woanders nicht leisten können: an verpesteten Flüssen oder neben Industrien, Autobahnen und Deponien gefährlicher Abfälle. Sie werden gesundheitliche Schäden davontragen, ihre Lebensgrundlagen verlieren oder gar flüchten müssen, während die reichen Nationen des globalen Nordens zurzeit noch mit einem blauen Auge davonkommen.

Wir erreichen das Haus meiner Eltern. Der Albtraum scheint Realität zu werden. Das Haus und Papa. Eine krampfhafte Angst frisst sich in die Magengrube. Ich betrete den Vorraum, gehe direkt ins Wohnzimmer. Dort sitzt er. So habe ich ihn noch nie erlebt.

2. EIN GUTES LEBEN FÜR ALLE

Ich habe meinen Vater erst zweimal weinen sehen. Als sein Vater gestorben ist. Und jetzt. Wir nehmen einander in den Arm, lange und hoffnungslos. Dass die Welt aus so viel Schmerz bestehen kann. Ich traue mich nicht, die wichtigste Frage zu stellen.

»Nichts Neues aus dem Spital«, beantwortet Papa sie. Ich weiß nicht, ob ich erleichtert bin, dass sie noch lebt, oder erschüttert, weil sie weiterhin in Lebensgefahr schwebt. Wir setzen uns ins Wohnzimmer. Milly macht einen Tee. Ich rufe Flo an. Seine Stimme tut gut. Ich erzähle in kurzen Worten, was passiert ist. Ob er die anstehenden Aufgaben beim Klimavolksbegehren übernehmen kann, sickert die Hilflosigkeit zu ihm durchs Telefon. Er kann. Danke, sage ich und lege auf, bevor es mir die Stimme vollständig verschlägt. Dann herrscht wieder angespannte, bittere Stille. Der Tee dampft. Wir alle drei wissen, dass diese Sekunden über Mamas Leben entscheiden. In meinen Gedanken rede ich ihr gut zu: Du schaffst das, sage ich und sage es doch auch zu mir selbst.

In Zeiten der Krise wird einem klar, was im Leben wichtig ist. Oft weiß man erst, was es bedeutet, einen Vater oder eine Mutter zu haben, wenn man kurz davorsteht, sie zu verlieren. Gesundheit weiß man erst im Angesicht der Krankheit zu schätzen. Oder eine Arbeit, Bildung, staatliche Hilfe oder den öffentlichen Raum. Vieles in unserem Leben sehen wir als selbstverständlich an. Das ist es nicht. Und das zeigen uns Krisen.

Das Wort »Krise« stammt vom griechischen *krisis* mit der Bedeutung »Entscheidung«. Während ich mit einer Tasse Tee wortlos am Sofa sitze, spüre ich, dass sich gerade *alles* entscheidet. Diese Nacht entscheidet über das Leben meiner Mutter, die kommenden Wochen und Monate über den Erfolg des Klimavolksbegehrens, der Umgang der Staaten dieser Welt mit Corona entscheidet über die Folgen der Pandemie. Millionen von Menschenleben stehen auf dem Spiel, und noch mehr Existenzen sind bedroht.

Der Virus ließ die Weltwirtschaft einbrechen. Arbeitslosigkeit griff um sich. Die Ölkurse rasselten in den Keller. In diesen Momenten beschlossen Politikerinnen und Politiker überall auf der Welt, welchen Weg wir ins 21. Jahrhundert einschlagen würden. Wohin die riesigen Geldsummen der staatlichen Hilfspakete flossen, würde bestimmen, ob wir grundlegende soziale Werte und den Fortbestand der Zivilisation über kurzfristigen Profit stellten. Und ich hatte keine Kraft mehr. Nicht ein bisschen. Jetzt, wo sich alles entschied, saß ich da und konnte nichts tun.

Die Pandemie könnte als der große Wendepunkt in die Geschichte eingehen. Angesichts der Überschreitung planetarer Grenzen müsste es aber schnell gehen. In dieser Hinsicht wäre der Weckruf durch Corona gerade noch rechtzeitig gekommen. Während egoistische Psychopathen wie Donald Trump, Jair Bolsonaro und andere Öl ins Feuer gossen, erhoben sich junge Menschen zu Millionen in der Klimabewegung. Rassismus, Diskriminierung, Gleichberechtigung und Ausbeutung lassen weitere Millionen aufstehen. Die Menschen dieser Welt akzeptieren die Ungerechtigkeit nicht länger. Sie fordern das *soziale Fundament* ein.

Nach einer ruhelosen Nacht auf schnell hergerichteten Matratzen am Dachboden fährt Milly in die Wohnung zurück. Wir haben noch nichts aus dem Krankenhaus gehört. Die Operation dauerte die ganze Nacht. Zu zweit sitzen mein Papa und ich am Frühstückstisch. Zu sagen gibt es nichts. In der Stille lässt uns das durchdringende Läuten des Telefons hochschrecken. Papa hat es extra auf die lauteste Stufe gestellt. Er springt auf, läuft zum Hörer und hebt ab. Mir sackt das Herz in den Magen, und ich starre ihn an. Voller Angst befürchte ich, die schlechten Nachrichten jeden Moment in seinem Gesicht ablesen zu können.

DAS SOZIALE FUNDAMENT

So wie die planetaren Grenzen die roten Linien unseres Planeten sind, die wir nicht überschreiten sollten, gibt es auch eine rote Linie der Menschlichkeit: das *soziale Fundament*. Es ist die Basis eines guten Lebens, das Mindestmaß an Gerechtigkeit, das jedem Menschen zusteht. Es besteht aus fundamentalen Werten und den menschlichen Grundbedürfnissen. Ausreichende Nahrungsversorgung, leistbarer Raum zum Wohnen und Zugang zu hochwertiger Bildung gehören ebenso dazu wie Zugang zu Trinkwasser, Sanitäranlagen und gesundheitlicher Versorgung.

Das klingt erstmal nach sehr geringen Ansprüchen, doch derzeit leben Milliarden Menschen *ohne* das soziale Fundament. 2,2 Milliarden Menschen müssen derzeit ohne sauberes Trinkwasser und 4,2 Milliarden ohne Sanitäranlagen auskommen. Das ist die Hälfte der Weltbevölkerung! Fast 800 Millionen Menschen haben keinen Zugang zu Elektrizität.[11] Und es sind nicht nur Länder des Globalen Südens, die sich bei der Bereitstellung des sozialen Fundaments abmühen.

Millionen Bürgerinnen und Bürger in Industriestaaten besitzen keine Krankenversicherung oder Absicherung im Falle von Arbeitslosigkeit. Von sozialer Ausgeglichenheit, Gleichberechtigung der Geschlechter und politischer Mitsprache sind wir auch in Europa noch vielerorts ein gutes Stück entfernt. Und wie schnell es gehen kann, dass das soziale

Miteinander und ein gesichertes Einkommen abhandenkommen können, zeigte sich in der Corona-Krise eindrücklich.

Gesellschaftliche Ziele werden jedoch oft gegen Klimaschutz ins Rennen geführt. Zuerst müssten alle sozial abgesichert sein, davor könnten wir uns keinen Klimaschutz leisten, heißt es. Was mich zu der Frage bringt, warum dann nicht schon längst alle abgesichert sind. Denn in der Klimapolitik ist in den vergangenen dreißig Jahren ohnehin nichts vorangegangen. Es wäre viel Zeit gewesen, der sozialen Gerechtigkeit Vorrang zu geben.

Abgesehen davon, dass die Ausrede liebend gerne von denen benutzt wird, die in den vergangenen Jahrzehnten *weder* gute Sozialpolitik *noch* Klimapolitik gemacht haben, lässt sich eines unbestritten feststellen: Das soziale Fundament wird mit einer zerstörten Umwelt unmöglich zu erreichen sein. Ein gutes Leben und eine blühende Umwelt sind kein Widerspruch. Sie bedingen einander.

Ohne intakte Natur können die fundamentalen Rechte der Weltbevölkerung schlichtweg nicht erfüllt werden. Um ausreichend Nahrung für alle zu erzeugen, sind wir auf gesunde Böden, Artenvielfalt und ausreichend Niederschlag angewiesen. Für sauberes Trinkwasser braucht es Regen und Reservoirs, in denen das Wasser gespeichert werden kann, ohne es zu verschmutzen. Um Zoonosen, also Krankheiten wie Covid-19, die von Tieren auf den Menschen übertragen werden, vorzubeugen, sind ausreichend intakte Lebensräume wichtig. Unsere Gesundheit baut außerdem darauf auf, dass wir saubere Luft zum Atmen haben, und die haben wir nur, wenn wir toxische Partikel filtern und weniger schädliche Emissionen in die Luft blasen. Die verbesserte Luftqualität in Europa während des ersten Corona-Lockdowns verhinderte, laut einer Studie des Centre for Research on Energy and Clean Air (CREA), in einem Zeitraum von dreißig Tagen bis zu elftausend Tote.[12] Natürlich geht es nicht darum, einen Lockdown fürs Klima auszurufen, sondern es zeigt vielmehr, wie viel Lebensqualität uns ein Weiter-wie-bisher kostet. Das soziale Fundament gibt es nur auf einem gesunden Planeten. Sozialpolitik gegen Umweltpolitik auszuspielen ist grotesk. Es geht nur gemeinsam.

Das große Ziel von einer Politik und einer Wirtschaft, die dem 21. Jahrhundert würdig sind, muss es deshalb sein, allen Menschen auf dieser Welt ein Leben über dem sozialen Fundament zu ermöglichen, während die planetaren Grenzen eingehalten werden. Kate Raworth hat mit der Doughnut-Ökonomie das passende Bild dafür geschaffen. Es besteht aus einem äußeren Kreis, der planetaren Grenze, die wir nicht überschreiten dürfen; und einem inneren Kreis, dem sozialen Fundament, unter das niemand abstürzen sollte. Es ist der Bereich zwischen diesen zwei Grenzen, der ein lebenswertes, gerechtes und nachhaltiges Dasein für alle Menschen garantiert.

Wie gelangen wir aber dorthin? Wie lässt sich dieser sichere Bereich, die Region zwischen der physikalischen Obergrenze und der humanen Untergrenze, die stabile Zone des guten Lebens, erreichen?

Mit der Donut-Ökonomie zeichnet Kate Raworth das Bild einer neuen Wirtschaft: Der sichere und gerechte Raum für die Menschheit liegt zwischen den planetaren Grenzen und dem sozialen Fundament.[13]

Mama hat überlebt. Die OP ist gut verlaufen. Sie liegt jetzt im künstlichen Tiefschlaf. Wenn sich die Werte stabilisieren, wird man versuchen, sie langsam aufzuwecken. Erst jetzt merke ich, dass ich meine Fingernägel in die Oberschenkel gekrallt habe. Natürlich weiß ich, dass sie noch nicht gerettet ist, dennoch durchströmt mich unendliche Erleichterung. Wenn sie nun bald aufwacht, wird alles wieder gut, das spüre ich.

»Rufst du die Oma und die anderen an?«, helfe ich meinem Papa zu den nächsten Schritten, weil er orientierungslos in der Mitte des Wohnzimmers steht. Er nickt und meldet sich beim engsten Kreis der Verwandten. Immer wieder höre ich die Geschichte. Sie kam nach der Arbeit nach Hause. Klagte über Kopfschmerzen. Sackte auf dem Sofa zusammen. Schwitzte und konnte kaum reden. Die Rettung kam schnell. Gott sei Dank kam die Rettung schnell. Sonst hätte sie es nicht geschafft. Und die Operation verlief gut. Gott sei Dank verlief die Operation gut. Sonst hätte sie es nicht geschafft.

Sonst hätte sie es nicht geschafft. Das ist wohl der Satz, der am häufigsten fällt. Hätte meine Mutter die Hirnblutung in Indien auf der Forschungsstation gehabt, auf der ich einmal gearbeitet habe, hätte die Rettung viel zu lange gebraucht. Vermutlich hätten wir sie selbst fahren müssen, mit dem tuckernden Jeep über unbefestigte Schotterwege. Vermutlich wäre sie im Auto gestorben.

Aber auch in den USA wäre es schwieriger gewesen. 26 Millionen Erwachsene ohne Krankenversicherung hätten den Notarzteinsatz bezahlen müssen, die Operation wäre vermutlich unerschwinglich gewesen.[14] Und erst die Kosten der Intensivstation für die folgenden Tage! Nicht auszudenken. Da die Sterblichkeitsrate bei unversicherten US-AmerikanerInnen um vierzig Prozent höher ist als bei versicherten, danke ich dem österreichischen Gesundheitssystem täglich.[15] Wir können nicht wissen, welche Krisen uns im Leben treffen. Eine Hirnblutung, Arbeitslosigkeit, Armut, ein Todesfall, eine chronische Erkrankung, Geldnot. Wir brauchen ein Netz, das uns in solchen Situationen auffangen kann. Ich war sehr dankbar für meines.

GEHT'S DER WIRTSCHAFT GUT, GEHT'S UNS ALLEN GUT?

Lange wurde der Fokus auf das BIP damit gerechtfertigt, dass Wirtschaftswachstum zu generellem Wohlstand führe. Langfristig würde es *allen gutgehen,* so das Versprechen. Dass dies nicht geschehen wird, zeigt sich schon daran, dass die vielfache Überschreitung der planetaren Grenzen massive Umweltzerstörung verursacht, die sehr vielen Menschen ein gutes Leben nicht mehr ermöglicht. Leider steht Nachhaltigkeit im absoluten Gegensatz zu unserer jetzigen Art zu wirtschaften.

Vielen Menschen wird das bewusst, wenn sie nach Brasilien schauen und mitbekommen, wie schnell der Regenwald abgeholzt wird, oder wie in China Rohstoffe gefördert werden. Oft heben wir dann unseren moralischen Zeigefinger gegen Länder, die ihre Urwälder oder Ökosysteme zerstören. Dabei vergessen wir, dass Europa bereits vor Jahrhunderten dasselbe mit seinen Urwäldern gemacht hat, und dass wir in einer globalisierten Wirtschaft unmittelbar zur jetzigen Zerstörung beitragen.

Der Fokus auf eine große Gewinnspanne hat den Abbau von Ressourcen und die Produktion schrittweise in Länder verlagert, in denen unter menschenunwürdigen Bedingungen gearbeitet wird. Wo Menschen nicht ausreichend durch arbeitsrechtliche Netze geschützt sind, kann viel billiger produziert werden. Die Menschen müssen länger arbeiten, schlafen vielleicht sogar in den Fabriken, und eine Stunde ihrer Arbeitszeit kostet um ein Vielfaches weniger. Auch die Umweltstandards sind geringer, und häufig kommt man ganz ohne Auflagen zu den notwendigen Rohstoffen. Wir beuten mit blindem Gewinnstreben sowohl die Natur als auch die Menschen aus. Es geht also keineswegs *allen* gut mit der derzeit gängigen Wirtschaftsweise.

Aber geht es wenigstens den meisten besser? Vieles deutet darauf hin. Während 1950 noch zwei Drittel der Weltbevölkerung in extremer Armut (unter 1,90 Dollar am Tag) lebten, waren es 2015 nur mehr zehn Prozent. Die Kindersterblichkeit sank zwischen 1900 und 2017 von 36 auf vier Prozent. Die Lebenserwartung hat global deutlich zugenommen, und sauberes Wasser fand Eingang in viele Haushalte auf dieser Welt. Die Hälfte der Menschen lebt heute in Demokratien, während es 1900 nur zwölf Prozent waren. Auch die Bildungsrate stieg an. Von 1950 bis 2015 nahm der Anteil der Menschen, die lesen und schreiben können, von 65 auf mehr als 86 Prozent zu. Hatten 1970 noch 29 Prozent gar keine oder nur eine nicht abgeschlossene Grundschulausbildung, waren es 2015 nur mehr fünfzehn Prozent.[16]

Dennoch sind wir noch weit weg von einem sozialen Fundament für alle. Die Mehrheit der Menschen lebt weiterhin in Armut: Jede zehnte Person muss mit weniger als 1,90 Dollar pro Tag leben, zwei Drittel leben mit weniger als zehn Dollar pro Tag.[17] Jeder neunte Mensch leidet Hunger. Besagte Kindersterblichkeit bedeutet, dass noch immer jedes Jahr fünf Millionen Kinder sterben – die Hälfte davon an sehr leicht zu behandelnden Krankheiten wie Malaria oder Durchfall. Wie oben beschrieben, muss die Hälfte der Weltbevölkerung ohne Sanitäranlagen auskommen, über ein Viertel ohne Trinkwasser. Fast 800 Millionen Menschen haben keinen Zugang zu Elektrizität. Wir müssen also noch einen weiten Weg zu einer fairen Gesellschaft zurücklegen. Das wird vor allem durch massive nationale sowie internationale Investitionen in diesen Bereichen gelingen.

Heute hätte Mama aufgeweckt werden sollen. Es ist Freitag, fünf Tage nach der Gehirnblutung. Sobald die Ärztinnen und Ärzte die Sedation aber heruntergesetzt haben, ist es zu Komplikationen gekommen. Wegen einer Hirnschwellung sind Spasmen aufgetreten. Sie ist sofort wieder in künstlichen Tiefschlaf versetzt worden.

Die schlechte Nachricht überfordert mich. Ich sehe sie vor mir, wie sie daliegt, mit Schläuchen in sich, einer Maschine, die das Atmen übernimmt. Dass sie nicht problemlos aufgeweckt werden kann, ist ein Rückschlag. Das Schlimmste aber ist, dass wir sie nicht besuchen dürfen. Wegen der Corona-Vorschriften können wir nicht bei ihr sitzen. Egal, wie rührend das Personal sich auch um sie kümmert, sie ist eine Patientin dort, keine Ehefrau, keine Mama. Sie muss allein in einem Zimmer auf der Intensivstation liegen, allein mit ihrem Überlebenskampf. Wenn sie nur unsere Stimmen hören könnte, wenn ich ihre Hand nehmen und streicheln könnte, wenn sie jetzt spüren könnte, wie lieb wir sie haben, dann wäre es vielleicht einfacher.

Ich liege am Dachboden meines Elternhauses, eingewickelt in eine Decke. Mein Tag besteht aus zwei Anrufen im Spital und jedes Mal der Hoffnung auf gute Neuigkeiten. Dazwischen liegt Überbrückungszeit. Zeit, die ich nicht füllen kann, weil alles, was vor einer Woche wichtig war, unbedeutend erscheint, ja nichtig. Ich bin vorübergehend wieder heimgezogen. Mein Papa und ich verbringen die rastlose Zeit jeweils auf unsere Art.

Er ist im Wohnzimmer im Untergeschoß und starrt in den Garten, ich liege auf der Matratze und starre durch das schräge Dachfenster in den Himmel. Der kleine Dachstuhl gibt mir ein vages Gefühl von Sicherheit. Mein Kopf ist leer und doch schreiend voll. Kennen Sie das, wenn so viele Dinge auf einmal passieren, sich so viel ändert, dass man taub und stumm wird? Einfach Scheuklappen anlegt? Innerhalb dieser Woche ist die Welt im Großen und meine Welt im Kleinen in die Krise geschlittert.

Als ich meine Sachen aus der Wohnung geholt habe, sind kaum Autos auf den Straßen gewesen. Mit dem Rad habe ich viel mehr Platz als sonst gehabt. Es war 18 Uhr, da habe ich es plötzlich gehört. Das Klatschen. Aus einigen offenen Fenstern haben Menschen auf die Straße geschaut und applaudiert. Eine kleine Tradition ist in der letzten Woche entstanden. In die Stadt zu klatschen für diejenigen, die gerade Unglaubliches leisten: das Gesundheitspersonal, das Überstunden schiebt; die Menschen an den Hotlines, die besorgte Anrufe entgegennehmen; die Menschen im Lebensmittelhandel, in den Trafiken und Apotheken, die versuchen, unseren letzten Rest Alltag aufrechtzuerhalten. Bei der roten Ampel stehend habe ich eifrig mitgeklatscht. Für die Pflegerinnen und Pfleger meiner Mama, die Ärztinnen und Ärzte, die um sie kämpfen, das ganze Personal, das tagtäglich mit einer noch nie dagewesenen Pandemie konfrontiert ist. Es ist aber so deutlich wie noch nie, dass es Jubel für Menschen ist, die etwas ganz anderes brauchen als Applaus.

Während der Pandemie fiel die Aufmerksamkeit auf einmal auf jene, die weit über ihre Grenzen hinaus arbeiten mussten. Daneben verloren so viele wie noch nie plötzlich ihren Job. Zur selben Zeit wurde auch öffentlich, wie viel Rainer Seele, Konzernchef der OMV, verdiente: 20 000 Euro.[18] Raten Sie mal, in welchen Zeitraum! Ein Monatsgehalt? Das wäre schon recht viel für einen Monat, oder? Nein, es sind 20 000 Euro *am Tag*! An einem Tag verdiente der OMV-Chef so viel, wie ich im ganzen Jahr; an zwei Tagen etwa so viel wie meine Mama mit ihrem Job im Spital.

3. DIE DISTANZEN ZWISCHEN ARM UND REICH

Offenbar ist mit Wachstum und öffentlichen Investitionen sozialer Fortschritt gelungen, aber haben alle Menschen gleichermaßen davon profitiert? Wenn man sich die Einkommensverteilung zwischen den Nationen ansieht, dann könnte man das meinen. Gab es früher noch eine eindeutige Trennung in den reichen Globalen Norden und den armen Globalen Süden, so hat sich die Einkommenssituation in den letzten Jahrzehnten langsam angenähert.[19] Das ist vor allem dem Umstand geschuldet, dass die Einkommen in manchen Schwellenländern (vor allem in China und Indien) seit 1980 stark gestiegen sind, was viele aus der extremen Armut befreit und in die globale Mittelschicht gehoben hat. Dennoch wirkt diese Annäherung nur auf den ersten Blick ausgleichend.

Einige der ärmsten fünfzig Prozent – jene Mittelschicht in China und Indien – profitierten zwar vom Wirtschaftswachstum, die unteren und mittleren Einkommen in Europa und Nordamerika stagnierten jedoch vollkommen, während gleichzeitig der größte Teil des Wirtschaftswachstums auf das reichste Prozent der Menschen entfiel. Der Anteil des reichsten Prozent am Gesamteinkommen der Welt hat sich von 1980 bis

2016 von sechzehn auf zwanzig Prozent gesteigert. Nochmal, um das klarer zu machen: Wenn man die gesamten Einkommen der Welt zusammenrechnet, bekommt ein Prozent der Menschen fast ein Fünftel der gesamten Summe. Die ärmste Hälfte bekommt hingegen nur neun Prozent vom Gesamteinkommen.[20]

Die globale Ungleichheit hat also deutlich zugenommen. Aber auch innerhalb vieler Länder ist das der Fall. Zwischen 1990 und 2016 hat die Einkommensungleichheit in 49 Ländern, die insgesamt 71 Prozent der Weltbevölkerung umfassen, zugenommen.[21] Es haben also nicht alle gleich stark vom Wirtschaftswachstum profitiert. Die oberen Einkommensschichten haben den größten Zugewinn bei ihren Einkommen verzeichnet. Die globale Mittelschicht hingegen hat durchwegs verloren, und die meisten Menschen in armen (vor allem afrikanischen) Ländern haben ebenfalls kaum profitiert.[22]

Das Wirtschaftswachstum hat also vor allem eines gemacht: die Reichen noch reicher. Diese Ungleichheit wird noch deutlicher, wenn man sich nicht das Einkommen, sondern die Vermögensverteilung ansieht: Während die ärmere Hälfte der Weltbevölkerung weniger als ein Prozent des globalen Vermögens besitzt, entfällt auf das weltweit reichste Prozent mehr als die Hälfte.[23] Auch hierzulande klafft die Schere zwischen Arm und Reich auf. In Österreich besitzt das reichste Prozent vierzig Prozent des Vermögens, die ärmere Hälfte der Bevölkerung dagegen nur 2,5 Prozent.[24]

Stellen Sie sich vor, Sie sind bei einem Fußballspiel im Ernst-Happel-Stadion. Dort gibt es 50 865 Sitzplätze, die für dieses Beispiel das gesamte Vermögen Österreichs repräsentieren. Das Stadion ist ausverkauft, aber anstatt jeder und jedem gerecht einen Sitzplatz zuzuweisen, bekommen 509 Menschen einen abgesperrten Bereich zugewiesen. Der Bereich ist mit 20 600 Sitzplätzen riesig bemessen. Dort dürfen sie sich nach Belieben einen Platz aussuchen. Die Hälfte der ZuschauerInnen, das sind 25 433, müssen sich jedoch 1272 Plätze teilen. Während also ein Prozent der ZuseherInnen jeweils vierzig Sitzplätze pro Person hat und alle zwei Minuten eines Fußballspiels den Platz wechseln könnte, muss die Hälfte der ZuseherInnen zu zwanzigst auf einem Platz sitzen. Nicht zu zweit, auf dem Schoß voneinander – zu *zwanzigst*. Stellen Sie sich einmal das Tohuwabohu vor! In einem Fußballstadion würde diese unfaire Platzverteilung für Furore sorgen. Bei Vermögen ist das anscheinend nicht der Fall.

LEISTUNG MUSS SICH WIEDER LOHNEN

Beim Mittagessen fragt mich mein Papa, ob ich in der Wohnung noch seine Hilfe brauche. Ich denke mit schlechtem Gewissen an all die Kartons, die seit dem Einzug vor einem halben Jahr darauf warten, ausgepackt zu werden. Jede Box bedrückt mich wie eine kleine Niederlage. Es ist schlichtweg keine Zeit gewesen. Ein wenig nervt es mich, dass er mich danach fragt. Als hätte ich es nicht im Griff.

»Schon in Ordnung. Nur noch ein paar Kisten.«

»Habt ihr schon Jalousien bei den Fenstern in der Dachschräge?«

»Nein, aber … die sind zu teuer, glaube ich«, antworte ich. »Andere Dinge wären wichtiger. Die Therme zum Beispiel. Sie verliert noch immer Druck.«

»Im Sommer, nach Corona, lassen wir euch jemanden kommen«, schlägt er vor, »der kann euch das erledigen. Ich kümmere mich drum.«

»Ja, schauen wir dann«, gehe ich der Bewältigung eines weiteren Problems aus dem Weg.

Wir essen weiter. Unsere Löffel klappern in den Suppentellern.

Irgendwann fragt mich Papa, ob es sich denn mit dem Geld ausgehe.

»Ja, geht schon«, antwortete ich und weiß gleichzeitig, dass wir uns beim Klimavolksbegehren bald keine Anstellung mehr für mich leisten können. Selbst die zwanzig Stunden nicht. Danach werde ich mich wohl arbeitslos melden müssen. Solange das Projekt läuft, wird sich an der engen finanziellen Lage also nichts ändern.

Irgendwie landen wir bei Managementgehältern und ihrer absurden Höhe. Papa erzählt mir, dass Tim Cook, CEO von Apple, im Jahr 2019 über 130 Millionen Dollar verdient hat. Dagegen bekommt selbst OMV-

Chef Rainer Seele, bestbezahlter Manager Österreichs, mit über sieben Millionen Euro ein nahezu dürftiges Gehalt. Aber wie viel Geld ist das? Wie lange müsste man mit einem österreichischen Durchschnitts-Nettogehalt von 35 683 Euro pro Jahr[25] Vollzeit arbeiten, um so eine Summe zu verdienen?

Hätte man zum Wiener Kongress 1814 zu arbeiten begonnen, sich das *ganze* Nettoeinkommen seit der Niederlage Napoleons aufgespart, also nichts gegessen, nirgends gewohnt und nicht geheizt, kein Verkehrsmittel genutzt, wäre nie verreist und hätte auch keine Kinder bekommen, hätte man also jeden Cent unter die Matratze gelegt, dann stünde man jetzt bei einer Summe von 7,4 Millionen Euro. Nach mehr als zweihundert Jahren Vollzeitarbeit, wohlgemerkt in einem der reichsten Länder der Welt.

Schon innerhalb einzelner Unternehmen zeigt sich große Ungleichheit. Genauso wie am Wirtschaftswachstum nicht alle in der Gesellschaft teilhaben, sind auch am Gewinn eines Unternehmens nicht alle Mitarbeiterinnen und Mitarbeiter gleichermaßen beteiligt. Die Gehälter der Topmanagerinnen, meist aber Topmanager, haben in den vergangenen Jahrzehnten stark zugelegt. In den USA verdienten CEOs im Jahr 2016 das 224-Fache des Durchschnittseinkommens.[26] Die Vorstände der größten österreichischen Unternehmen, die ATX-Vorstände, verdienten 2019 das 57-Fache des Durchschnittseinkommens.[27] Aber nicht nur, dass sie in einem Jahr so viel verdienten wie ihre Angestellten in ihrer ganzen Laufbahn, ihr Einkommen stieg auch schneller an. Während dieselben Managergehälter von 2003 bis 2017 um 208 Prozent gestiegen sind, hat das mittlere Einkommen im gleichen Zeitraum um nur 32 Prozent zugenommen.[28] Nehmen Sie doch Ihr Gehalt aus dem Jahr 2003 her und rechnen Sie es mal drei. Das wäre Ihr heutiges Monatsgehalt, wäre Ihnen dieselbe Erhöhung wie dem Management zugutegekommen. Bedenken Sie auch, dass das Dreifache eines Managergehalts in absoluten Zahlen wesentlich mehr ist als das Dreifache Ihres Gehalts.

Wie rechtfertigen sich also absurde Jahresgehälter wie jenes von CEO Tim Cook? Leisten sie einen gesellschaftlichen Beitrag, der *zehn norma-*

le Jahresgehälter pro Tag rechtfertigt? Das ist aber noch nicht die Spitze des Eisbergs. Wenn wir uns Vermögen ansehen, wird es noch absurder. Jeff Bezos ist der Gründer von Amazon. 2020 schätzte Forbes sein Vermögen auf knapp 200 Milliarden Dollar.[29] Selbst der wahnsinnig gutverdienende Tim Cook müsste für so eine Summe 1540 Jahre arbeiten – hätte er bei der Eroberung Amerikas begonnen, hätte er jetzt noch immer ein läppisches Jahrtausend an Arbeit vor sich.

Wenn jemand wieder einmal den vielgebrauchten politischen Slogan »Leistung muss sich lohnen« zitiert, würde ich der Person gerne diese Gehälter vorrechnen. Der Satz wird meist dazu verwendet, darauf anzuspielen, dass Menschen, die nicht arbeiten, leistungsunwillig wären. Lassen wir diese Falschaussage einmal beiseite. Es gibt sehr viele Gründe für Arbeitslosigkeit, eine globale Pandemie ist einer davon. Betrachten wir den Status quo: Lohnt sich Leistung derzeit? Tatsächlich wird kaum jemand durch geleistete Erwerbsarbeit reich. Normale Menschen müssten weit über fünf Millionen Jahre arbeiten, um so reich wie Jeff Bezos zu werden.

Andererseits leisten viele Menschen in ihren Berufen Unglaubliches – ja, sogar Systemrelevantes – und bekommen nicht einmal genug, um am Ende des Monats sorglos über die Runden zu kommen.

Warum verdienen KindergartenpädagogInnen, die immense Verantwortung für die Entwicklung der künftigen Generationen tragen, nur einen Bruchteil von dem, was CEOs kassieren? Was ist mit den Menschen, die unsere Großmütter pflegen, die unsere Kinder unterrichten, die uns mit Lebensmitteln versorgen? Sie alle erhalten nur einen winzigen Teil des wirtschaftlichen Kuchens, gerade einmal Brösel. Die üppigen Kuchenstücke mit Schlagobers erhalten Topmanagerinnen, überwiegend aber Topmanager.

Und was ist mit der vielen Arbeit, die unbezahlt verrichtet wird? Lohnt sich die Leistung, ein Kind auf die Welt zu bringen, es großzuziehen, den Haushalt zu schupfen und die Familie zu versorgen? Diese unbezahlte Arbeit ist es doch, die der Privatwirtschaft Gewinne ermöglicht. Stellen Sie sich einmal vor, wie produktiv die Menschen wären, wenn ihnen nie eine Mutter oder ein Vater beigebracht hätten, allein aufs Klo zu gehen.

Beantworten Sie die folgende Frage aus dem Bauch heraus: Wollen wir alle fair *entlohnen*, gerade diejenigen, die am meisten für unsere Gesellschaft leisten, oder wenige große CEOs mit Millionengehältern *belohnen*?

Verstehen Sie mich nicht falsch, es geht mir nicht darum, einzelne Personen dafür anzuklagen, wie absurd viel sie verdienen oder besitzen. Das bringt auch gar nichts. Ob es sich heute um Rainer Seele, Tim Cook und Jeff Bezos oder morgen um einen anderen noch reicheren Milliardär handelt, ist egal. Es geht darum, dass solch absurde Vermögen und Einkommen überhaupt möglich sind. Jede Milliardärin und jeder Milliardär stehen für eine Gesetzeslücke, die geschlossen werden muss, damit sich Leistung wirklich lohnt.

DAS GELD ARBEITEN LASSEN

Aber wie kommt es überhaupt zu dieser Schere zwischen dem oberen einen Prozent und den unteren fünfzig? Einerseits nehmen Löhne des oberen Prozents stärker zu als das Durchschnittseinkommen, wie wir im vorigen Abschnitt gesehen haben. Während mittlere und untere Einkommen vielfach stagnieren oder im Verhältnis zum Wirtschaftswachstum sogar sinken, steigen andere Arten von Einkommen umso stärker an: Gewinne und Besitz von Unternehmen zum Beispiel, der Wert von Häusern oder Einnahmen aus Aktien. Der Unterschied liegt also zusätzlich in den Vermögenswerten. Während die unteren fünfzig Prozent vorrangig von ihrem Lohneinkommen leben und mit diesem über die Runden kommen müssen, können andere schon von den Erträgen ihres Kapitals sehr gut leben. Sie besitzen Häuser, Unternehmen, Anlagen oder Aktien, die Miete, Zinsen oder Dividenden abwerfen. Sie können neben ihrem Einkommen ihr Geld für sich arbeiten lassen. Es vermehrt sich – ganz *ohne* Leistung.

Diese Kapitalerträge sind im Gegensatz zu den Löhnen stärker gewachsen als die Gesamtwirtschaft. Wohlhabende Menschen, die ihr Vermögen investieren können, werden also reicher; diejenigen, die von ihrem Lohn abhängig sind, bleiben arm oder werden sogar ärmer. Wer den Spruch »Leistung muss sich wieder lohnen« ernst meint, müsste sich gegen diese verzerrende Dynamik sträuben. Was ist die Leistung daran, sein – meist vererbtes – Vermögen in Aktien und Unternehmen anzulegen oder Häuser damit zu kaufen?

In Österreich ist diese Entwicklung im internationalen Vergleich zwar weniger ausgeprägt, dennoch nahmen seit 1980 die Kapitaleinkommen um 169 Prozent zu, während die Wirtschaft um 155 Prozent wuchs. Arbeitseinkommen hingegen stiegen nur um 150 Prozent an. Seit der Finanzkrise 2008 hat sich dieser Trend zwar umgekehrt, aber die Ungleichheit in Österreich bleibt ausgeprägt. Das oberste Prozent besitzt, wie gesagt, vierzig Prozent des Vermögens. Das liegt vor allem daran, dass Reichtum vererbt wird. Von den unteren neunzig Prozent der Menschen in Österreich erbt nur jeder Dritte, durchschnittlich 122 000 Euro. Auf der anderen Seite steht das wohlhabende eine Prozent der Menschen, die mit einer Wahrscheinlichkeit von 73 Prozent erben, im Durchschnitt gleich über drei Millionen Euro.[30] Es ist also erneut nicht Leistung, die sich lohnt, sondern in diesem Fall die Geburtslotterie.

Reich wird also vorrangig, wer bereits eine beachtliche Summe geerbt hat, Kapital in irgendeiner Form besitzt oder zu den SpitzenverdienerInnen zählt. Häufig überlappen sich diese Kategorien.

Der Abend hüllt die Hügel im Westen Wiens in Dunkelheit. Ich sitze vor meinem Laptop und kraule unseren Kater Pezi. Ihn scheint Mamas Abwesenheit nicht zu stören, er schnurrt heftig und speichelt vor Genugtuung den Polster voll. Mein Vater setzt sich auf den Sessel gegenüber. Zischend öffnet er eine Flasche Bier. Das Gluckern klingt ebenso gemütlich wie das Schnurren unter meiner Hand. Er schenkt zuerst mir und dann sich ein Glas ein. Wir schauen einander an, und ich bemerke seine Augenringe. Seit dem Mittagessen haben wir nicht miteinander gesprochen.

»Prost.«

Wir nehmen einen Schluck.

Ich spüre förmlich, wie die Kühle und der prickelnde Hefegeschmack meine allgegenwärtige Angst besänftigen. Auch von Papa fällt Anspannung ab. Er lässt sich in die Lehne sinken. Es ist ein kleiner Moment der Verbundenheit, dieses Gläschen am Abend. Der Beginn einer gemeinsamen Tradition, um diese Zeit durchzustehen. Etwas, das es so zwischen uns noch nicht gab. Die wenigen Male, die wir beide wirklich zu zweit Zeit verbracht haben, kann ich an zwei Händen abzählen. Umso schöner ist es jetzt, dass wir uns haben.

Anschließend folgen wir wieder unseren getrennten Beschäftigungen. Ich kehre zu meinen E-Mails zurück. Ich bearbeite sie nur, um mich von den bedrückenden Gedanken abzulenken, die aufkommen, wenn ich nichts tue. Leider sind die Zeiten auch für das Klimavolksbegehren stürmisch. Auch dieses Schiff taumelt in den Wogen der vergangenen Wochen. Die Ministerien vertrösten uns bei den Details zur Eintragungswoche. Planungssicherheit, das ist der Wunschtraum, der sich in diesem Projekt nie erfüllen soll. Wie vergleichsweise *einfach* es wäre, ein Volksbegehren bei Schönwetterlage zu organisieren, jagt es durch meinen Kopf. Corona hat durch seine akute Dringlichkeit den Klimaschutz in der Prioritätenliste nach hinten wandern lassen – bei den Menschen, in den Medien und natürlich auch in der Politik. Am liebsten hätte ich das Steuer des Volksbegehren-Schiffes losgelassen. Hier und jetzt. Wäre am liebsten geflohen vor all der Verantwortung und Ungewissheit. Aber »Steuerflucht« ist nicht mein Stil.

DIEBSTAHL AN DER GESELLSCHAFT: STEUERFLUCHT

Die Corona-Krise erlaubte einen Blick ins Innere unseres Wirtschafts- und Sozialsystems. Wie bei einem chirurgischen Notfalleingriff am offenen System wurden Zusammenhänge sichtbar, wie die Organe arbeiteten, wer Nährstoffe einzog, und wer das Herz am Schlagen hielt. Und es zeigte sich, dass einiges schiefläuft. Viele spürten die Ungleichheit und ihre Auswirkungen am eigenen Leib. Internationale Transportketten versagten, Arbeitsplätze wurden abgebaut, zu Hause wurde es eng. Vor allem Mütter mussten Home-Office mit Kinderbetreuung und Home-Schooling unter einen Hut bringen. Selbstständige, kleine Betriebe und Kunstschaffende standen vor enormen Belastungen und teilweise vor dem Bankrott.

Zeitgleich verzeichneten einige der größten Konzerne der Welt, speziell große Technologieunternehmen und Versandhäuser, trotz der schwierigen wirtschaftlichen Lage Zugewinne. Das Vermögen konzentrierte sich weiter in den Händen weniger. Diejenigen, die Kapital besitzen oder ein hohes Gehalt haben, verdienen unabhängig von der Krise immer mehr, während diejenigen, die nur ihren Lohn haben und angestellt sind, zurückbleiben.

Zusätzlich zu dieser ohnehin schon unfairen Verteilung finden Vermögende oftmals Schlupflöcher, um ihren Beitrag zum Bestehen des sozialen Fundaments minimal zu halten. Das gilt sowohl für Individuen als auch für Unternehmen, insbesondere für die größten Konzerne. Die Taktik lautet: das eigene Geld auf Konten in Länder verschieben, in denen keine oder niedrige Steuern auf Einkommen oder Vermögen eingehoben werden, sogenannte *Steuersümpfe*.

Über neunzig Prozent der 200 größten Unternehmen haben Ableger in Steuersümpfen. Diese Steuerflucht kostet die Staaten 500 bis 600 Milliarden Dollar jährlich. Das ist weit mehr als die gesamte Wirtschaftsleistung Österreichs.[31] Die Organisation Tax Justice Network schätzt die entgangenen Steuereinnahmen von Privatpersonen auf weltweit 255 Milliarden Dollar pro Jahr.[32]

Warum Steuerflucht verheerend ist? Weil unser soziales Fundament für eine gesunde, gebildete und nachhaltige Gesellschaft auf Steuern angewiesen ist. Meist werden Bildung, das Gesundheitswesen, öffentliche Infrastruktur für Mobilität, Strom, Wasser und Abwasser und vieles mehr durch den Staat finanziert. Alle, die in Österreich arbeiten und Steuern zahlen, machen es möglich, diese Leistungen für alle aufrechtzuerhalten.

Jene, die nur von ihrem Lohneinkommen leben und keinen großen Anteil des Gewinnkuchens abbekommen, zahlen meist ordnungsgemäß Abgaben, denn Lohnsteuern sind leicht kontrollierbar. Sie machen es so möglich, dass alle von öffentlichen Investitionen profitieren. Im Gegensatz dazu bekommen einige Reiche und manche großen Unternehmen nicht nur von vornherein mehr vom Kuchen ab, sondern behalten den Gewinn für sich und zahlen keinen fairen Anteil an die Gesellschaft. Das geht auf unser aller Kosten.

Steuerflucht muss deshalb gesetzlich unterbunden werden. Es darf nicht mehr möglich sein, dass man in dem Land, in dem man tätig ist, Steuern umgehen kann und dennoch NutznießerIn der öffentlichen Investitionen wird, ohne in gerechter Weise dazu beizutragen. Steuerflucht ist nichts weniger als Diebstahl an der Gesellschaft.

Einkommensungleichheit, Vermögenskonzentration und Steuerhinterziehung – das alles untergräbt die Erreichung des sozialen Fundaments für die Menschen. Eine Politik, die ein gutes Leben für alle sichern will, muss dort ansetzen. Die Lösungen sind bekannt und lauten Umverteilung und Teilhabe.

4. UMVERTEILUNG UND TEILHABE

Die Chancen, an einer Gesellschaft teilzuhaben, hängen stark mit dem verfügbaren Einkommen, dem Vermögen und der Intaktheit eines sozialen Netzes, in Form eines guten Zugangs zu Bildung, Gesundheitsvorsorge und anderen absichernden Leistungen, zusammen. Ökonomische Ungleichheit ist in den meisten Ländern des Globalen Nordens in den vergangenen dreißig Jahren gewachsen, vor allem aufgrund der immensen Zunahme von Spitzengehältern. Die Chancen, durch Erwerbsarbeit ein Vermögen anzuhäufen, sind gering und sehr ungleich verteilt.

Ungleiche Verteilung von Einkommen und Vermögen haben aber nicht nur einen negativen Effekt auf die Menschen selbst, sondern auf die gesamte Gesellschaft. Die Folgen sind häufig eine geringere Zufriedenheit, ein schlechterer gesundheitlicher Zustand, eine geringere Lebenserwartung und soziale Unruhen. Aber auch wirtschaftliche Konsequenzen wie höhere Inflation, wirtschaftliche Instabilität und Krisen können dadurch ausgelöst werden. Das bedeutet, Ungleichheit untergräbt das soziale Fundament massiv – direkt und indirekt. Auf der anderen Seite heißt das aber auch: Wir alle profitieren von gerechterer Verteilung von Ressourcen.[33]

Auch die Chance, eine gute Bildung zu genießen, muss für alle gleich sein. Derweil wird Bildung noch meist vererbt. Kinder von Menschen mit einem höheren Bildungsabschluss machen viel häufiger ebenfalls einen Abschluss als Kinder aus bildungsfernen Familien. Ein geringes Familieneinkommen sowie eine nichtdeutsche Umgangssprache erschweren den Bildungserfolg weiter. Mit einer hochwertigen Ausbildung hängt wiederum die Möglichkeit zusammen, einen gutbezahlten Job zu finden und genug zu verdienen, um Geld auf die Seite legen zu können. Ein Teufelskreis also.

Wenn wir allen ein gutes Leben sichern wollen, braucht es ein breit zugängliches Bildungssystem, das individuell fördert, Gehälter, die ökonomisch absichern, leistbare Mieten, eine gute Gesundheitsversorgung und sichernde Auffangnetze für Arbeitslosigkeit oder Armut. Und es braucht mehr Verteilungsgerechtigkeit und neue Ziele in der Gesellschaft, da nicht alle gleichermaßen vom Wirtschaftswachstum profitiert haben.

EINKOMMENSGERECHTIGKEIT

Meine Mutter liegt nach wie vor auf der Intensivstation im künstlichen Tiefschlaf. Manchmal verliere ich die Hoffnung. Ich vermisse die Gespräche mit ihr, ihre Zeichnungen und kuscheligen Umarmungen. Ich sehe, dass es Papa ähnlich geht. Wenn ich mit ihm darüber rede, kreisen wir in Worten um das Loch, das in unsere Familie gerissen wurde. Dann hoffe ich wieder, dass alles gut werden kann, dass alles wieder normal wird, wenn sie nur aufwacht.

Ich recherchiere unaufhörlich zu Gehirnblutungen, aber finde keine Gründe für ihre. Meine Mama ist eine sportliche Frau, fährt täglich mit dem Rad zur Arbeit. Urlaube sind mit Wanderungen oder Radtouren verbunden. Aus dem eigenen Garten werden frische Mahlzeiten zubereitet. Ich tue mir schwer, die Zufälligkeit des Schicksalsschlags zu akzeptieren. Eine Hirnblutung ist Zufall, hat die Ärztin gesagt. Ein elender Zufall, der verursacht, dass Papa und ich nun zu zweit sind. Als hätten die Würfel entschieden, wer von uns zurückbleiben muss. Es scheint ungerecht, dass es gerade sie trifft, die so gesund lebt. Doch dagegen lässt sich nichts machen.

Gegen viele Ungerechtigkeiten lässt sich aber etwas machen, vor allem jene, die Geld betreffen. Ein faires Gehalt auszuzahlen ist eine Entscheidung, die getroffen werden kann. Auch die Höhe von *Mindestgehältern* ist eine bewusste Entscheidung der Politik. Der Betrag sollte sicherstellen, dass ein gutes Auskommen möglich ist. Zur Existenzsicherung sollten aber nicht nur die Mindestlöhne erhöht werden. Gleichzeitig braucht es eine gute Mindestsicherung, die in Notsituationen und Krisen absichert. Viele Menschen setzen sich auch für ein *bedingungsloses Grundeinkommen* oder eine *kostenlose Grundversorgung* ein, die das soziale Fundament für alle Menschen, unabhängig von ihrer Arbeit, gewährleisten.

Auf der anderen Seite ist es ungerecht, dass Managementgehälter unbegrenzt in astronomische Höhen steigen, während die unteren Gehälter stagnieren. Eine Möglichkeit, diese eklatante Kluft zu verkleinern, wären *Höchstgehälter*. Sie könnten auf ein Fünf- oder sogar Zwanzigfaches des niedrigsten Einkommens im Betrieb begrenzt werden. Will das Management mehr verdienen als das Zwanzigfache, muss es auch die niedrigsten Gehälter im Betrieb erhöhen. Momentan verdient der McDonald's-CEO Stephen Easterbrook um 3101-mal so viel wie das durchschnittliche Personal einer seiner Filialen. Würde er bei einem zwanzigfachen Höchstgehalt weiterhin seine 22 Millionen Dollar bezahlt bekommen wollen, müsste das Mindestgehalt bei McDonald's auf eine Million Dollar für alle Angestellten erhöht werden.[34]

Tatsächliche Umverteilung geschieht in den meisten Ländern vorrangig durch gestaffelte Einkommenssteuern, bei denen sehr hohe Einkommen stärker als geringe besteuert werden. Bei uns startet der Steuersatz mit 20 Prozent ab einem Einkommen von 11 000 Euro im Jahr und erhöht sich bis auf 55 Prozent für Spitzengehälter von über einer Million Euro. Wer meint, dies sei ohnehin schon sehr hoch, möge einen Blick ins Geschichtsbuch wagen. Wirtschaftsnationen wie Großbritannien, die USA und Deutschland hatten zwischen 1940 und 1980 Spitzensteuersätze von neunzig bis 98 Prozent. Erst durch das eiserne Programm von Reagan und Thatcher wurde Reichtum auf Kosten der Allgemeinheit gewährt, sodass sich Spitzensätze beim Einkommen in diesen Ländern heute bei vierzig bis 55 Prozent befinden.[35]

Tatsächlich ist die Einkommenssteuer in Österreich zwar gestaffelt, da Sozialversicherungsabgaben aber gedeckelt sind, zahlen SpitzenverdienerInnen oft einen ähnlichen Anteil ihres Einkommens an Steuern und Abgaben wie alle anderen.[36] Für eine Umverteilung der Einkommen braucht es deshalb höhere Einkommenssteuern für Spitzengehälter. Um die Schere zwischen Arm und Reich tatsächlich zu schließen, braucht es noch weitere Schritte.

VERMÖGENSVERTEILUNG

Nur Einkommen zu besteuern reicht nicht. Um das soziale Fundament zu festigen, müssen auch Vermögen umverteilt werden. In den seltensten Fällen werden Menschen durch ihre Lohnarbeit reich. Reichtum wird zu einem großen Teil vererbt, wie wir bereits gesehen haben. Während Arbeit relativ hoch besteuert wird, müssen die wenigen, die sehr viel erben, weder eine Leistung erbringen, noch tragen sie steuerlich etwas bei.

Es gibt verschiedene Formen, wie Vermögen besteuert werden können – entweder jährlich (allgemeine Vermögenssteuer) oder bei Übertragung (Erbschafts- und Schenkungssteuer). Achtzehn EU-Staaten haben bereits bestehende Erbschaftssteuern.[37] In Österreich funktioniert das nicht, weil Vermögens- und Erbschaftssteuern immer mit einem Mythos behaftet sind: Wir wollen ja nicht der armen Oma, die ihr ganzes Leben unermüdlich dafür gearbeitet hat, auch noch ihr hart erspartes Geld wegnehmen.

Warum das ein Mythos ist? Natürlich geht jede vermögensbezogene Steuer von einem gewissen Freibetrag aus. Wenn dieser in Österreich bei einer Million Euro angesetzt würde, sind von einer Vermögenssteuer überhaupt nur die reichsten vier bis fünf Prozent betroffen.[38] Keine Oma hat in ihrem Leben wohl so viel verdient, dass sie sich eine Million ansparen konnte – erinnern Sie sich an die unglaublichen zweihundert Jahre ohne Ausgaben, die man mit einem Durchschnittsgehalt für 7,4 Millionen Euro arbeiten müsste!

Und selbst wenn die Oma es geschafft hat, weit über dem Durchschnittsgehalt zu verdienen und tatsächlich über eine Million Euro anzusparen, dann wäre die Steuer immer noch progressiv angelegt. Das heißt, die zweite Million wäre geringer besteuert als mehrere Millionen.

Nach einem Steuerkonzept, das Forscherinnen und Forscher im Auftrag der Arbeiterkammer berechnet haben, würden in Österreich jährlich je nach Modell sieben bis neunzehn Milliarden Euro mit einer progressiven Vermögenssteuer anfallen.[39] Bei einer Erbschaftssteuer variieren die Konzepte. Je nach Modell könnte sie immerhin über 600 Millionen Euro jährlich einbringen.[40]

Diese zusätzlichen Einnahmen könnten in Bildung, Gesundheit und Umweltmaßnahmen fließen – Maßnahmen, die das soziale Fundament absichern. Anscheinend lässt man dieses Geld jedoch lieber in den Taschen einiger weniger, als es durch gesellschaftlich relevante Investitionen allen zugutekommen zu lassen.

Nebst Erbschafts- und Vermögenssteuer können Staatsausgaben und Förderungen zusätzlich die ökonomische Gerechtigkeit fördern. Hier ist gleicher Zugang zu guter Bildung wesentlich, denn darauf beruht die aktive Teilhabe eines Menschen, sozial sowie ökonomisch. Ebenso sollten sie einen gerechten Zugang zu sozialen Leistungen ermöglichen. Konkret heißt das Investitionen in Aus- und Weiterbildung, in das Gesundheitssystem, in leistbares Wohnen und in die Umwelt. Das reduziert die vorhandene Ungleichheit und verhindert ihre Zunahme in der Zukunft.

5. DIE PARTNERSCHAFT VON MARKT UND STAAT ERMÖGLICHEN

Auf allen Ebenen geht es um eine Verbreiterung der wirtschaftlichen Macht. Leistung lohnt sich, wenn alle Menschen an der Wertschöpfung und an der Gesamtwirtschaft teilhaben. Hierzu müssen sich einige Spielregeln verändern.

Das jetzige Spiel ist wie Monopoly. Diejenigen, die Würfelglück hatten, besitzen am Ende viel (Geld, Grundstücke, Häuser und Hotels). Sie verdienen jede Runde mehr. Die anderen SpielerInnen werden durch anfängliches Würfelpech immer ärmer, weil sie nichts besitzen und ihnen Runde für Runde das Geld ausgeht. Die Spielregeln der Welt sind Gesetze, die momentan zugunsten der wenigen ausgerichtet sind. Das können wir ändern. Diese Ungerechtigkeiten müssen wir nicht akzeptieren.

MYTHOS FREIER MARKT

Zwei unfassbar lange Wochen kämpfen die Ärztinnen und Ärzte nun schon um meine Mama. Es ist wie ein Blockbuster: Im künstlichen Tiefschlaf verpasst sie einen weltweiten, tödlichen Virus. Wie wir ihr das alles erklären werden, wenn sie aufwacht, frage ich mich. *Wenn* sie aufwacht. Es ist eine emotionale Achterbahn zwischen Hoffnung und Enttäuschung. Und sie hört nicht auf.

Ich flüchte mich gelegentlich in die sozialen Medien. Corona dominiert klarerweise die Berichterstattung und damit auch die öffentliche Diskussion um die staatlichen Rettungsschirme. Mit Geldern aus der Staatskasse werden die Verluste der Wirtschaft abgefedert – Unternehmen sind in diesen Zeiten auf den Staat angewiesen. Es braucht eine starke Partnerschaft, um durch die Krise zu kommen.

Wenn ich aber, abseits von Corona, in Diskussionen über staatliche Regulationen und Gesetze spreche, die die Wirtschaft in nachhaltige Bahnen lenken können, gehen die Emotionen häufig hoch. Die Diskussion kippt dann schlagartig, und mir wird das Wort »Stalinistin« an den Kopf geworfen. Ähnlich viel Abneigung bekommen anderswo auch die »Kapitalistenschweine« ab. Das ist jener Punkt, an dem eine konstruktive Auseinandersetzung auf politische Extreme reduziert wird.

Weder der zentralisierte, diktatorisch beherrschte, sozialistische Staat noch der zügellose freie Markt werden das schaffen, was die Herkulesaufgabe des 21. Jahrhunderts ist. Hören wir doch auf, mit diesen veralteten Klischees von Wirtschaftssystemen der Vergangenheit zu argumentieren. Die Wirtschaft der Zukunft wird eine *neue* Wirtschaft sein.

Die Frage ist doch: Wie schaffen wir es, unsere Marktwirtschaft, unseren Staat und unsere gemeinschaftlichen Ressourcen so zu organisieren, dass das soziale und ökologische Wohlergehen sichergestellt sind? Politikerinnen und Politiker ohne Antworten darauf, gleich welcher Partei, sei geraten, ihre Berufswahl tunlichst zu überdenken.

Den Markt gar nicht regulieren zu wollen ist absurd, wenn wir an einer besseren Gesellschaft bauen wollen. Stellen Sie sich einmal eine Sportart vor, die kaum Regeln hat, in der man sich selbst überlassen wird und es nur darum geht zu gewinnen – mit allen Mitteln. Ich bezweifle, dass Sie gerade an eine besonnene Partie Curling denken, sondern eher an eine hinterhältige, gewalttätige Form des Kickboxens, wo man sich die Köpfe einschlägt. Das ist der wirtschaftliche Trend der letzten 45 Jahre.

Der »freie« Markt, den einige Parteien vor sich hertragen, existiert nicht. Nirgendwo auf der Welt gibt es einen Markt fernab von Gesetzen und Regulationen. Wir steuern den Markt immer. Ob und was wir besteuern, worauf wir Zölle einheben, welche Regeln wir für Entlohnung festsetzen und welche Rechte Angestellte haben – all das formt den Markt und seine Logik. Die große Frage ist also nicht, *ob* wir einen »freien«

Markt wollen, sondern *wie* wir den Markt regulieren, sodass der Staat und der Markt als Partner und nicht als Gegner fungieren.

Wie wir gesehen haben, stellt der Staat alle notwendigen öffentlichen Dienstleistungen unseres sozialen Fundaments bereit. Er ist das Sicherheitsnetz seiner BürgerInnen. Er schafft Bildung, Arbeit, Gesundheitswesen, soziale Förderungen und leistbares Wohnen. Es sind die Voraussetzungen für ein gutes Leben in schweren Zeiten. Aber nicht nur für jeden Menschen dient der Staat als Auffangnetz, sondern auch den Betrieben greift er in Notlagen unter die Arme. Er bietet Möglichkeiten, die MitarbeiterInnen in Kurzarbeit zu schicken, und leistet Hilfe, um in Krisen über die Runden zu kommen. Eine Krise wie Corona zeigt, dass es Momente gibt, in denen die staatlichen Rettungsnetze unbedingt nötig sind.

Wenn der Markt in schlechten Zeiten auf den Staat angewiesen ist, wird es da nicht Zeit, an eine Partnerschaft zu denken? Einige Tatsachen behindern diese Partnerschaft noch. Das zeigt sich beispielsweise bei der Beteiligung am Gewinn. Allgemein kann man von einer Vergesellschaftung der Kosten und einer Privatisierung des Gewinns sprechen. Das heißt nichts anderes, als dass die Kosten schlechter Zeiten gerne auf alle abgewälzt werden, während die Gewinne guter Zeiten einigen wenigen zugutekommen.

Das kam in allen Krisen seit der Jahrtausendwende sehr deutlich zum Vorschein. So wurde die Austrian Airlines (AUA) mit unserem Steuergeld für ihre Verluste während der Pandemie vom Staat gefördert. In weiterer Folge haben wir aber weder ein Mitspracherecht, wo es mit der AUA hingeht, noch werden und wurden wir als Gesellschaft an ihren Gewinnen beteiligt. Ähnliches passierte bei vielen anderen Konzernen, die vielfach sogar während der Krisenzeit und trotz staatlicher Unterstützung weiterhin Gewinne an Aktionärinnen und Aktionäre sowie Boni an die Vorstände auszahlten.

Bei Treibhausgas-Emissionen gilt dasselbe: Die Gesellschaft zahlt mit Menschenleben bei Katastrophen, Kosten für Schäden und Ernteausfälle, während die Verschmutzung selbst die VerursacherInnen nichts kostet, ja sogar oft eine wesentliche Voraussetzung für den Gewinn ist. Das müssen wir umdrehen, um eine faire Gesellschaft zu werden. Da der Staat so viele öffentliche und langfristige Investitionen in unser Wohlergehen tätigt, sollte er – und wir – auch von den Gewinnen profitieren, die in seinen Grenzen erwirtschaftet werden.

GRUNDLAGENFORSCHUNG UND INNOVATION

Zur Frage der Partnerschaft von Markt und Staat hält sich ein weiterer Mythos hartnäckig, nämlich jener, dass nur der Markt innovativ sei. Mariana Mazzucato, Wirtschaftswissenschafterin, widerlegt regelmäßig, dass der Staat zu träge für Fortschritt sei. Tatsächlich ist Fortschritt oft nur durch vorherige Erkenntnisse der Grundlagenforschung möglich, und diese wiederum beruhen überwiegend auf staatlichen Förderungen.

Kaum ein privatwirtschaftliches Unternehmen hat großen Ansporn, in Grundlagenforschung zu investieren. Diese Art der Forschung garantiert kein konkretes Produkt und gilt für gewinnorientierte Unternehmen als Hochrisiko-Investition. Würde hier der Staat kein Geld zur Verfügung stellen, hätten wir heute vermutlich kein GPS, keine Mikroprozessoren und kein Internet. Doch auf diesen Technologien baut der Großteil der Geräte auf, die wir alle täglich benützen.

Staatlich finanzierte Forschung ist ein weiteres gutes Beispiel für die Privatisierung von Gewinnen. Während die ressourcenintensive Grundlagenforschung dem Staat überlassen wird, wird er später an den Gewinnen der Produkte, die daraus entstehen, kaum beteiligt. Als man CERN mit Steuergeld aus vielen Nationen finanzierte, um Grundlagen der Teilchenphysik zu erforschen, rechnete niemand mit der Erfindung des World Wide Webs. Auf dieser Innovation beruhen aber einige der größten Unternehmen des Planeten: Amazon, Alphabet (Google), Alibaba, Facebook usw. Es war nicht die alleinige Innovationskraft einzelner CEOs, die ihnen unfassbaren Reichtum bescherte, die Grundlagen dazu waren von der Allgemeinheit finanziert worden.

Der Staat könnte durch gesetzliche Regelungen bei Technologien, die durch seine Investitionen oder in Zusammenarbeit mit Unternehmen entstehen und zu unternehmerischen Supererfolgen werden, die Teilhabe am Gewinn gewährleisten. Er kann sicherstellen, dass die Innovationen – Impfstoffe, Medikamente, autonome Verkehrsmittel, grüne Technologien usw. – gut reguliert und die Resultate für alle gleichermaßen zugänglich sind. Das würde auch einen Anreiz bieten, Innovationen gemeinschaftlich weiterzuentwickeln, wie es bereits jetzt bei vielen Open-Source-Daten, Software (zum Beispiel auf GitHub) oder Technologien der Fall ist.

Das Reich der Commons ist bereits sehr groß und zeigt, dass viele Menschen sehr bereitwillig zusammen an der Vergrößerung des Wissensschatzes arbeiten – und das global: von Wikipedia über Bilder und Kunst, die verändert und angepasst werden dürfen, bis hin zu Step-by-step-Bauanleitungen für Traktoren. Viele Lizenzen sind dabei so ausgestaltet, dass eine weiterentwickelte Version des Vorgängerprodukts ebenfalls öffentlich gemacht werden muss – so verbreitet sich die transparente Wissensgenerierung über alle folgenden Generationen.

Der Staat ist oft der erste und stärkste Antrieb für Forschung. Bei der Entwicklung von Produkten und Dienstleistungen ist der Markt schnell und effektiv. Eine Partnerschaft von Markt und Staat kann es schaffen, die Dynamik und Innovationskraft der Wirtschaft in Bahnen zu lenken, damit sie das soziale Fundament stützt, anstatt es zu untergraben.

Trotzdem schreibt Bundeskanzler Sebastian Kurz im *Time Magazine*: »Wir werden keinen Fortschritt erzielen, indem wir plötzlich ändern, was wir heute machen.« Abgesehen davon, dass der Satz schon für sich genommen keinen Sinn ergibt, da vermutlich noch nie Fortschritt erzielt wurde, wenn sich nichts geändert hat, führt er exakt in jene Sackgasse der Klimakrise, die das soziale Fundament von uns allen bedroht. Wenn wir weitermachen wie bisher, geht es uns bald *allen schlechter*. Wir werden die Welt in fünfzig Jahren nicht mehr wiedererkennen. Alles wird sich ändern, wenn wir nichts ändern.

Für eine faire und nachhaltige Zukunft müssen wir unser gesellschaftliches Ziel anpassen. Es muss darum gehen, ein gutes Leben für alle innerhalb der planetaren Grenzen und dem sozialen Fundament sicherzustellen. Zwischen diesen beiden Grenzen wird es weiterhin Fortschritt geben: wissenschaftliche Erkenntnisse, ein profundes Verständnis der menschlichen Psyche, bahnbrechende Entdeckungen, neue Pioniere der Raumfahrt, medizinische Durchbrüche, Gen- und Nanotechnik und ausgeklügelte neue Computer, landwirtschaftliche Techniken, die den Boden nicht übernutzen, künstliche Intelligenz und Automatisierung, soziale Innovationen sowie revolutionäre Wirtschaftszweige, die es den Menschen endlich erlauben, ein genussvolles anstelle eines getriebenen Lebens zu führen. In diesem Sinne ist auch Wachstum möglich, aber Wachstum mit anderen Kennzahlen wie zum Beispiel Lebensqualität, Wissen, Bildung und Freizeit.

6. EIN WÜRDIGES ZIEL

Bei einem Spaziergang im Wienerwald lüfte ich meine Gedanken aus. Papa trottet neben mir her. Wir reden wenig. Auf einmal ist er spurlos verschwunden. Ich trete vier Schritte zur Seite, um der vorbeikommenden Dame mit Labrador Abstand zu ermöglichen, und sehe mich um.

»Guten Tag!«, ruft es aus dem Unterholz. Da entdecke ich Papa gut zehn Meter weiter hinten im Wald, kniehoch im Gebüsch stehend, halb versteckt hinter einer Buche. Wie er dort so schnell hingehechtet ist, kann ich mir nicht erklären. Er winkt der Passantin freundlich zu, lächelt höflich, wartet, bis sie nicht mehr zu sehen ist.

»Sicher ist sicher«, meint er, zurück am Weg. »Wenn die Mama zurückkommt, ist sie schließlich Risikopatientin, und wer weiß, ob wir sie pflegen müssen.«

Der Spaziergang ist lange geworden. Als wir schließlich heimkehren, ist es bereits stockfinster. Wir sind durchgefroren. Heute wird es wohl Tee anstelle des Gläschens Bier geben. Neben dem Wasserkocher blinkt das Telefon.

Drei Anrufe in Abwesenheit.

»Das Krankenhaus«, erkennen wir die Nummer. Papa ruft sofort zurück.

Mir explodiert beinahe die Brust, als die Krankenschwester ihn mit aufgeregter Stimme bittet, auf Lautsprecher zu schalten. Papa verdrückt sich zweimal mit zitternden, kalten Fingern.

»Ich habe da jemanden neben mir«, sagt sie überschwänglich, »der gerne mit Ihnen sprechen würde. Frau Rogenhofer, ich habe Ihre Familie am Telefon.«

»Mama?«, frage ich vorsichtig.

»Hallo«, antwortet eine dünne Stimme. Sie ist kratzig und heiser, irgendwie ungeölt, wie eine Tür, die man lange nicht benutzt hat. Ich habe Mühe, sie als die meiner Mutter zu erkennen.

»Wie geht's dir?«, fragt Papa, nach Worten ringend.

»Ich will nach Hause«, sagt sie erschöpft. »Kann ich heim? Jetzt. Ich will …«

»Das geht leider nicht, Frau Rogenhofer«, hören wir die Krankenschwester. »Wir müssen Sie noch dabehalten.«

»Lassen Sie mich nach Hause«, sagt sie wieder und wieder. »Ich muss ja am Montag in die Arbeit.« Es zerreißt mir das Herz.

»Mama, du kannst jetzt noch nicht nach Hause«, sage ich. »Dir geht's noch nicht gut genug. Aber bald.« Sie antwortet verwirrt.

Die Krankenschwester übernimmt wieder. Sie klärt uns über die Lage auf und gibt die nächsten Schritte bekannt. Ich schaffe es kaum zu folgen. Die Freude mischt sich mit dem Schock über ihren Zustand. Noch ist nicht alles gut, merke ich. Das Zittern ist noch nicht vorbei. Noch gibt es viel zu tun.

Aber, und das ist das Wichtigste, ein klares Ziel liegt vor uns: meiner Mutter wieder ein normales Leben ermöglichen. Es wird nicht leicht zu erreichen sein, aber es ist alternativlos, und es lohnt sich, danach zu streben. Wer ein Ziel im Blick hat, der weiß, was zu tun ist.

Stellen Sie sich diese Welt vor: Durch freien Zugang zu guter Bildung, leistbarem Wohnen und dem Gesundheitssystem ist ein solides soziales Fundament geschaffen. Bei Krankheit, Arbeitslosigkeit und in anderen Notsituationen gibt es gute Auffangnetze, um einen Absturz in die Armut zu verhindern. Im Berufsleben werden alle Menschen für ihre Arbeit ausreichend entlohnt und so die wirtschaftliche und gesellschaftliche Mitsprache verbreitert. Die Konzentration von Geld in den Händen weniger und Steuerflucht werden bekämpft. Stattdessen leisten alle Menschen und Unternehmen einen fairen Beitrag und stützen so Wohlergehen und eine intakte Umwelt.

Lassen wir nicht weiterhin zu, dass PolitikerInnen Sozialpolitik gegen Klimaschutz ausspielen. Beides geht Hand in Hand.

GEHT'S UNS ALLEN GUT, GEHT'S UNS ALLEN GUT

Obwohl in den letzten Jahrzehnten viel erreicht wurde, um die global Ärmsten besser zu versorgen sowie Bildung und Gesundheit zu fördern, gibt es derzeit kein einziges Land, das gleichzeitig das soziale Fundament für alle sichern kann und dabei die planetaren Grenzen einhält.[41] Damit sind wir in einer Situation, in der absurderweise *keine* der beiden notwendigen Grenzen eingehalten wird. Milliarden Menschen bangen um das soziale Fundament, während wir im Glauben an die Unendlichkeit von Ressourcen die Grenzen der Natur überschreiten.

Es ist aber durchaus möglich, dieses Gleichgewicht herzustellen. Das würde vor allem durch Verteilungsgerechtigkeit und eine große Reduktion des Ressourcenverbrauchs im Globalen Norden ermöglicht, wie eine Studie des Wirtschaftsanthropologen Jason Hickel zeigt.[42]

»Geht's der Wirtschaft gut, geht's uns allen gut« war das Mantra des 20. Jahrhunderts. Die Corona-Krise hat gezeigt, dass eine Wirtschaft, die nur auf Konsum aufbaut, kein Garant für Erfolg ist. Jason Hickel bringt es auf den Punkt: »Wenn deine Wirtschaft zusammenbricht, weil Menschen nicht jedes Jahr mehr Zeug kaufen, das sie weder brauchen noch wollen, dann brauchst du eine andere Wirtschaft.«[43]

Der Fokus auf das BIP-Wachstum kann der Ungleichheit nicht entgegenwirken und treibt die Naturzerstörung an. Deshalb schlage ich vor, unsere Wirtschaft auf ein langfristigeres Ziel zu konzentrieren – sie so auszurichten, dass sie ein gutes Leben für alle innerhalb der planetaren Grenzen möglich macht.

Statt des BIP müssen Kennzahlen her, die der Gesellschaft nützen. Messen wir Zugang zu Bildung und Bildungsgrad, nehmen wir das Wohlergehen der Menschen in unsere Buchhaltung auf, die Intaktheit der Natur, eine gerechte Bezahlung, leistbares Wohnen, Gesundheit und Lebensqualität. Stellen Sie sich einmal Politikerinnen und Politiker vor, die diese Kennzahlen maximieren wollen wie jetzt das BIP – das wäre doch ein Fortschritt, oder? Wozu haben wir sonst den Markt, den Staat, Gesetze, Regulierungen und Gemeingüter? Nicht aus Selbstzweck. Sie alle sollen dazu beitragen, eine gesunde, gebildete, abgesicherte und nachhaltige Gesellschaft zu schaffen. Gleichgewicht ersetzt Wachstum. Es geht nicht länger um *mehr*, sondern um *gut*.

Wachstum als Ziel, um menschliches Wohlergehen zu sichern, ist um die Ecke gedacht. Wenn wir eine sozial gerechte, wirtschaftlich stabile und ökologisch nachhaltige Welt bauen wollen – warum ist unser Ziel dann nicht *genau das*? Warum heißt Wachstum automatisch Wirtschaftswachstum und nicht Wachstum von gesellschaftlichem Wohlergehen und Reichtum der Natur – von den *wichtigen* Kenngrößen für uns alle? Kate Raworth beschreibt die jetzige, verkehrte Logik so: »Was wir gerade haben, ist eine Wirtschaft, die wachsen muss, unabhängig davon, ob sie Wohlergehen sichert oder nicht. Was wir brauchen, ist eine Wirtschaft, die Wohlergehen sichert, unabhängig davon, ob sie wächst oder nicht.«[44]

Dass sich niemand eine solche Vision, oder die Welt, die sie hervorbringt, vorstellen kann, liegt an der visionslosen Politik der vergangenen Jahrzehnte. Ich bin dafür, dass wir keine Umwege mehr gehen. Die Devise des 21. Jahrhunderts muss also lauten: »Geht's uns allen gut, geht's uns allen gut.«

Eine gerechte Sozialpolitik kann allen ein gutes Leben sichern. Eine mutige Klimapolitik auf der anderen Seite wird viele Arbeitsplätze schaffen, Gemeinden und Stadtkerne wiederbeleben, der Turboversiegelung des Bodens einen Riegel vorschieben, günstigere Stromrechnungen für erneuerbaren Strom garantieren, Energiekosten durch Sanierungen senken, unsere Äcker bereichern, diverse Ökosysteme regenerieren, das Artensterben eindämmen und Biodiversität nähren, öffentliche Mobilität stärken und Städte so gestalten, dass wir bequem und leistbar von A nach B kommen.

Ausgeweitet auf eine große Vision heißt das nicht nur, CO_2-Emissionen zu reduzieren. Es heißt, die Menschen auf den Weg ins 21. Jahrhundert zu führen. Das Programm, um das zu erreichen, will ich Ihnen unter dem Namen *Green New Deal* vorstellen.

KAPITEL 3

EIN GREEN NEW DEAL

Dass ich beim Klimaschutz landen würde, war niemals mein Ziel. Ehrlich gesagt war mir selbst die längste Zeit nicht klar, was »Klimakrise« eigentlich bedeutet – und das, obwohl ich schon immer ein Interesse an der Natur hatte.

Als Siebenjährige führte ich ein Naturtagebuch. Ich dokumentierte mit meiner Mama akribisch die Entwicklungsstadien der Kaulquappen im Teich. Mit siebzehn Jahren eskalierte meine Fachbereichsarbeit in Biologie zu einem achtzigseitigen Wälzer. Eigentlich war mein Plan, mich dann dem Studium der Genetik oder Molekularbiologie zu widmen. Doch nach herrlichen Sommertagen im sterilen Uni-Labor war ich ernüchtert. Viel lieber wollte ich an solchen Tagen durchs Unterholz kriechen und Tierarten beobachten. Also entschied ich mich für Zoologie, die Lehre der Tiere.

Mit zwanzig Jahren lernte ich während eines Projektes viel über die Verschiebung der Lebensräume von Tier- und Pflanzenarten durch die Klimakrise. Ich schrieb über die zu schnellen Veränderungen und die Gefahr, dass manche Arten aussterben, weil sie sich nicht an die neuen klimatischen Begebenheiten anpassen oder in neue Gebiete abwandern können. Ich sah die Änderungen in den Alpen und die sich wandelnden Bedingungen in ganz Europa. Doch die Klimakrise blieb dabei noch abstrakt, als Sammlung von Fakten und Gefahren schwarz auf weiß in meinen Artikeln.

Ich trug Frösche über dicht befahrene Straßen und beobachtete Raben sowie Waldrappen. Die Idylle der Konrad-Lorenz-Forschungsstelle in Grünau, neben einem eisig kalten Gebirgsfluss und den frischen Düften des Waldes, bestätigte mich darin, das Labor verlassen zu haben. Aber ich fragte mich, ob meine gesammelten Daten wirklich einmal die Welt verbessern würden, ob sie sie zum Besseren verändern könnten. Die Distanz zwischen dem, was ich machte, und dem, was die Welt bewegte, schien unbefriedigend groß.

DER WEG ZUM ZIEL

7. November 2015. Der Weg hierher, zu diesem Busterminal, war mühsam gewesen. Diese 53 Stunden lange Art von Mühsal. Drei weitere musste ich auf den Nachtbus nach Sringeri warten. Drei Stunden auf einem betriebsamen nassen Busterminal, auf dem etliche Busse Insassen ausspien, neue aufnahmen und mit ihnen in den Vorhängen strömender Regenschnüre verschwanden. Unter den Wellblechdächern tummelten sich kleine Verkaufsstände mit indischen Snacks. Ich kaufte mir einen süßen Chai, eine gute Medizin gegen Überforderung. Danach lungerte ich verloren, irgendwie fehl am Platz, inmitten der zielstrebigen Menschen.

Alle wollten sie irgendwohin und suchten ihren Weg zwischen den Stationsausrufern und den Trillerpfeifen. Was tat ich hier? Kalte Verzweiflung und warmer Chai duellierten in meinem Magen um die Vorherrschaft. Ja, es war mein Wunsch gewesen, eine Auszeit zwischen meinem Bachelor und meinem Master zu nehmen. Ja, ich hatte in Indien im Regenwald arbeiten wollen. Ich hatte nach einer Antwort auf die große Frage gesucht, was ich aus der Faszination für die Wunder der Natur, die Pflanzen, das Getier, die atemberaubende Komplexität des Lebens machen sollte. Ich wollte etwas verändern. Wo und wie, war mir noch nicht klar. Jetzt saß ich endlos weit weg von allem, was ich liebte, auf einem schäbigen Busbahnhof.

Die kommenden Stunden waren strapaziös: Auf der Straße vor mir wurde ein Mann zuerst von einer aufgebrachten Meute blutig geschlagen, dann von der Polizei verprügelt. Ich war im Käfig der Kulturbarriere gefangen, konnte mich kaum verständigen und kannte auch den

Grund für die Brutalität nicht. Ein blutiges Häufchen Elend blieb von der Attacke zurück, eine rohe Ungerechtigkeit, vor der man sich auf heimischen, vertrauten Straßen in Sicherheit wähnt.

Nach langer Suche fand ich endlich meinen Bus, flüchtete mit ihm. Zehn weitere Stunden waren es, bis ich Agumbe erreichte. Agumbe, das verheißungsvolle Ziel, die Forschungsstation im Regenwald der Western Ghats in der indischen Bergregion Karnatakas.

Begrüßt wurde ich dort von Dhiraj, meinem Forschungskollegen für die kommenden Monate. Er wies mir mit einem leichten Schlenker ein Bett im einzigen größeren Raum der Station zu. Dann verschwand er mit der Warnung: »Geh nicht zu weit fort und pass auf, wo du hinsteigst. Bei einem Schlangenbiss können wir nicht viel tun.«

Erschöpft und allein hockte ich mich auf die Matratze, unter der ich das Kratzen des Ungeziefers hörte.

Ich hätte so gerne meinen Eltern geschrieben, dass es mir gutging, aber Internet gab es keines. Die Kabel seien von einem wilden Tier zerbissen worden, wurde mir gesagt, und müssten neu gelegt werden. Ich dachte an Flo und erinnerte mich, was er mir auf diese herausfordernde Reise mitgegeben hatte: »Du hast dich nicht dafür entschieden, weil es einfach ist, sondern weil es schwierig ist.«

1. EIN VISIONÄRES PROGRAMM

> We choose to go to the moon not because it is easy, but because it is hard. JOHN F. KENNEDY

Der amerikanische Präsident erlebte die Mondlandung selbst nicht mehr mit, doch er beflügelte die ganze Nation mit seinem visionären Geist. Sich ein ambitioniertes Ziel zu stecken und es mit aller Kraft zu verfolgen – das ist der Pioniergeist, den wir zur Bewältigung der Klimakrise brauchen. Anders als bei der Mondlandung oder der Entwicklung eines Impfstoffes gegen Corona herrscht in der internationalen Klimapolitik aber eher die Stimmung eines langatmigen Vortrags, bei dem nach zweieinhalb Stunden die Professorin eine Frage stellt. Niemand meldet sich. Alle schauen betreten weg und hoffen, dass jemand anderes etwas tut.

Vereinzelt gibt es Länder, die vorangehen, Vorbilder schaffen, doch von einem »Race to Climate Action« sind wir weit entfernt. Dabei könnte genau das unser Heldenmoment werden. Das ist die Herkulesaufgabe unserer Generation. Eine Mission, für die wir gemeinsam im Schulterschluss mit voller Kraft tätig werden, nicht weil sie einfach, sondern weil sie *notwendig* ist. Sie wird das Beste in uns Menschen zutage fördern, die Genialität des menschlichen Erfindergeists, die Wirksamkeit vereinter Anstrengungen und die frische Tatkraft bei der Verfolgung würdiger Ziele.

Ursula von der Leyen, die EU-Kommissionspräsidentin, verwies bei ihrer Antrittsrede ebenfalls auf die gemeinsame Pionieraufgabe. Sie präsentierte ihren Green Deal, ein geplantes Maßnahmenpaket, das die EU nachhaltig machen sollte. Das könnte Europas Mondlandung im 21. Jahrhundert werden, sagte sie Ende 2019. Ohne die vielen tausenden Menschen, jungen wie älteren, die jeden Freitag für Klimaschutz gestreikt und Druck gemacht hatten, hätte diese Rede völlig anders ausgesehen. Klimaschutz war in Europa angekommen.

Von der Leyens Green Deal ist allerdings eher hellgrün, gemessen an den Vorbildprogrammen mit dem Namen *Green New Deal*, die den Vergleich mit der Mondlandung wohl noch mehr verdient haben. Denn das Ziel dieser Maßnahmenprogramme ist groß: Wirtschaft, Politik und Gesellschaft zu reformieren, damit alle Menschen ein sozial gerechtes, ökologisch verträgliches und ökonomisch abgesichertes Leben führen können.

VORBILD NEW DEAL

Dass Krisen Investitionen und Visionen brauchen, zeigte der *New Deal* von Präsident Roosevelt in den 1930ern. Er stellte sich der Weltwirtschaftskrise mit einer Serie von Wirtschafts- und Sozialreformen entgegen. Durch gezielte Investitionen in Infrastruktur, Zukunftsbranchen und Ausbildungsprogramme wurde der New Deal ein voller Erfolg. Innerhalb einer Dekade erlebten die krisengebeutelten USA einen Aufschwung. Mehrere Millionen Arbeitsplätze im öffentlichen Dienst wurden geschaffen, das Stromnetz wurde ausgebaut, es wurden die ländlichen Regionen integriert und Straßen gebaut, Gebäude errichtet, Parks angelegt und Millionen Bäume gepflanzt. Diese Investitionen wirken heute noch nach. Und sie sind das Vorbild für einen Wandel, der sich nun in ähnlicher Geschwindigkeit vollziehen muss.

Schon damals gab es Widerstand und Angst vor der Veränderung. Auch hier gelang Roosevelts Regierung ein Geniestreich: Die kreativen Köpfe des Landes, Künstlerinnen und Künstler, wurden umfassend gefördert. Sie sollten emotional verständlich machen, was sich noch niemand vorstellen konnte: ein erholtes, florierendes Amerika. Sie zeichneten ein modernes Bild des American Dreams und stifteten mit Bildern, Filmen, Musik und Erzählungen breite Zuversicht in die Zukunft des Landes. Und Roosevelt agierte rasch: Innerhalb der ersten hundert Tage seiner Präsidentschaft stellte er die wesentlichen Weichen.

Heute müsste ein New Deal zweifellos etwas anders aussehen. Die planetaren Grenzen waren damals noch nicht bekannt und wurden deshalb oftmals ignoriert, was zu Naturzerstörung führte. Ebenso liefen manche Maßnahmen dem sozialen Fundament zuwider und beuteten die indigene Bevölkerung aus. Der Aufbruchsgeist jedoch ist selbst heute noch – ein Jahrhundert später – in der Gesellschaft verankert. Hollywoodfilme bestätigen das eindrücklich.

Ein solches Programm ist eine bewusste Entscheidung. Wir sind keinem Schicksal ausgeliefert. Die Zuschreibung der Klimabewegung als »Propheten des Untergangs« ist also weit gefehlt. Wir kämpfen konsequent für eine lebenswerte Zukunft. Kate Marvel, Klimawissenschafterin, drückt es so aus: »Wir sind nicht dem Untergang geweiht – es sei denn, wir entscheiden uns dafür.«[1] Die Klimabewegung hat sich dagegen entschieden.

Dieses Kapitel ist deshalb den vielschichtigen Lösungen gewidmet, die es für das schwierige Problem Klimakrise gibt. Jedes Unterkapitel nimmt sich eines Themengebiets an:

Wir brauchen eine mutige politische Linie in Krisenzeiten wie diesen, die das Bevorstehende beim Namen nennt und uns Bürgerinnen und Bürger einbindet. Wir brauchen Investitionen in zukunftstaugliche Branchen und einen resoluten Stopp bei erwiesenermaßen falschen Förderungen, um gestrandete Investments zu vermeiden. Wir brauchen eine widerstandsfähige Kreislaufwirtschaft, die regionale Wertschöpfung und Arbeitsplätze schafft. Wir brauchen eine dezentrale Versorgung mit erneuerbaren Energien und eine Sanierungsoffensive bei Gebäuden. Wir brauchen eine Mobilitätswende mit weitsichtiger Stadt- und Raumplanung, die Ökosysteme erneuert und nicht weiter die Natur zubetoniert. Wir brauchen für all das einen schlüssigen nationalen Plan mit dem Ziel eines klimaneutralen Österreichs im Jahr 2040 und juristische Werkzeuge, die ihn verbindlich machen. Steuern und Förderungen müssen als Lenkungsmechanismen Klimaschutz unterstützen.

Es gibt keine schnelle Lösung, keine Abkürzung, kein Allheilmittel für die Klimakrise mehr. In den Worten der 721 KlimawissenschafterInnen des IPCC, bekannt für ihre sonst vorsichtigen Einschätzungen, benötigen wir »rapide, weitreichende und *nie dagewesene* Transformationen in *allen* Bereichen unserer Gesellschaft«.[2] In meinen Worten: Wir brauchen einen Green New Deal.

2. KOMMUNIKATION
UND MITBESTIMMUNG

9. November 2015. In der Nacht rumorten die Ratten in den Wänden der Urwaldstation. Ich schreckte aus dem Schlaf, als mich eine Schnauze in meinem Gesicht kitzelte und Zähne an meiner Wange knabberten. Meine Hand fuhr reflexhaft auf die Stelle zu. Sie traf einen Körper, haarig und massig. Dann eine hektische Bewegung über meinen Haaren, ein Plumps auf dem Boden. Scharrend verkroch sich die Ratte zu ihresgleichen.

In der Früh schrie Ajay gellend durch das Haus: »Es gab einen Rescue-Call mit einem König.« Ich wusste, dass die Station kontaktiert wurde, wenn sich giftige Schlangen in die Nähe von Siedlungen begaben, aber konnte es sich dabei wirklich um eine Königskobra handeln? »Katharina, du kommst mit.« Ich packte, so schnell ich konnte, meine Sachen zusammen. Innerhalb von fünf Minuten war ich angezogen und bereit.

Wir stiegen in den Jeep, der eigentlich den Namen nicht mehr verdiente, und bretterten über den Pfad. Nach dreißig Minuten erreichten wir einen Waldweg, an dem uns ein Motorradfahrer winkte und uns das letzte Stück bis zu ein paar Häusern begleitete. Die ganze Familie schien zusammengekommen zu sein, ebenso alle, die zufällig von dem Ereignis gehört hatten. So eine Schlange war zwar kein allzu seltenes Ereignis, aber es wollte sich trotzdem niemand entgehen lassen.

Ajay bedeutete den Leuten zurückzutreten. Ich blieb. Ich war nun Teil dieses selektierten Teams professioneller Schlangenfänger, die sich auszukennen hatten. Wir waren zu dritt: Ajay, Dhiraj und ich. Ich wusste nicht genau, was jetzt kam, und beobachtete gespannt, was die beiden Profis taten.

Es wurde eine Röhre ausgelegt, die in einen Sack führte. In diesen sollte die Kobra geleitet werden, um sie nachher weit weg von der Siedlung auszusetzen. Ajay nahm eine Art Stock, an dessen Ende ein Haken befestigt war. Mit ihm ließ sich die Schlange ausgestreckt halten. Mit einer Hand fasste man den Schwanz, mit dem Haken hielt man das Vorderende. Alles war bereit.

Ajay näherte sich dem schuppigen Knäuel im Gras. Es begann sich zu rühren. Windungen glitten übereinander, als sich das Tier langsam entrollte. Auf einmal schoss der Kopf aus ungesehenen Tiefen hervor. Ajay stieß ihn gekonnt blitzschnell zur Seite, griff den Schwanz und fing das Vorderende der Schlange mit dem Haken ein. Nun war es der Kobra zu viel. Aus den Tiefen ihres langen Körpers brodelte ein Knurren, ein abgrundtiefes Zischen brach hervor. Der Kopf schnellte wieder herum. Diesmal erhob sich die Kobra und stellte ihren Kragen auf. Sie züngelte. Aufgerichtet kam sie auf mich zu, ihr tiefes Knurren schwoll an. Nur Zentimeter vor mir zog Ajay sie am Schwanz von mir weg.

Ich hatte keine Angst. Ich verspürte vielmehr Ehrfurcht vor diesem erhabenen Tier. Die Kobra war drei Meter lang, und ihre aufrechte Haltung, ihr breiter Hals und ihre geschlitzte Zunge machten sie zu einem unglaublich eleganten und doch kalten Wesen. Sie strahlte Kraft aus, und sie war tödlich. Ajay wusste genau, was er tat. Er handhabte sie wie eine alte Bekannte, mit Respekt, aber Entschiedenheit. Immer wieder fing er ihren Kopf ein und führte ihn zur Röhre. Beim vierten Versuch funktionierte es. Die Gefahr schlängelte sich in die Schutz versprechende Höhle. Ajay schubste sie noch etwas an, zog die Röhre aus dem Sack und verknotete ihn. Das war's.

Anschließend unterhielten sich Dhiraj und Ajay mit den Menschen um uns. Sie teilten Informationszettel aus und sprachen über die Gefährdung der Königskobra, wie wichtig ihr Schutz für das ganze Ökosystem war und darüber, wie man sich am besten verhielt, wenn man ihr begegnete. Ich erfuhr, dass die Menschen in dieser Gegend generell sehr aufgeschlossen gegenüber Schlangen waren, was nicht zuletzt an der guten Arbeit der Station lag. In anderen Gebieten würden Schlangen schlichtweg erschossen. Durch die richtige Kommunikation und die Einbindung der Menschen gelang es in Agumbe, die Natur zu schützen.

»Klimapolitik bringt ihr nicht durch«, hat man uns von Anfang an belehrt. »Das ist nicht mehrheitsfähig.« Im Kern beinhaltet dieses Argument ein Dilemma: Wie erreiche ich Kooperation von Millionen Menschen bei etwas, das häufig noch harmlos erscheint und in der Zukunft großes Zerstörungspotenzial hat?

Wir hatten 2020 die Möglichkeit, Krisenmanagement im großen Stil zu erleben. Corona konfrontierte alle Regierungen dieser Welt mit exakt diesem Dilemma. Manche scheiterten daran, manche bewiesen Führungsqualitäten. Corona verlangte von Politikerinnen und Politikern, schnell zu handeln und drastische Maßnahmen zu setzen, um den gesellschaftlichen Schaden gering zu halten. Jeder Tag zählte. Wer wartete, sah bald darauf verheerende Konsequenzen. Das Zögern (oder Leugnen) kostete hunderttausende BritInnen, AmerikanerInnen und BrasilianerInnen das Leben.

Je besser die Bevölkerung über die Pandemie informiert war, je klarer kommuniziert wurde, desto williger war sie, Einschnitte des alltäglichen Lebens mitzutragen. Wissenschafterinnen und Wissenschafter berieten Regierungen direkt und traten oft auch selbst in der Öffentlichkeit auf, um die Sachlage zu erklären. So erhielten wir Informationen aus erster Hand über die Lage und den weiteren Verlauf der Maßnahmen. Natürlich sind auch einige Maßnahmen zu kritisieren. In Österreich nutzte man die Angst vor den Folgen einer Infektion, zog politisch nicht immer rechtzeitig Konsequenzen und kommunizierte oft unklar und widersprüchlich.

Die Corona-Pandemie ist in vielerlei Hinsicht vergleichbar mit der Klimakrise. Sie ist ein globales Problem, dem sich jedes Land stellen muss. Die Bewältigung kann nur funktionieren, wenn Maßnahmen auf allen Ebenen, in allen Bereichen und von allen Menschen gemeinschaftlich umgesetzt werden. Keine Einzelperson kann diese Herausforderung allein lösen, und je früher man handelt, desto geringer sind Schäden und Kosten.

Es braucht also auch in der Klimakrise einen Plan, der wissenschaftlich fundiert ist und an die Öffentlichkeit *kommuniziert* wird. Ohne Krisenkommunikation, die die Situation klarmacht und die Notwendigkeit von Maßnahmen betont, können wir nicht erreichen, dass alle an einem Strang ziehen. Vorausschauende Politik kann die Solidarität in der Gesellschaft wecken, indem sie einen klaren Weg aufzeigt, der Hoffnung auf eine Zukunft gibt, in der alles wieder gut ist.

Auch ich bleibe von Zweifel bei großen Änderungen nicht verschont. Das wurde mir mit Covid-19 rasch klar. Wir befanden uns von einem Tag auf den anderen in einer noch nie dagewesenen Krisenlage. Und auch ich gehörte zu jenen, die die ersten Fälle einfach mit den Worten abtaten: »Wird wohl nicht so schlimm werden. Scheint nur eine heftigere Grippe zu sein.« Die ersten Maßnahmen hielt ich für *übertrieben*. Ja, wir alle sind manchmal langsam und können nicht glauben, dass etwas vor unseren Augen zu einer Krise wird. In meinem Freundeskreis habe ich anfangs ungeprüfte Informationen verbreitet. Aber ein Bewusstseinswandel setzte ein, als ExpertInnen, gute JournalistInnen und selbst PolitikerInnen ihren Ton änderten. Innerhalb einer Woche wandelte sich mein Zugang.

In der Klimakrise sind die meisten Politikerinnen und Politiker weit entfernt von einer Sprache, die der Dringlichkeit des Problems gerecht wird. Dort habe ich noch niemals gehört, dass »wir die Kurve schleunigst abflachen müssen«, dass »schwierige Zeiten auf uns zukommen werden, wenn wir nicht sofort handeln«, dass wir unsere Existenz retten würden, »koste es, was es wolle«. Schon lange appelliert Greta Thunberg an Entscheidungsträgerinnen und -träger: »Treat the climate crisis as a crisis!« Denn, wie soll Klimaschutz mehrheitsfähig werden, wenn die Klimakrise nicht als Krise behandelt wird? Wie sollen Menschen »mitgenommen« werden, wenn nicht ehrlich über die Folgen aufgeklärt und Lösungen öffentlich debattiert werden?

EIN VERSTÄNDNIS DER HEIKLEN LAGE

Wenn es um die Dringlichkeit geht, höre ich oft: »Von *Klimakrise* zu sprechen ist hysterisch und übertrieben.« Übertrieben? Ist es übertrieben, wissenschaftliche Resultate ernst zu nehmen? Nein, es ist sogar *geboten*, eine Krise beim Namen zu nennen, wenn sie sich vor unseren Augen zu einer Katastrophe auswächst.

Obwohl ich in der Schule und Universität von Naturzerstörung und Erderhitzung gehört hatte, war die Tragweite des Problems lange nicht greifbar für mich. Der Kopf wusste vieles bereits; emotional zu verstehen, wie kritisch die Situation ist, begann ich erst in Agumbe, wo ich schon bald täglich zum Staunen gebracht wurde.

Ich staunte über die Brillanz Dhirajs, als wir nach zwei Wochen des Auftauens endlich unsere gemeinsame Arbeit aufnahmen und bald nicht mehr zu trennen waren. Wenn er sich durch die Natur bewegte, schien er alles doppelt so schnell und viel genauer wahrzunehmen – als wäre er selbst der Urwald. Auf der Suche nach Spinnenarten nahm er verborgene Abzweigungen zu Flüssen, umrankt von Kletterpflanzen, entdeckte Frösche, Krabben, südasiatische Ottern, die in Erdlöchern verschwanden, um dann eine Vielzahl an fischenden Spinnen gekonnt einzufangen.

Ich staunte über das geniale Gleichgewicht dieser üppigen Vielfalt. Dhiraj teilte sein Wissen mit mir, der Europäerin mit den miserablen Fangkünsten, er teilte seine Faszination für seine Heimat mit mir. Ich staunte über das Tiefschwarz, als wir bei einer Nachtwanderung die Taschenlampen ausschalteten und überall unzählige Geräusche, Schreie, Rufe, Zwitschern, Knarren, Rascheln, Rattern, Rauschen und Rappen, hervorbrachen. Ein unglaubliches Konzert. Und ich durfte es aus der ersten Reihe bestaunen. Wir entdeckten fliegende Eidechsen, einen Teppich ultramarinschillernder Schmetterlinge, zwanzig Zentimeter lange Äste, die sich als lebendig herausstellten, leuchtende Pilze, riesige blauschwarze Nachfalter und zwei große Augen, die das wenige Licht reflektierten: Ein Lori saß unweit von uns. Er und wir bestaunten einander.

Dieses Staunen, das manche beim Anblick des unendlichen Sternenhimmels erreicht und mich in Form einer Regenwaldstation prägte, möchte ich meinen Kindern schenken können. Die ökologische Krise bedeutet aber, dass Finns geliebte Eisbären und Mias Lieblingskorallen verschwunden sein werden, bevor die beiden sie bestaunen können. Aus dem Grund beschloss ich nach den Abenteuern in Indien, in Oxford einen Master in Biodiversität und Naturschutz zu machen. Ich wollte dazu beitragen, diese Wunder zu erhalten.

Dass es bei der Klimakrise zusätzlich um uns Menschen geht, nämlich um die Grundlage unseres Lebens, machte sie bald danach zum wichtigsten Thema für mich. Für viele Menschen bedeutet die Klimakrise Dürren, deretwegen sie ihre Ernte verlieren, Schulden ansammeln und in die Armut abstürzen. Sie bedeutet häufig schon jetzt Hunger. Sie bedeutet oft eine Flucht aus der Heimat in die Ferne, wenn Hurrikans, Taifune, Waldfeuer und Überflutungen das eigene Dorf zerstören. Sie bedeutet für viele Menschen, das eigene Leben oder geliebte Angehörige zu verlieren, die an der Hitze sterben – nicht nur in Indien, sondern auch in Europa. Sie bedeutet, dass ganze Inseln und sogar Millionenstädte im Meer versinken werden.

Nach meinem Studium in Oxford lehnte ich deshalb eine weitere Forschungsmöglichkeit in Madagaskar ab. Ich beschloss, meinen Lebensplan erneut umzukrempeln. Ich konnte angesichts der Krise keine Forscherin werden, die jährlich mit dem Flugzeug in Regenwälder reist, um dort Primaten zu erforschen oder Spinnen zu zählen. Ich musste meinen Weg zu jenen primitiven Spinnern finden, die sowohl die Genialität der Natur als auch die Lebensgrundlage von Millionen von Menschen zu vernichten drohten. Wo kommen sie und all die anderen politischen Schwergewichte zusammen? Genau, bei den Vereinten Nationen (UN). Ich bewarb mich also 2018 für ein Praktikum bei der Sektion Klima der UN in Bonn. Das war eine bewusste Entscheidung gegen die wissenschaftliche Laufbahn, die mich jahrelang ausgemacht hatte. Ich wollte politisch etwas verändern, und die UN schien mir der richtige Ort dafür zu sein.

Die Krise als solche zu benennen und die Folgen aufzuzeigen, die lauern, wenn wir nichts tun, ist einer der wichtigsten ersten Schritte, wenn man viele Menschen mitnehmen will. Aber wo sind die Krisenstabssitzungen zum Klima? Wo die Titelblätter zu den verheerenden Folgen der Klimakrise, die Interviews mit den Betroffenen und ExpertInnen? Wo sind die Klimaberichte bei Wettersendungen? Wo sind die fast täglichen Pressekonferenzen zur Klimakrise und die Dashboards, die unseren Fortschritt bei der Reduktion der Treibhausgase anzeigen?

Die meisten Menschen in der Politik und bei Medien haben den Ernst der Lage selbst noch nicht verstanden und kommunizieren ihn deshalb auch nicht. Kein Wunder, dass viele von uns noch nicht mitbekommen haben, was auf dem Spiel steht. Denn natürlich braucht es ein Verständnis für die Dringlichkeit und die Folgen der Klimakrise, um die Umsetzung von Maßnahmen und breite Kooperation zu ermöglichen.

Eigentlich müsste man es umdrehen: *Trotz* der falschen und unzureichenden Information sind unglaublich viele Menschen für Klimaschutz. Das allgemeine Bewusstsein zur Klimakrise steigt und ist heute so hoch wie noch nie. Selbst im Virusjahr 2020 war die Bedeutung, die Österreicherinnen und Österreicher der Klimakrise zuwiesen, konstant hoch. Bei einer Befragung von Marketagent nach zwei Monaten Lockdown gaben mehr Menschen an, sich größere Sorgen wegen der Klimakrise zu machen als wegen Covid-19 oder der Fluchtbewegungen.[3] In einer anderen Studie sprachen sich 84 Prozent der Befragten dafür aus, dass die Milliarden zur Bekämpfung der durch Corona ausgelösten wirtschaftlichen Krise auch gleichzeitig der Bekämpfung der Klimakrise dienen sollen. 93 Prozent der Befragten stimmten zu, dass die Politik Rahmenbedingungen schaffen müsse, die klimafreundliches Handeln einfach und kostengünstig machen.[4] Diese Forderung unterstreicht eine dritte Befragung von Integral in Zusammenarbeit mit dem ORF, wonach sich achtzig Prozent der Befragten mehr Anstrengungen im Klimaschutz von der Regierung erwarten. Als häufigste gewünschte Maßnahmen wurden der Ausbau von Ökostrom, die Verdichtung des öffentlichen Verkehrs und eine Umgestaltung des Steuersystems genannt.[5] Im Zuge einer Umfrage zum Klimavolksbegehren forderten 87 Prozent einen langfristigen Plan zur Reduktion der Emissionen und eine wissenschaftliche Kontrolle durch einen Klimarat.⁶ In mehreren Befragungen sprachen sich die Menschen also für exakt jene Maßnahmen aus, die den Green New Deal ausmachen.

CHANGE BY DESIGN NOT BY DISASTER

Zwar kann von der Krisenkommunikation während der Corona-Pandemie viel gelernt werden, zwischen Klima- und Corona-Krise bestehen aber auch wichtige Unterschiede hinsichtlich ihrer Bewältigung.

Erstens birgt ein Green New Deal zahlreiche Vorteile, die eine positive Kommunikation ermöglichen. Man muss keineswegs auf Angst setzen, um die Klimakrise abzuwenden. Man kann auch über die Möglichkeiten sprechen: die Lebensqualität, die wir durch Klimaschutz gewinnen können, die funktionierenden Lösungen in allen Regionen, die HeldInnen der Klimawende, die unsere Heizungen wechseln, Schienen verlegen und bedrohte Ökosysteme renaturieren. Es gilt einzig, den Menschen mit einer Vision die Angst vor Veränderung zu nehmen, während man ein Bewusstsein für die schrecklichen Folgen der Klimakrise schafft.

Zweitens sind die Erkenntnisse der Wissenschaft zum Klima schon sehr viel robuster als jene zum damals neuartigen Virus SARS-CoV-2, wo erst Wissen gesammelt werden musste. Seit über fünfzig Jahren gibt es Studien zu den Ursachen und Auswirkungen der Klimakrise sowie zu Maßnahmen gegen sie. Anders als bei Corona wissen wir genau, was es bräuchte und wie wir uns vor einer Katastrophe schützen.

Zu guter Letzt und am wichtigsten: Wir haben bei der Klimakrise noch immer die Möglichkeit, gestaltend einzugreifen. Corona nötigte uns Veränderung in wenigen Tagen auf. In einer Art Zusammenbruch stoppte man das öffentliche Leben und die Wirtschaft, um noch Schlimmeres zu vermeiden. In der Klimapolitik brauchen wir derweil noch keinen »radikalen Lockdown«. Was wir aber sehr wohl brauchen, sind

Maßnahmen, die unsere Emissionen jährlich und dauerhaft um mehrere Prozent verringern und in wenigen Jahren zu einer klimaneutralen Welt führen. Zugegeben, solche Maßnahmen sind mittlerweile relativ weit gehend. Hätten wir früher angefangen, hätten wir die Transformation ohne Probleme, sanft und in kleinen Schritten über Jahrzehnte vollziehen können. Jetzt, nach dreißig Jahren Untätigkeit, gilt es all die aufgeschobenen Maßnahmen endlich zu setzen. Die Forderung nach einer Klimawende kommt keinesfalls »plötzlich« – sie ist einfach längst überfällig.

Bei meinem Praktikum bei den Vereinten Nationen in Bonn verstand ich erst, wie überfällig. Ich sprach mit Kolleginnen und Kollegen, die schon seit den neunziger Jahren international für gemeinsame Schritte in der Klimapolitik kämpfen. Seitdem war kaum etwas passiert. Wie konnte das sein? Immerhin kamen bei den Klimagipfeln fast alle Staaten der Welt zusammen. Wo, wenn nicht dort, konnte globale Veränderung stattfinden, hatte ich während meines Studiums gedacht und mich daher für das Praktikum entschieden. Die Hoffnung war ein Trugschluss. Die hunderten Interessen innerhalb und zwischen den fast zweihundert Staaten der UN bremsten selbst geringstes Vorankommen. Es grenzte an ein Wunder, dass überhaupt ein Pariser Klimaabkommen zustande gekommen war.

Verstehen Sie mich nicht falsch, es braucht die Vereinten Nationen. Die Klimakrise kann nur im globalen Schulterschluss gelingen. Außerdem sind die Klimagipfel wichtig, da sie einen Rahmen bieten, in dem sich alle Staaten jährlich mit dem Thema befassen müssen. Doch der Ort für ehrgeizigen Fortschritt sind sie nicht. Als ich das bemerkte, stand ich erneut vor der Frage, wo der beste Ort für mich war, um etwas gegen die Klimakrise zu tun.

Ich wusste, dass ich nach meiner Zeit in Bonn wieder nach Österreich zurückkehren würde. Und dann? Vor dem Klimagipfel im polnischen Kattowitz im November 2018, der Endpunkt meines Praktikums, bündelten sich meine Orientierungslosigkeit und meine Tatkraft in einer E-Mail. Sie ging an den österreichischen Bundespräsidenten. Ich wusste, dass Alexander Van der Bellen auch in Kattowitz sein würde, und fragte deshalb nach, bei welchen Veranstaltungen er sprechen würde. Am Ende schloss ich mit meiner großen Frage: Wo sollen sich junge, engagierte Menschen am besten für ambitionierte Klimapolitik starkmachen?

Ich bekam keine Antwortmail, nein.

Zwei Tage später läutete mein Telefon.

»Frau Rogenhofer?«, meldete sich ein betriebsamer Herr und stellte sich vor. »Ich arbeite im Büro des Bundespräsidenten. Ich verstehe, Sie werden auch in Kattowitz sein, richtig? Wir koordinieren gerade noch ein paar letzte bilaterale Gespräche mit Staatsoberhäuptern, aber ein kurzes Treffen zwischen Ihnen und dem Bundespräsidenten sollte sich einrichten lassen. Wir melden uns noch.« Dann legte er auf. Ungläubig starrte ich noch lange danach das Handy in meiner Hand an.

DIE BEVÖLKERUNG EINBINDEN

Dass Menschen die Klimakrise ernst nehmen und Maßnahmen dagegen befürworten, ist nicht zuletzt der erfolgreichen Klimabewegung zu verdanken, die in den vergangenen zwei Jahren für Aufklärung, wissenschaftliche Information und die Vermittlung der Dringlichkeit gesorgt hat. Eigentlich wäre das der Job der Politikerinnen und Politiker gewesen, die sich in ihrer Untätigkeit darauf ausredeten, dass die Menschen noch nicht so weit wären, anstatt selbst gestaltend ans Werk zu gehen und die konstruktive Energie in der Bevölkerung zu nutzen. Sie haben ihre eigene Verantwortung abgegeben und es verabsäumt, die Menschen auf eine Klimawende einzustellen und mutige Maßnahmen voranzutreiben.

Aber nicht nur Umfragen weisen darauf hin, dass die Bevölkerung die Klimakrise ernster nimmt als die Politik. »Wenn Bürgerinnen und Bürger selbst über Klimapolitik entscheiden dürfen, dann fallen ihre Beschlüsse unter Umständen mutiger aus als gedacht,« schrieb die *Zeit* angesichts eines einmaligen Experiments in Frankreich.[7] Es war ausgerechnet der durch sozial unausgeglichene Reformen in Verruf geratene

Präsident Macron, der nach den heftigen Protesten der Gelbwesten eine große BürgerInnen-Beteiligung anregte.

150 zufällig, aber repräsentativ ausgewählte Menschen versammelten sich über eine Dauer von acht Monaten wiederholt zu folgendem Thema: Wie soll Frankreich die Pariser Klimaziele erreichen, in einer Weise, dass ärmere Personen nicht darunter leiden? Der älteste Teilnehmer war über achtzig, die jüngste Teilnehmerin gerade einmal sechzehn, BewohnerInnen von Land und Stadt, Frauen und Männer, prekär Arbeitende und Gutverdienende waren im Klimarat vertreten.

Die Aufgabe des Klimarats war, Maßnahmen zu entwickeln. Diese würden, so Macron, »ungefiltert« zur Volksabstimmung, zur Parlamentsabstimmung oder zur direkten Implementierung freigegeben werden. WissenschafterInnen präsentierten den 150 BürgerInnen die Faktenlage, ExpertInnen informierten sie über soziale und wirtschaftliche Auswirkungen. Während wir im Juni 2020 hierzulande die Eintragungswoche des Klimavolksbegehrens starteten, legte der französische BürgerInnenrat sein 149 Punkte starkes Maßnahmenpaket vor. Manche Forderungen sind nahezu wortgleich mit unseren, andere gehen sogar noch viel weiter als die des Klimavolksbegehrens:

- Klimaschutz in die französische Verfassung.
- Ein neuer Straftatbestand des Ökozids. Unternehmen können verklagt werden, wenn sie Artensterben, Versauerung des Bodens oder die Klimakrise verursachen.
- Geschwindigkeitsbegrenzung auf 110 Kilometer pro Stunde auf allen Autobahnen.
- Verbot von Inlandsflügen ab 2025 und Bauverbot für neue Flughäfen.
- Eine ökosoziale Steuerreform, finanziert von den Wohlhabenden des Landes.
- Keine Werbung für klimaschädliche Produkte, beispielsweise Autos.
- Fleischgerichte in Kantinen durch vegetarische Alternativen ersetzen.
- Firmen mit Dividendenausschüttung über zehn Millionen Euro sollen künftig vier Prozent dieser Summen für Ökoprojekte abtreten.

Viele der Teilnehmenden berichteten in Interviews, ihnen sei erst durch die Arbeit im Rat bewusst geworden, wie dringlich neue Klimagesetze seien. Nur zehn Personen brachen ihre Arbeit im Rat ab; viele sprachen anschließend mit ihren lokalen Politikerinnen und Politikern. Alle Sitzungen des Rats waren online mitzuverfolgen und wurden medial begleitet. Das französische Volk konnte transparent erkennen, dass »Menschen wie sie selbst« zu diesen Schlüssen kamen und nicht »die da oben«.

In einer Mini-Version gibt es diese Räte auch in Österreich. Vorarlberg berief sie beispielsweise für Fragen zur Zukunft der Landwirtschaft und zu Mobilitätskonzepten für das Bundesland ein. Im Zuge des Klimavolksbegehrens wurde nun auch ein bundesweiter Klimarat der Bürgerinnen und Bürger beschlossen, der noch 2021 einberufen werden soll.

Dass diese Räte erfolgreich sein können, zeigte sich zuvor auch schon bei anderen Themen in Irland, wo die Forderung nach einem Recht auf Abtreibung und die Zulassung der gleichgeschlechtlichen Ehe verhandelt und dann in zwei Referenden angenommen wurden. Auch die Klimakrise wurde 2018 diskutiert. Viele Vorschläge finden sich mittlerweile im Klima-Aktionsprogramm Irlands wieder.[8]

Während der Corona-Krise medial untergegangen ist dagegen leider der erste KlimabürgerInnenrat in Großbritannien. Wie mit den vom Rat vorgelegten Maßnahmen umgegangen wird, wird sich erst zeigen. Leider werden Ergebnisse solcher Räte häufig wieder unter den Teppich gekehrt, wo schon die jahrzehntelangen Empfehlungen der Wissenschaft liegen. Neben dem Versäumnis, die Menschen ausreichend mitzunehmen, ignorieren viele Entscheidungsträgerinnen und Entscheidungsträger also die konkreten Wünsche und Lösungsvorschläge aus der Bevölkerung. So machte es leider auch Emmanuel Macron. Nur etwa vierzig Prozent der Vorschläge flossen in das neue Klimagesetz ein.[9] Doch BürgerInnenräte können sehr erfolgreich sein, vor allem dann, wenn verbindliche Mechanismen die Ergebnisse in den politischen Prozess einbinden.

Zu den Vorschlägen des französischen Rats fiel der rechtsradikalen Partei Front National keine bessere Kritik ein, als die Vorschläge »verrückt« zu nennen. Aber genau das Gegenteil ist der Fall: Die Menschen sind vernünftig. Wenn wir über bestimmte Themen aufgeklärt werden und die Chance bekommen mitzureden, wissen wir sehr gut, was es zur Lösung gesellschaftspolitischer Probleme bräuchte. Wenn man uns bei Entscheidungen einbindet, uns zum Gespräch einlädt und zuhört, uns politisch *mitnimmt,* dann kann Klimaschutz mit tatkräftiger Unterstützung der Menschen umgesetzt werden! Die angemessene Kommunikation der Klimakrise und die Einbindung der Bevölkerung sind wesentlich zur Umsetzung eines Green New Deals. Politikerinnen und Politiker sollten das lernen und sich in ihrer Untätigkeit nicht auf die Menschen ausreden.

3. INVESTITIONEN UND FINANZEN

Die Corona-Krise veranlasste Staaten dazu, massiv in kurzfristige Maßnahmen zur Krisenerleichterung zu investieren. Es grenzt an Ironie, dass vom Wahlkampf bis hin zur Regierungsbildung die türkise Politik betonte, ihr oberstes Ziel sei die *schwarze Null.* In Reden wurde daran festgehalten wie an einem Rettungsring. Keine neuen Schulden. Das war das große Versprechen.

Was auf den ersten Blick nach einem intelligenten Plan aussieht, hat dem Klimaschutz oft einen Strich durch die Rechnung gemacht. Die Investitionen, die Umweltorganisationen forderten, waren in der Kritik der politischen GegnerInnen immer eines: zu teuer.

WIN-WIN-WIN-SITUATION

Was möglich ist, wenn Krisenverständnis herrscht, wurde bald offensichtlich. Zweistellige Milliardenbeträge lagen wegen der Corona-Krise plötzlich auf dem Tisch. Die schwarze Null war über Bord geworfen. Und zu Recht: Keine Krise wurde jemals mit einem harten Sparkurs gelöst. Sie ist der ideale Zeitpunkt, um Wirtschaft und Gesellschaft auf neue Beine zu stellen. Wie Roosevelt mit seinem New Deal vorzeigte, können solche Gelder enorme Langzeitwirkung erzielen.

Das Österreichische Institut für Wirtschaftsforschung (WIFO), aber auch andere renommierte Wirtschaftsinstitutionen teilen Wirtschaftshilfen in drei Kategorien: jene, die kurzfristig die Not lindern sollen *(relief)*; jene, welche die Wirtschaft beleben *(recovery)*; und langfristige Maßnahmen, mit denen die zukünftige Ausrichtung der Wirtschaft gestaltet wird *(reform)*. Natürlich braucht es mitten in der Krise unkomplizierte und unbürokratische Unterstützung durch Wirtschaftshilfen, die in die erste Kategorie fallen. Die umfangreichsten Konjunkturpakete der Zweiten Republik verleihen uns aber auch die Möglichkeit – und die Pflicht –, gerade mit letzteren beiden einen Kurswechsel im Klimabereich einzuschlagen. Ein Klimakurs ist dabei eine *Win-win-win-Situation*: Ambitionierte Klimapolitik schafft Arbeitsplätze, bringt regionale Wertschöpfung und bewahrt die Natur. Sie bringt Gesundheit und höhere Lebensqualität. Während von einer künstlichen Beatmung des fossilen Systems einige wenige profitieren, gewinnen bei einem Green New Deal alle.

In der Finanzkrise 2008 lag der Anteil der grünen Investitionen innerhalb der Rettungspakete in Deutschland bei nur dreizehn Prozent, weltweit bei fünfzehn Prozent.[10] Eine Studie der Universität Oxford verglich die Auswirkungen damaliger Hilfspakete auf der ganzen Welt. Das Ergebnis ist eindeutig: Wirtschaftshilfen, die in nachhaltige Projekte flossen, schufen mehr Arbeitsplätze, führten zu höheren Einkünften, langfristig zu Kostenersparnissen und brachten größeren gesellschaftlichen Nutzen.[11] Wie Studienautor Cameron Hepburn zu Corona-Hilfsgeldern unterstreicht: »Klimaschutz wäre die Lösung zu unseren ökonomischen Problemen.«[12] Am positivsten wirkten sich Investitionen in klimafreundliche Mobilität, Sanierung, nachhaltige Landwirtschaft, Forschung und Bildung aus. Währenddessen waren Rettungsaktionen für Fluggesellschaften jene, die am schlechtesten abschnitten. Diese hätten in der Vergangenheit besonders wenig für die Gesamtwirtschaft gebracht, urteilten die befragten ExpertInnen. Dass im Gegensatz dazu die

Vorteile einer Klimawende bei weitem deren Kosten übersteigen, sind sich Wirtschaftswissenschafterinnen und -wissenschafter weltweit einig.[13] Die Ausreden der Politik wirken damit noch fadenscheiniger.

Viele Staats- und Regierungsmitglieder bewiesen in der Reaktion auf die Pandemie erneut ihre Kurzsichtigkeit, hierzulande und international. So wurden beispielsweise Rufe nach gelockerten Emissionszielen laut, um der Auto- und Flugbranche auf die Sprünge zu helfen. Wirtschaftsverbände forderten, den Emissionshandel abzuschaffen, den Green Deal der EU abzuwürgen oder die Einführung von CO_2-Kostenwahrheit zu verschieben. Dass Nichtstun aber langfristig viel höhere Kosten verursacht, als jetzt in Klimaschutz zu investieren und der Klimakrise vorzubeugen, schlüssle ich detailliert in Kapitel 4 auf.

Aus den Fehlinvestitionen von 2008 wurde also nichts gelernt. Mit nur zwölf Prozent nachhaltigen Investitionen sind die weltweiten Rettungspakete sogar weniger grün als jene in der Finanzkrise – und das nach den vielen Klima-Lippenbekenntnissen der Politik.[14] Eine Analyse zeigt, dass weiterhin das meiste Geld der Konjunkturpakete in fossile Branchen fließt. Nur in vier Ländern (Frankreich, Spanien, Großbritannien, Deutschland) und auf EU-Ebene werden die Rettungspakete wohl einen positiven Gesamteffekt haben. In der Mehrheit der Länder wurden die Gelder überwiegend zur Stützung von fossilen Industrien und dem Bau neuer emissionsreicher Infrastruktur genutzt. Die dadurch entstehenden negativen Umwelteffekte werden nicht von den vereinzelten positiven Maßnahmen wettgemacht.[15] Die bisherigen Wirtschaftshilfen während Corona dienen also als Brandbeschleuniger der Klimakrise.

In aller Klarheit: Fossile Großkonzerne dürfen *nicht* wieder als Krisensieger hervorgehen. Machen wir stattdessen die Menschen zu Siegern und Siegerinnen, indem wir – eigentlich ganz einfach – das Richtige tun und das Falsche unterlassen.

DAS RICHTIGE TUN

Was heißt es also, das Richtige zu fördern? Es bedeutet, jetzt die Weichen zu stellen, die es für eine klimaneutrale und faire Gesellschaft braucht. Es gibt so viele Bereiche unseres Lebens, deren Emissionen wir reduzieren müssen. Denken Sie beispielsweise an die Ölheizung oder Gastherme Ihres Hauses, an den fossilen Strom, den Sie beziehen, oder den alten Dieselwagen in der Garage. Energie, Gebäude und Verkehr zu transformieren wird gewaltige Investitionen brauchen. Wie viel Geld müsste konkret in die Hand genommen werden?

Laut Forscherinnen und Forschern des Wegener Centers in Graz bräuchte es, um Österreich bis 2040 klimaneutral zu machen, mindestens vier Milliarden Euro jährlich.[16] Mit Stand April 2021 hat die Regierung eine jährliche Klimaschutzmilliarde bis 2024 veranschlagt und eine Verlängerung bis 2030 angekündigt. Dazu kommen einige außerbudgetäre Mittel und Aufstockungen im Bereich Mobilität und Innovation. Das ist mehr als je zuvor. Ein wirklich großartiger Fortschritt. Ist es aber genug? Wenn Ihre Familie monatlich 2000 Euro zum Überleben braucht und man gibt Ihnen ungefähr 500 Euro, was würden Sie da sagen?

Es bleibt außerdem die Frage offen, warum von den gesamten 38 Milliarden nur eine einzige Milliarde im Sinne eines Green New Deals genutzt wird. Das Credo müsste lauten: Wenn es um alles geht, dann gebe ich auch alles – gerade, wenn wir davon langfristig profitieren.

Am Klimagipfel in Kattowitz gaben sehr viele Menschen ihr Bestes. Selbst den hohen Vertreterinnen und Vertretern aus der Politik sah man an, dass die zweiwöchige Konferenz mit den langen Nachtschichten Spuren hinterließ. In das Messegelände drang kaum Sonnenlicht, und die Luft war stickig. Vielleicht atmete ich deshalb so flach vor meinem Treffen mit dem Bundespräsidenten. Zehn Minuten würde ich haben, dann musste er weiter zum nächsten Termin. Ich hatte im Grunde genommen keine Agenda, keinen Plan. Was wollte ich eigentlich sagen? Just in diesem Moment kam er um die Ecke.

Diego stellte mich vor. Van der Bellen nickte. Dann war ich dran. Ich spürte, wie mir die Hitze ins Gesicht stieg. Jedes Mal dasselbe, hochrot wie meine Haare. Ich begann ihm von meiner Laufbahn zu erzählen, von meiner einstmaligen Überzeugung, dass genügend Wissen politische Prozesse in Gang setzen würde, und ich darum in die Wissenschaft gegangen war. Ich sprach viel zu lange, plapperte geradezu, aber begeistert, fuchtelte leidenschaftlich mit meinen Händen. Waren die zehn Minuten schon um?! Ich spürte Schweiß auf meiner Oberlippe.

Er hörte mir noch immer geduldig und freundlich zu. Da erinnerte ich mich, dass ich die Chance eigentlich nutzen wollte, um ihm eine Frage zu stellen – eine persönliche.

»Ich will etwas beitragen, etwas verändern. Wo werden, Ihrer Meinung nach, motivierte Menschen derzeit am dringendsten gebraucht? Wo sind die Hebel? In der Wissenschaft, im Journalismus, in den NGOs oder in der Politik?«

»Ich bin etwas befangen in dieser Frage, Frau Rogenhofer«, sagte er heiter. »Als langjähriger Politiker.« Bedächtiger antwortete er dann: »Alle Bereiche, die Sie nennen, sind sehr wichtig. Ich glaube, dass die Wissenschaft schon sehr gute Arbeit gemacht hat, um die Ursachen und Folgen der Klimakrise zu verstehen. Auch bei den NGOs und im Journalismus bemerke ich das Engagement sehr fähiger, intelligenter Menschen. Für mich war und ist der größte Hebel aber die politische Arbeit. Wir brauchen mutige Menschen, die mutige Politik machen«, sagte er und sah mich an.

DAS FALSCHE UNTERLASSEN

Ebenso wichtig, wie das Richtige zu tun, ist es, das Falsche zu unterlassen.

Zwar investiert Österreich nun eine Milliarde in den Klimaschutz, doch wird auch die fossile Verschmutzung mit viel Geld staatlich gestützt. Bestes Beispiel dafür sind klimaschädigende Subventionen: Jährlich werden laut WIFO-Studie 4,7 Milliarden Euro in Förderungen gesteckt, die im Widerspruch zum Klimaschutz stehen.[17] Eine vollständige Liste aller klimaschädigenden Förderungen ist die Regierung bis zur Fertigstellung dieses Buches schuldig geblieben.

Die Zahlen der WIFO-Studie beziehen sich auf 2016 und dabei allein auf die Branchen Energie, Verkehr und Wohnbau. Die gesamte Summe aller indirekten fossilen Förderungen ist vermutlich noch höher. Ein Drittel der 4,7 Milliarden entfällt auf den Energiesektor, die Hälfte auf den Verkehr. Hier geht es vor allem um die Begünstigung von Treibstoffen. Kerosin, der Treibstoff von Flugzeugen, ist steuerfrei. Wir Bürgerinnen und Bürger zahlen täglich für Diesel und Benzin Abgaben, während Flugunternehmen für ihren Sprit nichts abtreten müssen. In der gesamten EU machen Steuerbegünstigungen durch fehlende Kerosinsteuer und Mehrwertsteuer etwa siebzig Milliarden Euro aus.[18] Aber auch Diesel ist in Österreich steuerlich begünstigt, was den Tanktourismus anheizt, der keineswegs mit den Klimazielen vereinbar ist. Auch Pendlerpauschale und Dienstwagenprivileg zählen zu diesen Begünstigungen. Beide machen das Autofahren attraktiver als den öffentlichen Verkehr.

Noch einmal, um es sich auf der Zunge zergehen zu lassen: Wir investieren ab jetzt eine Milliarde pro Jahr in Klimaschutz und gleichzeitig mehr als vier Milliarden dagegen? Da muss man kein Genie sein, um zu erkennen, warum unsere Emissionen seit Jahrzehnten nicht gesunken sind. Fossile Förderungen müssen gestrichen und durch ökologische Anreize ersetzt werden.

Kleine Schritte in die richtige Richtung gab es 2020. Die Änderung der Normverbrauchsabgabe wird in Zukunft Autos mit höherem CO_2-Ausstoß teurer machen. Die Nutzung öffentlicher Verkehrsmittel oder des Rades für den Arbeitsweg sollen dafür begünstigt werden. Dennoch sind das nicht die großen Würfe. Selbst wenn alle Maßnahmen kommen, die von der Regierung versprochen wurden, würde das nur ein Drittel der benötigten Einsparungen bis 2030 bringen.[19] Im Zuge des Klimavolksbegehrens wurde jedoch neben der Erstellung einer vollständigen Liste an Subventionen, die die Regierung schon seit 2019 schuldig ist, auch eine Studie zu deren Abschaffung und Ökologisierung beschlossen. Lassen wir es der Politik nicht durchgehen, danach weiterhin Maßnahmen zu verabsäumen.

Klimaschädliche Vergünstigungen sind eine Facette dessen, was wir unterlassen sollten. Auch rückwärtsgerichtete Entscheidungen bei Infrastruktur und Investitionen zwingen uns dazu, dem falschen Weg zu folgen. Betrachten wir das anhand von Gas im Kontext der EU.

Kommissionspräsidentin Ursula von der Leyen bekräftigt immer wieder, dass der Green Deal der »Mann-am-Mond-Moment« Europas werden soll. Obwohl die richtigen Bereiche abgedeckt werden – Kreislaufwirtschaft, Biodiversität, Energie und Mobilität, Landwirtschaft und Industrie –, bleibt der Plan eine vollkommene Abkehr von fossilen Brennstoffen schuldig, insbesondere von Gas.

Im Oktober 2019 veröffentlichte die Kommission, damals unter Jean-Claude Juncker, eine Liste sogenannter *Projects of Common Interest* (PCI). PCIs sind gigantische grenzüberschreitende Infrastrukturprojekte, welche die Energieversorgung innerhalb der EU langfristig sicherstellen sollen. Diese Projekte profitieren von erleichterten Genehmigungsverfahren sowie finanziellen Förderungen. Im Hinblick auf eine vollständige Versorgung mit erneuerbaren Energien klingt das durchaus vielversprechend, oder?

Die meisten darin enthaltenen Projekte fördern tatsächlich erneuerbare Energien und bessere Stromnetze. Allerdings finden sich auch sage und schreibe *32 Projekte zum Ausbau der Gasinfrastruktur* auf der Liste. Diese sind laut der Studie des Beratungsunternehmens Artelys für die zukünftige Energieversorgung Europas überflüssig, verursachen aber Kosten im zweistelligen Milliardenbereich.[20] Nur drei Monate nach Ausrufung der neuen EU-Ära der Nachhaltigkeit bekannte man sich in einem finalen Beschluss des EU-Parlaments also zu 32 gigantischen Fossilprojekten. Außerdem drängen einige Mitgliedsstaaten darauf, dass Erdgas unter bestimmten Voraussetzungen unter die Green-Finance-Regeln fallen[21] und somit einen grünen Stempel erhalten soll. Nach der Corona-Krise sollen auch Förderungen für Erdgasinfrastruktur aus einem Übergangsfonds fließen. Wie konnte das geschehen?

Wenig überraschend wird Erdgas (englisch: *natural gas*) gerne von fossilen Unternehmen, wie auch von der OMV[22], als klimafreundliche Alternative zur »Übergangstechnologie« in der Energiewende erklärt. Als Grund wird die bessere Klimabilanz vorgebracht. Ja, Erdgas verursacht bei der Verbrennung selbst tatsächlich weniger Emissionen als Öl. Es ist aber noch immer ein fossiler Brennstoff, der durch seine Emissionen die Klimakrise anheizt. Auch ein bisschen weniger Klimakollaps ist ein Klimakollaps. Zusätzlich entweicht entlang der Förder- und Transportkette häufig das noch stärkere Treibhausgas Methan. So hat Erdgas insgesamt sogar häufig eine schlechtere Klimabilanz als Kohle.[23] So viel zur Mär von Erdgas als Lösung der Klimakrise.

Als weiterer Grund zum Ausbau der Gasinfrastruktur wird die Notwendigkeit genannt, Flauten bei der erneuerbaren Stromerzeugung auszugleichen – wenn etwa kein Wind weht oder die Sonne nicht scheint. Zur Stabilisierung solcher Schwankungen würde laut Expertinnen und Experten die bestehende Gas-Infrastruktur bei weitem ausreichen.[24] Fazit: Die 32 EU-Projekte sind vollkommen überflüssig – sowie auch die Pipeline Nord Stream 2, die russisches Gas liefern soll. Sie werden dennoch gebaut, da die EU ihre Erdgasstrategie bisher aus der Industrie übernommen hat. Vergegenwärtigen wir uns, was das heißt: Nord Stream 2 wird aufgrund von einschlägigen Annahmen des zukünftigen Gasverbrauchs gebaut, den die Betreiber (Gazprom und andere) selbst festgelegt haben. Und so passiert es auch in anderen Projekten. Die Betreiber legen zu ihren Gunsten fest, wie viel Gas gebraucht werden wird, und verhindern damit einen Umstieg.

Die EU setzt damit weiterhin Impulse in eine klimazerstörerische Richtung, und das, obwohl sie bis 2050 klimaneutral sein will. Förderung von Erdgas und öffentliche Milliardengelder in 32 fossile Großprojekte zu stopfen ist damit nicht vereinbar – ein Beschluss übrigens, den die Abgeordneten von ÖVP und FPÖ auf EU-Ebene unterstützten. Erklärt wurde das so: Man stimme mit dem Beschluss einem Drittel weniger fossilen Projekten als bisher zu.[25] Man mache also *weniger falsch* als bisher. Bravo, möchte man zynisch erwidern.

Weniger falsch ist aber noch lange nicht richtig. Es ist schlichtweg weniger falsch. Es ist das eine, bestehende Infrastruktur auslaufen zu lassen und bei nächster Gelegenheit umzurüsten. Das andere ist, im Jahr 2020 eine neue fossile Abhängigkeit zu schaffen, die sich für Jahrzehnte nicht mehr ändern lässt. Man nennt das *Lock-in-Effekt*.

Mit jeder Gasleitung, die gebaut wird, mit jeder Ölbohrung, die genehmigt wird, mit jedem Flughafen und jeder Autobahn, die betoniert werden, mit jeder Ölheizung, die installiert wird, und jedem Verbrenner, der gekauft wird, fesselt man eine Gesellschaft an die Vergangenheit. Denn wer jetzt etwas baut, hat natürlich das Ziel, es um der Wirtschaftlichkeit willen zu nutzen. Weitere Emissionen für die kommenden Jahrzehnte sind vorprogrammiert.

Wie stark die Lock-in-Effekte bereits sind, lässt sich daran ermessen, welche Emissionen die bestehende Infrastruktur in ihrer zu erwartenden Lebensdauer verursacht. Vorprogrammiert sind bereits 658 Milliarden Tonnen Treibhausgase. Die zusätzlich geplante fossile Infrastruktur würde weitere 188 Milliarden Tonnen verursachen.[26] Das ist enorm viel, wenn man bedenkt, dass der Welt zur Einhaltung der 1,5- °C-Grenze des Pariser Klimaabkommens ab 2018 nur noch 420 Milliarden Tonnen Kohlendioxid zur Verfügung stehen (siehe Kapitel 1), und es bedeutet, dass wir die bestehende Infrastruktur frühzeitig ersetzen müssen und uns gleichzeitig nicht noch weiter in die fossile Sackgasse begeben dürfen. Wir können uns schlichtweg nichts Falsches mehr leisten. Weder die Menschen noch die Umwelt, noch die Wirtschaft profitieren davon. Aus der Win-win-win-Situation wird dann schnell eine Lose-lose-lose-Situation.

GESTRANDETE INVESTMENTS

Das Falsche zu tun kostet Geld und wird sich langfristig nicht auszahlen. Einige Banken und Versicherungen haben das mittlerweile erkannt. Sie verlagern ihre Investments in erneuerbare Sparten, denn diese haben Zukunftspotenzial. Das läuft unter dem Namen *Divestment*: investierte Geldanlagen aus fossilen Branchen abziehen und in andere Bereiche umschichten. In den vergangenen Jahren mehren sich die Schlagzeilen darüber, dass Investorinnen, Investoren und Finanzinstitutionen vom sinkenden Öltanker flüchten.

Die UNIQA entwickelte 2019 eine Richtlinie zum Ausstieg aus Kohleprojekten, die Bank Austria verabschiedete 2020 eine Kohleausschlussrichtlinie.[27] Internationale Pensionsfonds, die schon immer langfristig anlegen mussten, erkennen die Gefahr von gestrandeten Investitionen und steigen aus den fossilen Anlagen aus. Nach einem Beschluss der Österreichischen Bischofskonferenz im September 2019 wurde verlautbart: »Die katholische Kirche in Österreich zieht sich mit ihren Vermögen aus allen Unternehmen zurück, die fossile Brennstoffe wie Kohle, Öl oder Erdgas fördern bzw. produzieren.«[28] Kirchliche Institutionen bis hin zur Vatikanbank tun das ebenso. 93 Städte von Oslo bis Los Angeles, mehr als die Hälfte der britischen Universitäten, ganz Irland und sogar BlackRock, der weltgrößte Vermögensverwalter, zogen nach. Norwegens knapp eine Billion Euro großer Staatsfonds verlagerte ruckartig seine dreizehn Milliarden Euro fossiler Anlagen. Selbst die Familie Rockefeller, Erben des größten Öl-Tycoons, sieht keine Zukunft in den fossilen Anlagen.[29]

Gesamt gab es von 2012 bis 2021 weltweit 1313 Ankündigungen von Groß-Divestments mit einem Gesamtvolumen von über 14 000 Milliarden Euro.[30] Niemals zuvor sind so viele Investorinnen und Investoren in so kurzer Zeit aus einer einzigen Branche geflohen. In der Corona-Krise strandeten diese Investitionen im wahrsten Sinne des Wortes. Tanker warteten vor den Häfen. Es gab einfach nicht genügend Abnehmerinnen und Abnehmer von Öl. Im Gegenteil, man pumpte es in die Schiffe zurück, da Öl-Lagerplätze vonnöten waren. Es wurde überlegt, Kerosin wieder chemisch zu verändern, weil der reduzierte Flugverkehr es zu einem überflüssigen Rohstoff machte. Der 20. April 2020 sollte dann in die Geschichte eingehen: Erstmals fiel der amerikanische Ölpreis ins *Negative*. Auch die Öl-Giganten erkannten spätestens durch Corona, dass ihr Schiff am Sinken ist. Sogar nach eigenen Szenarien fossiler Firmen könnte Peak Oil – das Ölfördermaximum – bereits erreicht sein, und das allein durch wirtschaftlichen Druck, nicht etwa durch ein Zur-Neige-Gehen der Ölreserven.[31] In drei Quartalen stuften die sieben größten Förderer ihre fossilen Werte um neunzig Milliarden Dollar zurück.[32]

Die Gefahren für fossile Geldanlagen sind also bekannt. Deshalb forderten 135 Finanzunternehmen die großen Emittenten wie Energie- und Autokonzerne dazu auf, sich der 1,5-°C-Grenze zu verpflichten und ihr Geschäft langfristig auf klimaneutrales Wirtschaften auszurichten.[33] Auch juristisch wird vielerorts aktiv gegen die fehlgeleiteten Investitionen vorgegangen. In Australien wurde ein Pensionsfonds mittels Klage zur Offenlegung der Klimarisiken der eigenen Veranlagungen gebracht.[34] Auch gefährdete Staatsanleihen waren in Australien Grund für eine Klage. Eine 24-Jährige zog vor Gericht, da die Regierung in Canberra die Bevölkerung nicht über die Risiken der Klimakrise für die staatlichen Kapitalanlagen aufkläre – und das nach monatelangen Waldbränden und Überschwemmungen im Land.[35]

Transparenz ist eine Voraussetzung für die informierte Entscheidung der Anlegerinnen und Anleger. Dafür braucht es aber auch Berichtspflichten, die bestimmten Standards entsprechen, und Richtlinien für grüne Finanzprodukte, wie sie die EU nun aufstellen will. Erst durch Transparenz können Klimarisiken von Veranlagungen wirklich abgeschätzt werden. So hat sich nach einem Testlauf 2017 im Jahr 2020 der gesamte Schweizer Finanzmarkt mit 179 Institutionen auf deren Klimaverträglichkeit prüfen lassen. Die Ergebnisse sind eher ernüchternd: Im Vergleich zu erneuerbaren werden derzeit viermal so viele Mittel in fossile Stromerzeuger investiert. Vier von fünf Portfolios enthalten Anteile von Kohlekonzernen, teilweise trotz Ausschlusskriterien der jeweiligen Finanzinstitute. Aber die Branche ist lernfähig. Die Hälfte aller Teilnehmenden an der Testrunde von 2017 schneidet nun klimafreundlicher ab als die Konkurrenz.[36]

Natürlich gehen viele dieser Schritte nicht weit genug. Natürlich verstecken sich viele Organisationen hinter Ankündigungen, ohne Maßnahmen zu setzen. Der obenerwähnte norwegische Staatsfonds hält derweil noch immer Anteile an der OMV. Auch BlackRocks großes Divestment-Versprechen spiegelt sich noch nicht in seiner tatsächlichen Veranlagung wider, wie die NGOs Urgewald aus Deutschland und Reclaim Finance aus Frankreich in einer Analyse zeigen.[37] Die Erste Bank hat seit dem Pariser Abkommen mit über einer Milliarde Euro Unternehmen unterstützt, die Kohlekraftwerke betreiben. Ähnliches gilt für die Raiffeisen Bank.[38] Beide haben jedoch nun auf Druck von Fridays For Future einen Ausstieg bis 2030 angekündigt.[39] Dabei sind die Kohle-Ausstiegs-Versprechen von Banken immer mit Vorsicht zu genießen. Denn trotz Ausschlusskriterien landen häufig fossile Konzerne im Portfolio, wie die Klimaverträglichkeitsprüfung in der Schweiz bewiesen hat.

Wo stehen wir also? Viele Unternehmen präsentieren ihre grüne Fassade, während sie im Keller Fossiles horten. Aber die Trendwende durch Transparenz, Richtlinien und Gesetze ist nicht mehr aufzuhalten. Wir beobachten gerade das Sinken des verrosteten alten Öltankers. Der behäbige Koloss der fossilen Wirtschaft ist nicht wendig genug, um den Stürmen des turbulenten 21. Jahrhunderts standzuhalten. Wir können aus nächster Nähe den Beginn einer neuen Ära mitverfolgen.

Leider agiert Österreich im Gegensatz zu New York City, London und Irland viel zu zögerlich. Bisher gibt es keine aktiven Schritte in Richtung Divestment. Stattdessen unterstützt Österreich weiterhin den Ausbau von Autobahnen, die 32 Großprojekte zur Gasinfrastruktur auf EU-Ebene, der Staat hält über die ÖBAG nach wie vor ein Drittel der Anteile an der OMV und rettet die Austrian Airlines (AUA) mit dreistelligen Millionensummen, ohne diese ausreichend zu transformieren. All dieses Steuergeld wird stranden. Das ist selbst Finanzleuten klar.

Dass wir uns eine unglaubliche Chance entgehen lassen, zeigt sich immer deutlicher an der Verteilung der Wirtschaftshilfen in der Corona-Krise. Mariana Mazzucato beschreibt, wie man das Zukunftspotenzial der Zahlungen erschlossen hätte: »Da Unternehmen, von Fluggesellschaften bis zum Einzelhandel, um Rettungsaktionen und andere Arten von Hilfe bitten, ist es wichtig, sich gegen die einfache Verteilung von Geld zu wehren. Es können Bedingungen gestellt werden, um sicherzustellen, dass die Rettungspakete so strukturiert sind, dass die geretteten Sektoren umgestaltet werden können und Teil einer neuen Wirtschaft werden – einer Wirtschaft, die sich auf die ›Green New Deal‹-Strategie zur Senkung der Kohlenstoffemissionen konzentriert und gleichzeitig in die Arbeitnehmerinnen und -nehmer investiert.«[40]

Wenn man wie jetzt merkt, dass ein Weiter-wie-bisher unmöglich ist, dann darf kein Euro mehr ins Falsche fließen. Dann gilt es, alles daranzusetzen, sich neu auszurichten und das Richtige zu tun.

Ich war gerade am Weg zu einer Veranstaltung am Klimagipfel in Kattowitz, da sah ich ein Mädchen dort sitzen, wo alle Entscheidungsträgerinnen und -träger vorbeimussten. Sie hatte ein Kartonschild bei sich, auf dem »Skolstrejk För Klimatet« stand. Ich hatte schon von der schwedischen Schülerin gehört, die jeden Freitag die Schule fürs Klima bestreikte. Anscheinend war ich nicht die Einzige. Gerade posierte eine erwachsene Frau im Business-Outfit neben ihr, machte ein Selfie, ohne ein Wort mit ihr zu wechseln. Dann verschwand die Frau gutgelaunt mit ihren KollegInnen. Ich schämte mich schon beim Zusehen und setzte mich zu Greta Thunberg.

»Ich finde es toll, wie konsequent du dich für eine Klimawende einsetzt«, sagte ich.

»Ja«, antwortete sie kurz angebunden. »Danke.«

Wir redeten ein bisschen über die Absurdität dieser Veranstaltung. Alle großen Entscheidungsträgerinnen und -träger kamen zusammen, man hielt Reden mit Absichten, Plänen und Versprechungen, ohne je Taten folgen zu lassen. Man sprach vom Richtigen und tat weiterhin konstant das Falsche. Dann stellte ich ihr meine persönliche Gretchenfrage: »Glaubst du, du kannst hier etwas verändern?«

»Nein«, sagte sie nüchtern. »Nicht hier drinnen.«

Draußen aber, außerhalb der Konferenzhalle, überall auf der Welt, hatte ihre Rede vor den Vereinten Nationen einen unglaublichen Effekt. Schon am folgenden Freitag stand eine Demonstration an, und ich war hin- und hergerissen zwischen meinen Pflichten als Praktikantin der

UN und meiner Verantwortung als Bürgerin, der alles zu langsam ging. Ich ging mit, und die Energie der Menschen war so gewaltig, dass ich schlagartig wusste, was zu tun war. Ich merkte, dass keine Sekunde mehr in halbherzige Aktionen fließen konnte. Ich musste alles daransetzen, das Richtige zu tun. Wir mussten diese Kraft nach Österreich holen. Wir mussten Fridays For Future starten.

4. WIRTSCHAFT UND ARBEIT

Wir brauchen ein Wirtschaftssystem, das widerstandsfähiger, inklusiver und nachhaltiger ist.

KLAUS SCHWAB, GRÜNDER DES WELTWIRTSCHAFTSFORUMS[41]

Wir haben mit Corona erlebt, wie es ist, wenn die internationalen Produktions- und Transportketten zusammenbrechen. Auf einmal kam es zu Verknappungen, Verspätungen und Verlusten. Am härtesten traf uns das bei medizinischer Schutzausrüstung, Medikamenten und Masken. Das zeigte, wie verletzlich unsere Wirtschaft geworden ist. Die wirtschaftlichen Maßnahmen eines Green New Deals machen sie resilienter, regionaler, effizienter und schaffen neue Arbeitsplätze mit Zukunftscharakter.

RESILIENZ UND REGIONALISIERUNG

Produkte benötigen heute Rohstoffe und Bestandteile aus aller Welt. Fehlt etwas, stockt die ganze internationale Kette bis hin zum Verkauf. Bei unvorhergesehenen Ereignissen hat das schwerwiegende Folgen. Das muss aber nicht so sein.

Wir haben die unglaubliche Kreativität beobachten können, mit der heimische Klein- und Mittelunternehmen (KMU) ihre Herstellung anpassten. Sie stiegen von Parfüms auf Desinfektionsmittel um oder nähten Masken und Schutzbekleidung statt Trachten. Würden wir also *regio-*

nale Produktion fördern, wäre unsere Wirtschaft resilienter, das heißt, sie wäre in schweren Zeiten widerstandsfähig und robust wie ein gutes Immunsystem. Vor allem bei lebenswichtigen Dingen, also medizinische Versorgung, Nahrungsmittel, Energie etc., gilt es, dem Ausfall einer Produktionsstätte oder eines Anbieters vorzubeugen.

Erzeugt man Lebenswichtiges an mehreren Standorten innerhalb Europas, wirkt das wie eine Versicherung. Fällt eine Stätte aus, kommt nicht gleich alles zum Erliegen, denn es gibt eine alternative Bezugsquelle. Gewissermaßen stimmt das für alle Aspekte des Lebens. Würden alle Daten der Welt zentral auf einem Server gespeichert sein, wäre das vielleicht effizient, aber würde die Anlage durch eine Umweltkatastrophe zerstört oder durch einen Angriff lahmgelegt werden, wäre auf einmal alles weg. Back-ups lohnen sich, am Computer, im Gesundheitswesen und in vielen anderen Bereichen der Wirtschaft.

Darüber hinaus bergen Regionalisierung und Verteilung Vorteile außerhalb von Krisenzeiten. Sie verlegen die Wertschöpfung ins Inland und bieten die Möglichkeit zu kontrollierten Standards. In der Landwirtschaft zeigt Österreich bereits in einigen Betrieben, wie das aussehen kann. Die Wertigkeit vieler heimischer Lebensmittel ist hoch, und wir profitieren bei jeder Mahlzeit davon. Damit diese Qualität allen Menschen in Österreich zuteilwird, muss diese Ware die attraktivste Option im Supermarkt werden. Stärken wir Regionalität, stärken wir auch unsere Landwirtinnen, Landwirte und Standards.

Ein anderer Vorteil ist die Diversifizierung, das heißt die Bandbreite der Betriebe und Produkte in einer Branche. Zurzeit dominieren oft einige wenige, große Konzerne den Wettbewerb. Sie können aus Steuersümpfen und Ausbeutung von Mensch sowie Natur in anderen Teilen der Welt hohe Profite schlagen. Damit haben sie gegenüber KMUs die Nase vorne. Es kommt zu einer Monopolisierung, einer Vormachtstellung einzelner Konzerne. Diese können dann den Ton angeben, und kleinere, regionale Betriebe können nicht mehr mithalten.

Zwei Dinge will ich an dieser Stelle anmerken. Der Fokus auf Regionalisierung soll keine prinzipielle Ablehnung von internationalem Handel sein. Selbstverständlich wird es den geben, insbesondere bei Rohstoffen, die nur an gewissen Orten der Welt vorkommen. Doch auch hier geht es darum, Standards zu setzen. Auf europäischer Ebene könnte mit einem starken Lieferkettengesetz und CO_2-Standards erwirkt werden, dass selbst importierte Produkte Mensch und Umwelt in den Mittelpunkt stellen.[42] Andererseits wird es in der Produktion auch – und zwar im Sinne der Effizienz – Bündelungen geben. Wenn bestimmte Pflanzen an einem Ort besonders gut wachsen, muss ich nicht energieaufwendig in anderen Ländern dasselbe produzieren. Dass wir zentrale Abhängigkeiten, und zwar zusätzlich auf Kosten der Umwelt, in Kauf nehmen, sollten wir jedoch tunlichst vermeiden.

Der Energiesektor ist ein gutes Beispiel für solche Abhängigkeiten. Länder, die Öl importieren, sind stets abhängig von jenen, die es exportieren. Meistens sind die Exportländer leider politisch recht instabile Regionen mit fragwürdigen sozialen Standards. Durch den Preis können sie Druck auf andere Regionen aufbauen oder damit drohen, die Zufuhr via Pipeline völlig abzudrehen. Im Ukraine-Konflikt mit Russland ist dies passiert. Der Talsturz der Börsen während Corona war mitverursacht durch einen Ölstreit zwischen Russland und Saudi-Arabien. Diese Abhängigkeiten sind ein unnötiger Kontrollverlust.

Würden unsere Dächer Sonnenenergie liefern und die NutzerInnen gleichzeitig ProduzentInnen sein, wären wir unabhängig. Sollte eine Anlage oder ein Windpark ausfallen, ist das erneuerbare Netz so dezentral, dass die fehlende Energie leicht aus dem restlichen Netz kompensiert werden kann. Wir wären von Machtspielchen abgekoppelt, hätten die Wertschöpfung in die Heimat verlegt, Arbeitsplätze geschaffen und Gemeinden am Energiemarkt teilhaben lassen.

Dezentraler Aufbau ist auch eines der Erfolgsrezepte von Fridays For Future. Von Beginn an agierte jedes Land und jede Regionalgruppe unabhängig und konnte sich deshalb die Form geben, die es vor Ort brauchte. Natürlich tauschte man Erfahrungen aus und unterstützte einander bei kollektiven Aktionen, aber die vielen regionalen Initiativen machten es möglich, dass am 22. September 2019 in jeder dritten Gemeinde Österreichs, also in über 700 Gemeinden, Streiks stattfanden.

Die Basis dafür legten wir am 21. Dezember 2018, dem ersten Streiktag in Wien. Wenige Tage nach unserer Heimkehr aus Kattowitz gingen Johannes, Phil und ich zur Landespolizeidirektion Wien und meldeten den ersten Streik an. Niemand von uns hatte das je zuvor gemacht. Wir fragten dort einfach nach dem richtigen Vorgehen. Wir entschieden uns für den Heldenplatz, Treffpunkt 10 Uhr. Der Streik wurde bewilligt.

In den verbleibenden vier Tagen trommelten wir Freundinnen, Freunde und Bekannte zusammen. Die virale Rede von Greta Thunberg beim Klimagipfel gab auch dem Wiener Streik in den sozialen Medien Auftrieb. Bei eisiger Kälte und Wind überdauerten ein paar Dutzend die ersten sechs Stunden Klimastreik am Heldenplatz.

»Wir sind hier – Wir sind laut – Weil man uns die Zukunft klaut!«, riefen wir unisono. Jemand hatte ein Megafon dabei, und auch vieles andere ergab sich von selbst: Flo brachte Kekse mit, Sam und Oliver verteilten Tee in Thermoskannen.

Wir schwangen die gebastelten Schilder zu unseren Parolen. Selbst Weihnachtslieder hatten wir umgedichtet und sangen sie aus voller Kehle in die eindrucksvolle Kulisse von Hofburg und Bundeskanzleramt:

> Oh Regenwald, oh Regenwald,
> wie schnell wir dich zerstören.
> Verbauung durch die Industrie,
> Brandrodung für Soja und Vieh.
> Oh Regenwald, oh Regenwald,
> wie schnell wir dich zerstören.

Man merkte wohl schon an der Dauer des Streiks, dass wir das zum ersten Mal machten, aber auch, dass wir es ernst meinten. Die Streiksprüche trieben uns die Kälte aus den Knochen.

> What do we want?
> *Climate Justice!*
> When do we want it?
> *NOW!*

Wir hofften, dass man uns zuhören würde.

Auch wenn es aus der Politik zuerst kaum Reaktionen gab, so wurden doch sehr viele Menschen auf uns aufmerksam. Im Laufe weniger Wochen stieg unsere Zahl auf knapp hundert Streikende. Ortsgruppen in Salzburg und Linz starteten. Auch international bildeten sich immer mehr Gruppen, sodass man den Streiks bald nicht mehr auskam. Dezentral zu agieren hieß auch, dass alle Teil der Bewegung werden konnten. Man musste nur am Freitag da sein, und man war Fridays For Future, egal ob SchüleriIn, StudentIn, Elternteil oder TouristIn.

Flo und ich hatten es schon bei einem Telefonat nach meinem Treffen mit Greta besprochen. »Geniale Idee!«, hatte er damals jubiliert. »Keine PolitikerIn kann SchülerInnen etwas vorwerfen, die auf knallharte Wissenschaft verweisen!« Man versuchte der Bewegung dennoch Schulschwänzerei oder gar Instrumentalisierung anzulasten. Da sich die Wissenschaft mit Scientists For Future geschlossen hinter die Schülerinnen und Schüler stellte, wirkte die Kritik jedoch hilflos bis lächerlich.

Eine größere Herausforderung war es, quasi über Nacht Medienkompetenz zu entwickeln. Wie veranstaltet man Pressekonferenzen? Wie schreibt man Presseaussendungen, und wo schickt man sie hin? Welche JournalistInnen und Medien muss man kontaktieren? Oder ganz einfach: Wie antwortet man punktgenau auf Interviewfragen?

Als mich eine Reporterin am dritten Klimastreik plötzlich auf die österreichische Abfallwirtschaft festnagelte, glänzte nicht meine Antwort, sondern meine Stirn. Die andauernden Pressetermine lehrten uns in wenigen Wochen, wie der Hase läuft, und bald erhielten wir die Rückmeldung, dass unsere Antworten verständlicher und direkter waren als das ausweichende Gerede der Politprofis. Hinsichtlich des Abfalls wäre es eigentlich mit einem Wort getan gewesen: Kreislaufwirtschaft.

KREISLAUFWIRTSCHAFT

Wie bereits beschrieben, ist unsere Wirtschaft linear. Sie baut enorm viele Ressourcen ab, stellt damit Produkte her, kurbelt den Konsum an, und je schneller das Produkt zu Abfall wird, desto besser. Schließlich steigt das BIP, wenn ein neues Produkt gekauft wird. Eine halsbrecherische Logik. Sie führt dazu, dass viele technische Geräte einer sogenannten geplanten Obsoleszenz unterworfen werden. Das bedeutet, dass Hersteller eine gewisse Zeitspanne der Nutzung oder Zahl der Ladevorgänge vorsehen, nach der das Produkt kaputtgehen *soll*. Es soll gewährleistet sein, dass das Gerät die Garantiedauer überlebt und danach statistisch möglichst bald kaputtgeht.

Es so zu bauen, dass eine Reparatur teuer ist oder gar unmöglich, ist ebenfalls eine Entscheidung, die dem linearen Denken dient. Viele kennen vermutlich die Geschichten von der eigenen Oma, die erzählt, dass ihre Waschmaschine noch nach Jahrzehnten funktioniert. Warum sollte das nicht auch bei Laptops und Handys gelingen? Auch die Flutwelle von Wegwerfprodukten, oftmals aus Plastik, ist untrennbar mit der linearen Logik verknüpft. Bis 2015 hat die Menschheit etwa 6,3 Milliarden Tonnen Plastikmüll produziert, von denen achtzig Prozent auf Müllhalden, in der Natur oder in Gewässern gelandet sind.[43] Um diese Zahl fassen zu können: Das sind 23 große LKWs, jeder mit 25 000 Kilogramm Plastikmüll beladen, für jede Person in Österreich.

Der verschwenderische Umgang mit Ressourcen hat zur Folge, dass sich entlang der ganzen Produktionskette Abfall anhäuft. Er sammelt sich auf Deponien, im Abwasser und in Verbrennungsanlagen oder wird sogar in andere Länder verschifft und ins Meer geschüttet.

Die Natur besitzt eine andere Logik. Jedes Ökosystem funktioniert in Kreisläufen. Man braucht nur in den Wald zu sehen: Das Reh frisst Pflanzen, scheidet die unverdaulichen Reste aus, die dann gemeinsam mit Fallaub von Mikroorganismen, Insekten und Regenwürmern aufbereitet werden und Nährstoffe in den Boden abgeben. Diese wiederum werden von Pflanzen zum Wachsen verwendet. Nicht auszudenken, wenn dieser natürliche Kreislauf irgendwo offen wäre. Dann würden bald nur noch ein paar armselige Tannenwipfel aus den Rehbemmerln ragen.

Genauso haben wir aber beschlossen zu wirtschaften. Nur etwa ein Zehntel unserer Produkte in Österreich ist Teil von Kreisläufen.[44] Alles andere lassen wir am Weg liegen und vermüllen unseren Lebensraum.

DIE FÜNF R

In der Kreislaufwirtschaft dreht sich alles um die fünf R: Reduktion *(reduce)*, Regeneration *(regenerate)*, Wiederverwendung *(reuse)*, Reparatur *(repair)* und Recycling.

Um die Natur möglichst zu schonen, ist die erste Prämisse ein sparsamer Umgang mit Ressourcen, also *Reduktion* von Verschwendung. Für Individuen heißt das, sich ernstlich die Frage zu stellen: Brauche ich das wirklich? Es geht darum, Energie und Rohstoffe effizient zu nutzen und Überflüssiges zu vermeiden. Es spart auch Kosten, wissen viele Unternehmen, wenn die Heizung des Bürogebäudes, der Stromverbrauch, generell die benötigten Ressourcen eines Betriebs effizient genutzt werden. Im Bauwesen kann sogar das Produkt selbst Reduktionen ermöglichen: indem Leichtbauarten bevorzugt und langlebige Materialien verwendet werden. Brücken und Trägerelemente können mit klugen statischen Lösungen so gestaltet werden, dass möglichst wenig Stahl und Beton gebraucht werden.

Verwendet man erneuerbare Ressourcen, muss darauf geachtet werden, dass der Natur nicht mehr entnommen wird, als sie nachproduzieren kann – sich also laufend *regeneriert*. Fangen wir beispielsweise mehr Fische einer Art, als es jährlich Nachwuchs gibt, haben wir irgendwann den letzten Fisch gefangen – die Art kann sich nicht mehr erholen. Das gilt für alle Formen der Land-, Vieh- und Forstwirtschaft. Kluge, nachhaltige Bewirtschaftung garantiert, dass wir das Ökosystem nicht durch Übernutzung oder Ausbeutung zum Kippen bringen. Fallen im Prozess Nebenprodukte an, lassen sich diese oft auch verwerten. Das steigert die

Effizienz der Nutzung. Im Forstwesen betrifft das beispielsweise die Rinde, die Äste und die Späne des Zuschnitts, die bei der Holzverarbeitung anfallen und aus denen man Pellets, Einstreu etc. herstellen kann.

Vor allem bei der Verarbeitung von nicht erneuerbaren Ressourcen ist *Wiederverwendung* ein wichtiges Thema. Dafür müssen Produkte möglichst langlebig gebaut werden. Wo immer möglich, können wir Konsumentinnen und Konsumenten zu dieser Entwicklung beitragen, indem wir wertige Produkte vorziehen und das, was wir besitzen, möglichst lange verwenden. Es gibt die Möglichkeit, gebraucht zu kaufen oder auszuborgen, was wir nicht jeden Tag brauchen (Bohrmaschine, Rasenmäher, Auto …), bzw. herzuschenken, wenn man es nicht mehr braucht (Bücher, Möbel …). Es mag anfangs befremdlich erscheinen, aber Bibliotheken, Secondhand-Geschäfte oder Onlineplattformen zum Weiterverkauf von Produkten zeigen, dass diese Modelle gelebt und akzeptiert werden.

Außerhalb unserer persönlichen Reichweite liegt eine gesetzliche Festsetzung von Standards und Garantien. Sie sind sogar noch wichtiger. Schließlich kann ich als Konsumentin der geplanten Obsoleszenz oder minderwertiger Herstellung von Produkten wenig entgegensetzen.

Zur Wiederverwendung gibt es spannende Konzepte in den Bereichen Mobilität. Private PKWs sind im Schnitt nur eine einzige Stunde am Tag im Einsatz; die restlichen 23 Stunden sind sie *Stehzeuge*. Die mehr als eine Million Zweit- und Drittautos in Österreich werden gar nur dreißig Minuten am Tag genutzt.[45] Eine geteilte Nutzung drängt sich hier geradezu auf.

Konzepte wie *Mobilität als Service* denken Fortbewegung gesamtheitlich: ein Anbieter, viele Möglichkeiten. Für die lange Strecke schnelle Züge, für die Mitteldistanz eine dicht ausgebaute öffentliche Infrastruktur von Bahn und Bus, für die Kurzstrecken Rad, E-Bike oder Scooter, in Städten U-Bahn und Straßenbahn. Für den Ausflug mit der Familie oder den Umzug ins neue Zuhause stehen Autos zur Verfügung, möglicherweise irgendwann autonome, jedenfalls aber erneuerbar betriebene. Die kann man sich ausborgen, ohne die ständige Verpflichtung von Pickerl,

Reifenwechsel, Parkplatz und Reparatur. Das ganze Paket bekommt man zu einem günstigen Preis, in Form eines kompletten Mobilitäts-Abonnements, ähnlich einer Jahreskarte.

Wenden wir uns jetzt noch den letzten zwei R zu: *reparieren und recyceln*. Klagt Ihr Vater auch darüber, dass heute alles verbaut ist und man nichts mehr selbst reparieren kann? Wer geht schon in die Schneiderei, um eine Hose flicken zu lassen, wenn man ums gleiche Geld eine neue bekommt? In einer Kreislaufwirtschaft wird die *Reparatur* eine zentrale Rolle spielen. Nicht nur sollten Geräte Reparaturen ermöglichen, sondern sie müssen zu Reparaturen *ermutigen*. Das erreicht man durch einen modularen Aufbau, der den Tausch von Einzelteilen gestattet. Für die Ungeschickten unter uns wird es flächendeckend Reparaturwerkstätten geben, die – wie früher – mit TechnikerInnen und Ersatzteilen aufwarten. Das Reparatur- und Service-Zentrum RUSZ und das Reparaturnetzwerk Wien zeigen vor, wie das aussehen könnte. Auch Reparaturstationen sind denkbar, wo man für ein Entgelt das Werkzeug und die Beratung erhält, die man braucht. Das gilt freilich abseits von technischen Geräten auch für Fahrräder, Möbel, Kleidung und vieles mehr.

Die kaputten Teile, bei denen wirklich nichts mehr zu retten ist, erfahren dann den letzten Schritt ihres langen Daseins – und gleichzeitig den ersten ihres neuen – beim *Recycling*. Und dabei geht es nicht nur um Plastik und Dosen, sondern um systematische Lösungen zur Verarbeitung und Wiederaufbereitung *aller* Materialien und Stoffe. Wie zentral das ist, sieht man anhand der Liste des Project Drawdown. Die Institution hat die wichtigsten achtzig Maßnahmen zum weltweiten Klimaschutz mit ihrem Potenzial beziffert, Emissionen zu reduzieren. Allein das Recycling von Kühlsubstanzen in Kühlschränken und Klimaanlagen, die treibhausaktive Chemikalien sind, scheint mit Platz *vier* ganz oben auf.

Deshalb müssen gesetzliche Regelungen eine Wirtschaft begünstigen, die den fünf R folgt. Das würde unseren massiven Ressourcenverbrauch eindämmen und uns einen maßgeblichen Schritt weiter in Richtung echter Nachhaltigkeit bringen.

NEUE ARBEITSPLÄTZE IM GREEN NEW DEAL

Das Beeindruckendste in den frühen Monaten von Fridays For Future waren die vielen jungen Menschen, die tagtäglich über sich hinauswuchsen. Teenager, die noch nicht einmal Geburtstagsfeiern ausgerichtet hatten, kümmerten sich jetzt um die Planung eines Streiks in der Wiener Innenstadt mit dreihundert Menschen zu komplexen politischen Themen. Zwölfjährige übernahmen Verantwortung in der Organisation, trafen selbstständig Entscheidungen und kontaktierten führende Wissenschafterinnen und Wissenschafter, um die Fakten für ihre Rede noch einmal ganz genau zu prüfen. Sie koordinierten, sprachen sich ab, leiteten Sitzungen, moderierten Gespräche, lernten mit konträren Meinungen umzugehen und wertschätzende Diskussionen zu führen. Am Heldenplatz erarbeiteten sich Jugendliche all jene Fähigkeiten, die es in jedem Beruf benötigt, um erfolgreich zu sein – sie lernten fürs Leben.

Immer wieder staunte ich darüber, wie mir SchülerInnen Fakten zur Klimapolitik Österreichs erklärten. Wer behauptet hatte, diese SchülerInnen seien uninformiert, hätte sich auf eine Diskussion mit ihnen einlassen sollen. Ich hörte unzählige Geschichten von Familienessen, wo Kinder ihre Eltern erstmals ernsthaft mit dem Thema in Berührung brachten.

So auch im Fall von Lisa. Lisas Papa arbeitet bei der OMV. Er hat Chemie studiert und bei der OMV zu arbeiten begonnen, weil sie ihm eine aussichtsreiche Stelle angeboten hatte. Er verdiente gut, und nach acht Jahren reichte sein Einkommen, um die vierköpfige Familie zu finanzieren, sodass sich mit dem Zusatzeinkommen von Lisas Mama ein gewisser Luxus ausging: Familienreisen nach Australien und Amerika, ein Ferienhaus am Neusiedler See. Als ich Lisas Papa kennenlernte, war er ein Mann, der gerne lachte und viel Wert darauf legte, Zeit mit seinen Kindern zu verbringen und ihnen das Wochenende zu widmen – zwei Dinge, die ich sehr schätze.

So oder so ähnlich muss es abgelaufen sein, das Gespräch an einem

Samstag beim gemeinsamen Frühstück, als Lisa den Klimaschutzbericht der OMV zum Thema machte.

»Lisa, nicht jetzt«, versuchte ihre Mama zu verhindern, was vorprogrammiert war.

»Papa, wenn man sich bei der OMV die gesamte Kette der Verarbeitung von Produkten ansieht, dann verursacht sie 137 Millionen Tonnen CO_2 jedes Jahr«, referierte sie auswendig. »Das sind mehr Emissionen, als ganz Österreich hat.«

»Wenn du das sagst, wird es stimmen«, antwortete er gespannt.

»Ich finde das eigentlich nicht so cool, dass du dort arbeitest«, sagte Lisa dann trocken.

Das traf ihn hart. Er entgegnete ihr pflichtbewusst, dass es seit 2019 eine Abteilung »New Energy Solutions« gebe. Damit stelle sich die OMV den Herausforderungen zunehmender Energienachfrage, der Endlichkeit fossiler Brennstoffe und des Klimawandels. Damit wolle das Unternehmen bis 2050 klimaneutral werden. Außerdem betonte ihr Vater die Notwendigkeit von Gas als Übergangs- und Speichertechnologie. Lisa stocherte in ihrem Müsli. Ihre Mutter atmete auf. Das Gespräch schien beendet. Alle aßen weiter. Nach einer kurzen Pause legte Lisa den Löffel zur Seite.

»Eine neue Abteilung ist schon gut, aber was können die schon tun?«

Ihr Papa seufzte und ließ das Besteck sinken, doch Lisa kam erst in die Gänge.

»Außerdem bezieht sich das 2050er-Ziel nur auf die eigenen Anlagen der OMV, nicht aber auf die Produkte der OMV, also das Öl und das Gas – und die verursachen ja die meisten Emissionen. Ja, und dann ist da noch das Problem mit Gas. Beim Transport geht Methan verloren, so wie ich das verstehe, zusätzlich zu den Treibhausgasen, die bei der Verbrennung von Erdgas entstehen. Also ist es nicht klimafreundlicher. Im Gespräch mit einer Klimawissenschafterin aus Graz habe ich letztens erfahren, dass die bestehenden Leitungen und Pipelines völlig ausreichen, um die Stabilität des Energienetzes zu garantieren. Dennoch setzt sich die OMV für einen Ausbau ein.«

Lisas Papa wollte etwas erwidern, aber Lisa brachte schnell den Satz zu Ende: »Papa, ich wünschte echt, du würdest dort nicht arbeiten. Ich habe letztens zu meinen Freundinnen gesagt, du würdest bei der Post arbeiten und nicht bei der OMV, weil es mir irgendwie peinlich ist.«

Immer mehr Menschen aus fossilen Industrien, mit denen ich spreche, berichten mir von solchen Unterhaltungen mit ihren Kindern. Nicht selten geht es dabei auch um Schuld und Scham. Die Situation von Lisas Papa ist nicht leicht. Er ist kein böser Mensch. Viele intelligente, gute Leute landen bei großen Konzernen wie der OMV, machen gute Arbeit und beziehen ein gesichertes Einkommen. Viele Gründe rechtfertigen die Arbeit. »Mir ist aber mittlerweile klar, dass ich mit meiner Arbeit nicht zur Lösung der Klimaprobleme beitrage«, erzählte mir Lisas Vater im Vertrauen.

Er will Teil der Lösung sein, das hörte ich zwischen seinen Worten. Das sah ich in seinen Augen. Er möchte seinen Töchtern eine gute Zukunft sichern. Was kann er also tun?

Die OMV hat tatsächlich keinen rigorosen Plan, klimafreundlich zu werden. Ihr Versprechen der Klimaneutralität 2050 bezieht sich nur auf die Emissionen der eigenen Anlagen und Gebäude. Da geht es um elf Millionen Tonnen Treibhausgase, also nur einen winzigen Bruchteil ihrer zu verantwortenden Emissionen von 137 Millionen Tonnen CO_2.[46] Das ist in etwa so, als würde eine Bank mit Recycling-Klopapier auf den Toiletten ihre Nachhaltigkeit belegen. Fakt ist: Die OMV ist einer der hundert klimaschädlichsten Konzerne der Welt.[47] Ihre Emissionen übersteigen die von ganz Österreich. Trotz der immer wiederkehrenden Beteuerung, nachhaltiger zu werden und mehr auf chemische Veredelung zu setzen, werden 87 Prozent der OMV-Produkte laut Nachhaltigkeitsbericht 2019 weiterhin direkt verbrannt. Und Verbrennung von fossilen Brennstoffen ist die Ursache der Klimakrise.

Lisa hat auch recht in Bezug auf Gas. Die OMV erklärt in besagtem Nachhaltigkeitsbericht, dass sie den Anteil der Gasproduktion bis 2025 von derzeit 57 auf 65 Prozent steigern möchte, und verkauft das als Klimaschutzmaßnahme. Es wird jedoch nie erzählt, dass die Gesamtfördermenge ebenfalls steigen soll. Bis 2025 will die OMV genauso viel Öl fördern wie heute. Der Anstieg bei Gas kommt *zusätzlich* dazu.[48] Hand aufs Herz: Gleich viel Öl und mehr Gas – klingt das für Sie nach einer Trendwende?

Lassen Sie mich eines klarstellen: Lisas Vater ist nicht schuld an dem Versagen seiner Geschäftsführung. Und es ist ja nicht allein die OMV, die enorme Emissionen verantwortet und den Kurswechsel gerade verschläft, sondern es sind tausende Betriebe überall. Was sollen all die Menschen wie Lisas Vater machen, die plötzlich merken, dass ihr Job kein Teil der Lösung, sondern Teil des Problems ist?

ZUM TEIL DER LÖSUNG WERDEN

Neue Arbeitsplätze sind zentraler Bestandteil eines Green New Deals. Nicht etwa, weil Menschen ihr Leben allein mit Arbeit verbringen sollen oder das Geld zum Überleben brauchen, sondern weil es viel zu tun gibt!

Die Corona-Pandemie hat die Arbeitslosigkeit in Österreich schlagartig auf Höchststände befördert. 571 477 Menschen standen mit April 2020 ohne Einkommen da.[49] Derzeit gibt es in Österreich etwa 42 000 Jobs in der Sparte erneuerbarer Energien.[50] Bis 2030 rechnet eine Studie des Energieinstituts an der Johannes Kepler Universität Linz mit einem Nettozuwachs von über 100 000 Stellen.[51] Die internationale Studie von Mark Jacobsen schlägt in dieselbe Kerbe: Sie spricht von rund 50 000 fossilen Jobs, die in Österreich durch eine Energiewende wegfallen würden, und 130 000 neuen Arbeitsplätzen, also einem Plus von 80 000.[52] Eine andere Studie kommt sogar auf bis zu 200 000 Jobs.[53] Weltweit entstünden durch die Energiewende 24,3 Millionen *mehr* Arbeitsplätze.

Gebäudesanierungen sind ebenfalls ein Job- und Wirtschaftsmotor. Jeder Euro, der hier investiert wird, kommt langfristig 2,5-fach zurück. Mit einer investierten Milliarde könnten bis zu 136 000 Jobs geschaffen werden.[54] Ein Ausbau der Bahn, die Instandhaltung öffentlicher Infrastruktur wie Schienen, Fußwege, Radwege und verkehrsberuhigte Zonen beschäftigt über 1,5-mal so viele Menschen pro investierter Milliarde wie Autobahn-Infrastruktur.[55] Sowohl im Energiesektor als auch bei der Sanierung und beim Bau von Verkehrsinfrastruktur gehen die meisten Aufträge an österreichische Klein- und Mittelbetriebe, was die regionale Wertschöpfung erhöht.

Diese vielen Stellen müssen aber auch besetzt werden, und dazu braucht es ein großes Arbeitsmarktpaket samt Ausbildungsprogrammen in Schulen, Universitäten und Lehrstellen in Betrieben. Egal ob InstallateurIn, TechnikerIn, BauarbeiterIn, MaurerIn, SpenglerIn, GärtnerIn – sie alle werden dringend benötigt. Sie alle sind Teil der Lösung beim Ausbau der Bahn, bei der Sanierung von Gebäuden und beim Öl- und Gaskesseltausch, bei der Anbringung von Photovoltaik-Anlagen, dem Betrieb von Windrädern und den Begrünungen im städtischen Umfeld.

Damit Menschen wie Lisas Vater nicht Leidtragende der falschen Entscheidungen ihrer Unternehmensleitung werden, braucht es neben Ausbildungsprogrammen auch Umschulungen für die Jobs von morgen. Arbeitsstiftungen würden den Menschen die Möglichkeit geben, während der Umschulung weiterhin Gehalt zu beziehen. Gerade in fossilen Branchen müssen Arbeitnehmerinnen und Arbeitnehmern Alternativen geboten werden, damit sie abgesichert sind. Eine Umfrage unter 1383 Menschen, die auf Hochsee im Öl- und Gas-Bereich tätig sind, zeigte, dass den meisten die Unsicherheit ihres Arbeitsplatzes in der Branche zu schaffen macht. 81 Prozent denken darüber nach, auf einen anderen Bereich umzusatteln.[56] Sie wären also bereit, Teil der Lösung zu werden. Momentan scheinen Unternehmen wie die OMV allerdings akzeptiert zu haben, in zwanzig Jahren in Konkurs zu gehen und all ihre MitarbeiterInnen der Arbeitslosigkeit zu überlassen.

Dabei hätte die OMV sehr viel Knowhow, das auch in einer postfossilen Welt genutzt werden kann. Ein Beispiel ihrer Möglichkeiten wäre eine Wende hin zur Geothermie. Geothermie bezeichnet die Nutzung der Energie, die in Form von Wärme im Inneren der Erde gespeichert vorliegt. Das Potenzial ist groß. Es könnte mit Geothermie mehr Energie produziert werden als derzeit durch Wasserkraft, aber in Österreich wird diese Technologie kaum genutzt.[57] Die Investitionssummen sind sehr hoch und für Neueinsteiger schwierig zu finanzieren. Die OMV hätte sowohl das nötige Startkapital als auch die Erfahrung aufgrund der Gas- und Ölsuche, um diese nachhaltige Technologie voranzutreiben.

Diese Vorschläge mögen naiv klingen, aber Energiekonzerne wie Ørsted haben bereits bewiesen, dass exakt das gelingen kann. Der ehemalige dänische Ölkonzern stieg vom Geschäft mit fossiler Energie auf Windkraft um und hat damit aufs richtige Pferd gesetzt. Während sich die Aktie des Ölriesen BP in der Corona-Krise – so wie praktisch jede fossile Aktie – auf Talfahrt begeben hat, stieg die Ørsted-Aktie ordentlich an. Das führte dazu, dass der Unternehmenswert mittlerweile jenen von BP überholt hat.

Wer sagt also, dass Lisas Papa seine Chemie-Ausbildung nicht auch für den guten Zweck nutzen könnte? Niemand will mit seinem Beruf etwas Schlechtes tun. In diesem Fall könnten viele Berufe sogar sicherstellen, dass wir der künftigen Generation eine schönere Welt hinterlassen. Im Kindergarten träumten wir davon, ins All zu fliegen, Arzt oder Ärztin zu werden. Wer sagt, dass in Zukunft nicht neue Jobs die Liste anführen, jene, die Schienen für Hochgeschwindigkeitszüge verlegen, die Städte aufblühen lassen, die Gebäude zu kleinen Kraftwerken aufmotzen, die clevere Energie-Lösungen planen oder neue Technologien zur Säuberung der Ozeane und Renaturierung von Mooren erforschen? Lassen wir ihnen die Wertschätzung zuteilwerden, die diese HeldInnenberufe verdienen – natürlich auch in Form einer guten Entlohnung.

Teil der Lösung zu sein ist sinnstiftend. Stolz und Identität hängen an der eigenen Berufung. Warum gibt es keine Popsongs über die Berufe, die uns aus der Misere retten? Es könnten Comicreihen und Hollywoodserien davon erzählen, wie das Leben in fünfzig Jahren aussieht, wenn wir einen Green New Deal verwirklicht haben, und welche Berufe es gebraucht hatte, um das zu erreichen. Die populäre Kunst kann hier eine wesentliche Rolle spielen. Sie kann das Abstrakte in Bilder und Gefühle fassen, sodass wir es nicht nur mit dem Kopf verstehen, sondern dort, wo es wichtig ist. Was könnte stolzer machen, als wenn die eigene Tochter ihrer ganzen Klasse mit Freude von der Tätigkeit ihrer Eltern erzählt, wenn man seinen Kindern beim Abendessen in die Augen schauen kann und sicher ist, dass man sich täglich für ihre Zukunft einsetzt?

5. ENERGIE UND GEBÄUDE

15. März 2019. Ich lag schon eine Stunde wach, als mein Wecker um 6 Uhr läutete. Es war ein Freitag. Einer, der uns allen in Erinnerung bleiben würde.

Mechanisch putzte ich die Zähne, duschte und kaute lustlos mein Frühstück. Alle großen Medien waren geladen. Die Angst vor peinlichen Bildern mit zweihundert Leuten saß mir im Nacken. Fridays For Future Österreich war jetzt drei Monate alt. Für diesen Streik, den ersten globalen Klimastreik, meldeten wir optimistisch fünftausend Menschen und drei Demo-Züge durch Wien an. Als wir die Polizeistation verließen, hatte sich niemand die Zweifel auszusprechen getraut. War das ein taktischer Fehler gewesen? Hatten wir uns überschätzt? Wir waren bisher immer weit von der magischen Tausendergrenze entfernt gewesen.

Als ich dann am 15. März frühmorgens am Heldenplatz eintraf, lag diese Sorge unausgesprochen in der frischen Morgenluft. Das Wetter war optimal: sympathische Wolken und ein frischer Wind. Ich sah in Johannes' und Phils Augen, dass sie dieselben Befürchtungen wälzten. Was, wenn niemand kommt? Werden wir uns heute lächerlich machen?

Nikolai, der früher einmal als Ausstatter beim Film gearbeitet hatte, packte beschwingt an – er hatte aus dem Nichts eine Bühne und ein Soundsystem aufgestellt. Seine Tochter würde heute auch mit dabei sein, erzählte er aufgeregt. Vero und Agnes verteilten unterdessen Aufgaben und Megafone. Phil bastelte am Wagen mit den Lautsprechern, Johannes sprach geschäftig in sein Walkie-Talkie.

Gestern hatten wir noch spätabends neue Leute rekrutiert, die als OrdnerInnen und Heroes helfen würden. Letztere würden hinter dem Zug hergehen und sicherstellen, dass kein Müll zurückblieb. Ein paar neue Gesichter tummelten sich mittlerweile am sonst noch leeren Platz. Sie bekamen Laborkittel mit Logo. Diese Kittel wiesen auf unsere primäre Forderung hin: Hört auf die Wissenschaft! Sie würden später zu unserem Markenzeichen werden.

Leo und Lena, die heute extrafrüh hergekommen waren und den ganzen Schultag am Streik verbringen würden, halfen bei den letzten Handgriffen auf der Bühne. Lena drückte mir ein Mikro in die Hand. Ich war noch immer aufgeregt, aber ihre Energie nahm mich mit. Ich fokussierte mich auf die Aufgaben: Technikcheck, Bühnenablauf durchgehen, Rede üben. Ich blickte auf meine Notizen und begann den Absatz von neuem durchzusprechen: »Raus aus Öl, Kohle und Gas. Wir brauchen hundert Prozent Erneuerbare, nicht nur beim Strom, sondern in allen Bereichen der Energie!«

ENERGIEWENDE AUF ÖSTERREICHISCH

Bereits 2015, rund um den Pariser Klimagipfel, betonte Bundeskanzler Werner Faymann, dass Österreich bis 2030 seinen Strombedarf vollständig aus erneuerbarer Energie decken wolle. Bis heute wird bei diesem Versprechen der Zusatz gebracht: Und Österreich ist am besten Weg dorthin.

Ja, wir sind am richtigen Weg, nur leider sitzen wir seit Jahren mit der Jause am Wegesrand und machen Pause. Es stimmt, dass nur zwölf Prozent der in Österreich erzeugten Energie aus fossilen Brennstoffen stammen (Öl und Gas). Das ist vorwiegend auf den historisch gewachsenen, hohen Anteil von Wasserkraft (29 Prozent) und biogener Energie (44 Prozent) zurückzuführen. Beide Anteile haben seit 2005 leicht zugenommen, die Erzeugung von Wind- (fünf Prozent) und Sonnenenergie (ein Prozent) sowie die Nutzung von Umgebungswärme (fünf Prozent) bleiben dagegen trotz Anstieg gering.[58]

Unsere »Vorreiterrolle« ist also unserer günstigen Lage in den Bergen und dem Schmelzwasser geschuldet, also jenen Gletschern, die wir, nebenbei bemerkt, gerade verschwinden lassen. Große Offensiven in Richtung Wind- und Sonnenenergie sind überfällig, um eine Energiewende zu schaffen. Sehr großes Potenzial gibt es außerdem bei Solarthermie, der effizienten Nutzung von Umgebungs- und Abwärme und der eben erwähnten Geothermie (Erdwärme). In manchen Bereichen werden auch Biomasse und Biogas eine Rolle spielen.

Die genannten Prozentangaben beziehen sich jedoch nur auf die Energie, die wir selbst *erzeugen*. Diese ist bei weitem nicht ausreichend, um unseren Bedarf zu decken. Schließlich verbrauchen wir beinahe dreimal so viel Energie, wie wir zurzeit erzeugen. Wir sind deshalb weiterhin auf Importe angewiesen.

Zusätzlich ist Strom nicht gleich Energie. Unter Strom versteht man Elektrizität aus der Steckdose, die unser Handy lädt, den Kühlschrank kühlt und die Wohnung erhellt. Zur verbrauchten Energie gehören neben dem Strom auch noch Wärme und Treibstoffe. Das heißt, auch die Heizung in Ihrer Wohnung und der Treibstoff im Auto zählen dazu. Wenn Sie in Österreich leben, wird beides mit großer Wahrscheinlichkeit nicht durch erneuerbare Energien betrieben.

Wenn man sich also nicht die Erzeugung, sondern den Verbrauch der Energie in Österreich ansieht, ergibt sich ein umgekehrtes Bild. Die genutzte Energie stammt zu zwei Dritteln aus fossilen Quellen, nämlich Öl (37 Prozent), Gas (22 Prozent) und Kohle (acht Prozent). Das restliche Drittel (großteils Wasserkraft, Biomasse) hat sich seit 2005 kaum geändert.[59] Faymann und andere PolitikerInnen nach ihm machten es sich mit dem Versprechen zum Strom-Ziel einfach. Niemand zweifelt daran, dass wir es schaffen werden, genug erneuerbare Energie zu produzieren, um unseren jetzigen Strombedarf zu decken. Doch was ist mit den großen Baustellen wie Mobilität und Wärme? Es reicht nicht, mit Verweisen auf unsere Energieerzeugung zu blenden und dann gleichzeitig zwei Drittel der Energie zu importieren – vorrangig aus fossilen Brennstoffen.

Soll das die »Vorreiterrolle« sein, die bei jeder Gelegenheit betont wird? Wir mögen am richtigen Weg sein, doch er ist noch lang, und wir sollten aufstehen und zu gehen beginnen. Dazu muss vor allem der Energieverbrauch reduziert, der Ausbau von erneuerbaren Energien angekurbelt werden, Gebäude müssen saniert, Heizungssysteme getauscht und eine bessere Kopplung sowie Dezentralisierung der verschiedenen Energiesysteme erreicht werden.

KRAFT DES EIGENEN HAUSES

Oft wird behauptet, wir könnten unseren Energieverbrauch in Österreich gar nicht mit Erneuerbaren decken, dann müssten wir alles mit PV-Anlagen und Windrädern zupflastern. Das stimmt nicht. Eine Voraussetzung ist jedoch die Reduktion des Gesamtverbrauchs – auch hier gilt als oberste Regel: Verschwendung reduzieren. Seit 2005 hat sich der Gesamtenergieverbrauch aber um 0,1 Prozent erhöht.[60] Im Energiesparen sind wir also keine Weltmeister.

Dabei will niemand »zurück in die Steinzeit«, wie mir als Klimaaktivistin oft vorgeworfen wird. Vielmehr geht es um die Frage: Wie können wir unser Energiesystem so effizient gestalten, dass alle Energiepotenziale genutzt und die Energie möglichst verlustfrei verteilt wird? Bei kluger Strom- und Wärmeerzeugung rechnen Forscherinnen und Forscher damit, dass sich unser Energiebedarf bis 2050 sogar halbieren könnte.[61]

Sehen wir uns als Beispiel ein Wohnhaus an: Mit kluger Bauweise (zum Beispiel guter Dämmung) kann der Energieverlust reduziert und der Verbrauch klein gehalten werden. Den nötigen Strom produziert eine PV-Anlage am Dach, dieser wird vor Ort gespeichert, um Strom auch abseits der Sonnenstunden zu garantieren. Das Haus versorgt sich quasi selbst. Ein erneuerbares Heizsystem reguliert die Raumtemperatur. Entweder ist das Haus an eine Fernwärmeanlage angeschlossen oder versorgt sich über eine Pelletsheizung, Wärmepumpe oder Solarthermie selbst.

Noch wenig ausgebaut ist die Nutzung von Umgebungswärme. Ganz im Sinne der Kreislaufwirtschaft wird dabei Energie aus Wärme gewonnen, die bei anderen Vorgängen quasi als »Abfall« entsteht. In industriellen Hochtemperatur-Prozessen kann so die ungenutzte Wärme gespeichert, ins Fernwärmenetz eingespeist oder für die Produktion und Stromerzeugung wiederverwendet werden. Abwasser könnte ebenfalls zur Energierückgewinnung genutzt werden. Auch Geothermie hat großes Potenzial in Österreich. Der Vorteil ist, dass die Erdsonden nicht nur im Winter für die Raumwärme verwendet werden können, sondern auch im Sommer zur Kühlung.

Hier haben wir bereits den größten Paradigmenwechsel, der sich in den kommenden Jahren vollziehen muss: Häuser werden durch gute Planung gleichsam zu Energieproduzenten. Das gilt für Wohnhäuser, Unternehmen und auch für die Industrie. Die Rollen der KonsumentInnen und ProduzentInnen vermischen sich zu kleinen, dezentralen Einheiten von *ProsumentInnen*. Durch die Kopplung dieser Prozesse, also Wärme- und Energiespeicherung, Abwärmenutzung in Gebäuden und Industrien, können wir überschüssige Energie effizient nutzen und speichern, bis sie gebraucht wird, oder wieder ins Netz einspeisen und verteilen (Sektorkopplung). Hier wird auch die Digitalisierung eine Rolle spielen, um über intelligente Netze den Energieverbrauch und die -verteilung abzustimmen.

Ein neues Geschäftsmodell tut sich dadurch in der Energiebranche auf. Die klassischen Energie-Produzenten werden Schritt für Schritt zu wichtigen Energie-Dienstleistern. Sie behalten das Netz der vielen kleinen Einheiten im Auge, verteilen die Energie sinnvoll und nutzen Speicher effizient. Möglicherweise sind es auch sie, die Energie-Konzepte für Haushalte ausarbeiten und mitfinanzieren. Die Vorschläge reichen bis hin zu Miet-Modellen für Energiesysteme – quasi *Energie als Service*.

Wie würde das aussehen? Ein Unternehmen kümmert sich um die Beschaffung des passenden Solarsystems. Anschließend montiert und wartet es die Anlage auf Ihrem Dach. Und das Ganze ohne zusätzliche Kosten für Sie. Sie beziehen die günstige Energie, und das Unternehmen verdient an der überschüssigen Energie, die es zurück ins Netz speist, die eigenen Kosten zurück. Sogenanntes »Solar Contracting« gibt es von lokalen Energieanbietern wie der Energie AG in Oberösterreich. Es könnte aber auch über einen staatlichen Anbieter geschehen, wie bei Post, Müllabfuhr, Rundfunk oder Bundesbahn. Die Energieversorgungsunternehmen (EVU) wie die Kärntner KELAG, die niederösterreichische EVN, die Salzburg AG usw. könnten diese Rolle einnehmen.

Wie sieht eine Energiewende in unseren Häusern aber konkret aus? Es werden ja nicht lauter neue Nullenergie-Häuser mit PV-Anlagen am Dach auf die grüne Wiese gestellt. Das sollten sie auch nicht. Stattdessen müssen wir den Bestand der Gebäude, die wir haben, auf Vordermann bringen. Denn auch hier gilt, wie im Kapitel zur Kreislaufwirtschaft beschrieben, Wiederverwendung ist ressourcenschonender. Dazu gehört: Gebäude sanieren, Heizsysteme umstellen und Dachflächen für Photovoltaik nutzen. Nachzurüsten wird eine große Herausforderung, besonders im Wärmebereich.

In Österreich wird in rund einer Million Haushalten (27 Prozent) Gas zum Heizen verwendet, gefolgt von Fernwärme (25 Prozent). Mit Öl heizen 600 000 Haushalte, hauptsächlich am Land.[62] Das sind eine Menge! All diese Öl- und Gasheizungen müssen umgestellt und noch mehr Gebäude saniert werden, um ihren Energiebedarf zu mindern. An dieser Stelle tauchen unzählige Herausforderungen auf.

Was macht man mit Mehrfamilienhäusern, in denen separate Gasthermen installiert sind? Es ist nach Ansicht der meisten Expertinnen und Experten nicht zielführend, jede Heizung einzeln zu tauschen. Vielmehr braucht es ein zentrales erneuerbares Heizsystem. Zur Installation müsste das Gebäude generalsaniert werden, eine Entscheidung, die einzelne EigentümerInnen nicht allein treffen können, geschweige denn MieterInnen. Es gibt aber seit kurzem Ansätze, wie das ohne zu großen Eingriff in die Bausubstanz gelöst werden könnte. In einem ersten Schritt würden Leitungen von jeder Wohnung – beispielsweise durch den Kamin – in den Dachboden oder in den Keller gelegt werden, um sie dann zentral gegen eine erneuerbare Quelle zu tauschen.

Damit diese vielen Anpassungen möglich sind, muss auch der gesetzliche Rahmen geändert werden. Die Schwierigkeiten bei erneuerbaren Heizsystemen habe ich schon angesprochen, aber auch bei der Montage einer Photovoltaik-Anlage am Dach braucht man zurzeit die Zustimmung aller Parteien im Haus. Diese Aspekte müssen in der Bauordnung überdacht werden.

Ist es das staatliche Ziel, die gebotene Sanierungsrate von mindestens drei Prozent im Jahr zu erreichen, müssen die Vorgaben bei Sanierung und Neubau umgestellt werden. Zentrale, erneuerbare Heizsysteme, die Installation einer PV-Anlage zur Stromgewinnung sowie eines Wärme- und Stromspeichers sind dann verpflichtend. Neue Öl- und Gasheizungen müssen verboten werden. Mit den alten Vorgaben stagniert die Sanierungsrate wie 2018 bei 1,4 Prozent, und es werden weiterhin fossile Heizsysteme eingebaut[63] – ein Defizit, das wir aufholen müssen, um bis 2040 klimaneutral zu werden.

Häuser verbrauchen die meiste Energie (neunzig Prozent) in der Phase, in der sie bewohnt werden. Deshalb ist es wichtig, schon beim Bau auf die höchste Energie-Effizienz und erneuerbare Strom- und Wärmesysteme zu setzen. Wenn sie gebaut sind, sind falsche Entscheidungen auf Jahrzehnte festgelegt. Es ärgert mich deshalb regelmäßig, wenn ich höre, dass heute noch Ölheizungen eingebaut oder Gasheizungen geplant werden. Diese halten mindestens zwanzig Jahre. In zwanzig Jahren sollten wir schon klimaneutral sein. Diesen *Lock-in-Effekt* können wir uns nicht mehr leisten. Neubauten müssen *ab jetzt* Null- oder Niedrigenergie-Standards einhalten. Bestehende Gebäude müssen entsprechend nachgerüstet werden.

Dass wir auf dem richtigen Weg sind, merken wir wohl erst dann, wenn sich Politikerinnen und Politiker nicht mehr mit einzelnen Leuchtturmprojekten rühmen und man im eigenen Ort nicht mehr hört: »Schau an, die Kinder von der Frau Neugedacht bauen jetzt so ein Niedrigenergiehaus.« Möglichst bald benötigen wir nämlich die Situation, wo ein Niedrigenergiehaus Standard ist und man hinzufügt: »Schau an, die Kinder vom Herrn Altergebracht bauen noch so eine überholte Verschwenderhütte. Na, wenn sie das Geld beim Fenster raushauen wollen …«

GÜNSTIGE ENERGIE FÜR ALLE

Der Vorteil einer Energiewende samt Sanierung und Nachrüstung für die Bewohnerinnen und Bewohner ist einfach zu verstehen. Strom- und Heizkosten verringern sich. Das ist vor allem für rund drei Prozent der Haushalte wichtig, die heute schon in Energiearmut leben – also sich Strom- und Heizkosten kaum leisten können.[64] Da so ein Heizkesseltausch aber nicht billig ist, muss darauf geachtet werden, dass hier niemand zurückgelassen wird. Um den Umstieg auf ein erneuerbares Heizsystem und Sanierungsmaßnahmen allen zu ermöglichen, könnte ein Energiefonds für einkommensschwache Haushalte eingerichtet werden. Ist die Nachrüstung aber geschafft, dann bleibt am Ende des Monats mehr im Börserl übrig.

Das rechnet sich auch für Unternehmen. Darum fordern über dreihundert große Unternehmen seit langem eine konsequente Energiewende.[65] Die Brauerei des Villacher Biers hat bereits selbst damit angefangen. Auf ihren Dächern erzeugt sie Energie für den eigenen Bedarf. Die Dachfläche übers Bierbrauen hinaus als kleines Kraftwerk für die Gemeinde zu nutzen war bisher ein schwieriges Unterfangen.[66] Leider scheitern solche Projekte, gerade im Privatbereich, oftmals an den rechtlichen Details der Einspeisung.

Hier gab es vor kurzem Verbesserungen. Waren zuvor nur Erzeugergemeinschaften möglich, also sich in einem Wohnhaus eine PV-Anlage zu teilen, so werden die Möglichkeiten im neuen Erneuerbaren-Ausbau-Gesetz ausgeweitet.

Erneuerbare Energiegemeinschaften können nun erneuerbaren Strom produzieren und diesen lokal mit allen Menschen in der Umgebung teilen, die keine eigenen Anlagen besitzen. Teilnehmen können Einzelpersonen, Gemeinden sowie kleine und mittlere Unternehmen. Der Strom kann selbst genutzt, gespeichert und weiterverkauft werden.

Bei sogenannten *BürgerInnen-Energiegemeinschaften* können sich ganz allgemein Menschen an einer erneuerbaren Erzeugungsanlage beteiligen – egal ob sie in der nächsten Gemeinde oder in einem anderen

Bundesland leben. Der Strom wird ihnen dann »rechnerisch« gutgeschrieben. Nicht verbrauchte Energie kann auch hier weiterverkauft werden. In dieser Hinsicht hat sich also einiges verbessert!

Wie es in der Vergangenheit bereits die Windkraft Simonsfeld und ähnliche Projekte in ganz Österreich vorgezeigt haben, werden Beteiligungsprojekte sehr gut angenommen. Dabei finanzieren Bürgerinnen und Bürger gemeinsam einen Windpark oder eine PV-Anlage auf einer größeren Fläche. So können auch jene zu Produzentinnen und Produzenten von erneuerbarer Energie werden, die in Miethäusern kein Mitspracherecht haben, was auf ihr Dach kommt. Die Bürgerbeteiligung wird wohl durch das neue Gesetz auf ein ganz neues Level gehoben, da sie über die gemeinschaftliche Finanzierung hinausgeht und mehr Vorteile bietet.

EINE SCHATTENSEITE, WENN KEINE SONNE SCHEINT?

Im Bereich der Solar- und Windenergie haben wir noch großes Potenzial, doch ein häufiger Einwand hemmt die Wende: Wind und Sonne sind schwankende Energiequellen, das heißt, dass sie nicht gleichmäßig Energie liefern, sondern eben nur, wenn gerade die Sonne scheint oder der Wind weht.

Natürlich will niemand, dass sich an einem wolkigen, windstillen Tag der Herd abdreht. Technologien zur Speicherung sollen hier einspringen. Vor allem geht es dabei um Wärmespeicher, Fernwärme-, Pump- und Druckluftspeicher. Je nach benötigter Speicherdauer und Kapazität kommen unterschiedliche Varianten infrage. Mit ihnen lässt sich Überschussenergie der sonnenklaren, windigen Tage speichern. Aber auch dezentral kann jedes Haus, jedes elektrische Auto und jeder Bus am Stromnetz als Speicher fungieren und Lastspitzen sehr gut abfedern.

Eine weitere Speichermöglichkeit heißt *Power-to-Gas*. Dabei wird Wasser durch das chemische Verfahren der Elektrolyse in Wasserstoff und Sauerstoff gespalten. Der Wasserstoff kann anschließend selbst als

Energieträger verwendet oder mit CO_2 zu Methan umgewandelt werden. Für diesen Prozess braucht es aber große Mengen an Energie. Einerseits muss also sichergestellt werden, dass die Umwandlung durch die Nutzung von Ökostrom passiert, sonst ist Wasserstoff nur wieder ein fossiles Märchen.

Andererseits ist Wasserstoff durch die hohen Wirkungsgradverluste nicht in allen Bereichen einsetzbar. Von der Herstellung bis zum fahrenden Auto gehen 78 Prozent der Energie in den Umwandlungsprozessen und im Transport verloren. Nur 22 Prozent der ursprünglichen Energie können also genutzt werden, wohingegen bei direktem Laden mit Strom 73 Prozent der Energie zum Fahren bereitstehen.[67] Deshalb ist die Nutzung im Bereich der Niedrigenergie, also für Individualverkehr und Raumwärme, Unsinn. Für manche Bereiche, gerade in der Industrie und bei Hochenergieprozessen, wird die Verwendung von Wasserstoff, synthetischem Methan oder Biogas aber tragend werden, da es hier wenige Alternativen gibt (siehe Kapitel 4.4). Auch als Energiespeicher für Überschussenergie ist Power-to-Gas gemeinsam mit anderen Technologien sinnvoll.

Für die tageszeitlichen Flauten reichen die Speichermöglichkeiten gut aus. Ob sie die unterschiedliche Energieverfügbarkeit zwischen Sommer und Winter ausgleichen können, ist noch unklar. Immerhin ist die Sonneneinstrahlung im Sommer sechsmal so hoch wie im Winter. Durch Sektorkopplung und intelligente Netze lässt sich auf der Verbraucherseite einiges effizienter gestalten. Auch internationaler Handel wird in den Wintermonaten für einen Ausgleich der Energieverfügbarkeit zwischen Süd- und Nordhalbkugel sorgen. Darüber hinaus wird weitere Forschung benötigt. Hier braucht es Innovation, um in allen Bereichen die richtige Speichertechnologie zu finden.

Viele Maßnahmen sind aber bereit zum Einsatz und warten nur auf ehrgeizige Umsetzung. Gebäude müssen mit erneuerbaren Heizsystemen und Speichern nachgerüstet und saniert, erneuerbare Energien ausgebaut, die Energie-Effizienz gesteigert und breite Teilhabe ermöglicht werden. Ein Green New Deal beinhaltet diese und weitere Maßnahmen. Er ermöglicht sie allen, sodass auch eine pensionierte Witwe im Gemeindebau oder die Großfamilie im Bergtal den Ölkessel tauschen kann. Dafür gingen wir auf die Straße – am 15. März 2019 mit mehr Menschen als je zuvor.

6. MOBILITÄT UND RAUMPLANUNG

Das Trommeln war das Erste, was ich von der Bühne aus hörte. Ich heizte am Heldenplatz die dreihundert Schülerinnen und Schüler an, die teils im Freundeskreis, teils im Klassenverband gekommen waren. Eltern, Großeltern und Kinder riefen aus der Menge mit mir mit. Vor Beginn meines Programms hatte mich Hanja vom Sammelpunkt Karlsplatz angerufen und ins Telefon jubiliert: »Es sind viele, Kathi!«

Als der Zug vom Karlsplatz am Heldenplatz eintraf, lag ein Tosen in der Luft, wie es nur große Menschenmassen verursachen. Jede und jeder Einzelne der Masse verhalf Fridays For Future Österreich an diesem Tag zum Durchbruch. »Das gibt's ja nicht!«, staunte jemand nahe der Bühne.

»Wir sind viele, und wir sind laaaaauut!«, rief ich aus voller Kehle, und die Lautsprecher übersteuerten. Doch der Ruf drang bis zu den Neuankömmlingen, und sie jubelten lauthals, paukten, stampften, riefen Parolen und ergossen sich wie eine Welle über den Heldenplatz.

Hanja kam vorausgelaufen und berichtete euphorisch, dass vom Karlsplatz mindestens viertausend gekommen waren. Auch meine Kindheitsfreundin Kathi gab durch, dass der Demozug vom Sammelpunkt Mariahilfer Straße bald eintreffen würde. Die Zahlen dort übertrafen ebenfalls unsere kühnsten Träume.

Familien, Studierende, Schülerinnen und Schüler von Volksschule bis Maturaklasse lärmten, wirbelten, schrien für ihre Zukunft:

»Wir nehmen
Die Zukunft
Jetzt in unsere Hand!«

Teachers For Future und viele Direktionen hatten sich dem Landesschulrat widersetzt und waren zum Streik gekommen. Durch das äußere Burgtor flutete ein konstanter Strom den Klimaheldenplatz, der einfach nicht aufhören wollte. An die Politik gerichtet, schallte es über den Platz:

»ACT …«
»NOW!«
»ACT …«
»NOW!«

Scientists For Future hatten ProfessorInnen und Lehrende aus allen Bereichen mitgebracht. Aber vor allem hatten unzählige Eifrige über Social Media und mit Flyern erfolgreich mobilisiert. Sie hatten es geschafft. Wir hatten es wirklich geschafft! Die positive Energie erreichte nun alle. Wir waren nicht mehr aufzuhalten:

»We are unstoppable
Another world is possible!«

Hanja nahm ihre Position am Kastenwagen ein. Als Mathematikerin hatte sie heute den Job, die Menschenanzahl für uns zu berechnen. Sie hatte ein Modell über Satellitenbilder entworfen und wertete nun befüllte Flächen des Platzes aus.

Ich sprach ein paar letzte Worte und übergab das Mikro an meine Mitbewohnerin Milly, die spontan zugesagt hatte, Musik zu machen. Mit nicht mehr als ihrem Körper und ihrer Stimme leitete sie nun die Menge an. Tausende stampften, klopften, sangen und bebten voller Euphorie.

»Kathi«, rief mich Hanja zu sich. »Ich habe jetzt echt dreimal gezählt, aber ich würde sagen … 25 000 sind es locker! Das passt auch mit den Zählungen der Sammelpunkte zusammen.«

»Unglaublich! Schreib das bitte gleich in die Presseaussendung rein und schick sie ab.«

Ich war erleichtert. Ja, wir hatten es geschafft. Und doch fehlte etwas.

Die Euphorie kam nicht bei mir an. Ich spürte die Zahl nicht, ich spürte den Erfolg nicht. Es war gar keine Zeit dafür, wirklich zu fassen, was da gerade geschah. Ich fragte mich nur kurz schmunzelnd, ob Milly wohl je wieder ein Konzert für fast 30 000 Menschen geben würde, dann organisierte ich weiter, nämlich die Forderungstexte, die wir nachher Bildungsminister Heinz Faßmann, Umweltministerin Elisabeth Köstinger und Verkehrsminister Norbert Hofer übergeben wollten.

VERKEHRTE VERKEHRSPOLITIK

Es liegt nicht nur an einem einzigen Verkehrsminister, dass Österreichs Verkehr zum Sorgenkind der Klimapolitik geworden ist. Es liegt an allen Verantwortlichen seit über dreißig Jahren. Der Verkehr allein verursacht fast ein Drittel unserer nationalen Emissionen, und sie sind seit 1990 gewaltig gestiegen. Die 10,3 Millionen Tonnen Treibhausgas-Einsparungen in den fünf großen Sektoren (Gebäude, Energie und Industrie, Abfall- und Landwirtschaft) machte der Anstieg der Emissionen im Verkehr von 10,1 Millionen Tonnen zunichte.[68] Verkehr ist der Grund, warum Österreich seine – ohnehin schon mageren – Klimaziele weit verfehlt.

Traditionell gehen bei Mobilität nicht nur die Emissionen, sondern auch die Emotionen hoch. Wir haben Autos lieben gelernt. Für viele bedeutet ein eigenes Fahrzeug zu haben Freiheit und Unabhängigkeit. Es ist das Symbol, es geschafft zu haben. Wir haben mit einer Zahl von fünf Millionen sogar dreimal mehr Autos als Kinder im Land. Müssten wir uns zwischen unseren Kindern und unseren Autos entscheiden, auch in Hinblick auf die Zukunft des Planeten, scheinen wir die Karosse zu wählen.

Bei Podiumsdiskussionen ist ein Argument regelmäßiger Fixstarter: Wir Ökos würden den Menschen das Auto wegnehmen wollen, wir hätten keine Ahnung vom Leben am Land, wo man ein Auto brauche. Dann wird meist auf ihn verwiesen, den ominösen Pendler aus dem Waldviertel, den Archetyp des österreichischen Autofahrers. Wie die Oma im Gemeindebau, die sich den Ölkesseltausch nicht leisten kann, wird er ins Rennen geschickt, wenn es um die Verkehrswende geht. Schnell folgen laute Vorwürfe, dass Klimapolitik auf Kosten dieser Menschen gemacht werde.

Dann reden wir doch einmal über die armen Pendlerinnen und Pendler im Waldviertel, mir soll es recht sein. Wieso sind WaldviertlerInnen denn überhaupt auf ein Auto angewiesen? Einerseits weil die Ortskerne und ihre Geschäfte ausgehungert wurden. Die lebendigen Plätze im Zentrum sind verwaist und grüne Wiesen außerhalb der Orte mit Parkplätzen zubetoniert, um Einkaufs-»Zentren« mitten im Nirgendwo zu errichten. Anders als in den Ortskern fährt dorthin kaum jemand mit dem Rad oder geht zu Fuß. Wenn wer ein Packerl Milch braucht, radelt er nicht kilometerweit auf einer Landstraße. Plötzlich ist ein Auto für den Einkauf notwendig.

Arbeitsplätze sind in die Einkaufsklötze und in die regionalen Zentren verlagert worden. Weil es kaum noch etwas im Ort gibt, ziehen die Jungen in die Stadt, und der Teufelskreis setzt sich fort. Jene, die bleiben, sind tatsächlich arm. Sie müssen täglich stundenlang im Auto sitzen, weil es schnelle und günstige öffentliche Anbindungen nicht gibt. Andererseits wird auch die Zersiedelung mit vielen Entscheidungen in der Raumplanung und Bauordnung begünstigt. Warum wird neu gebaut, während intakte Häuser leer stehen? Auch das Auto selbst treibt die Zersiedelung weiter an. Wenn ich individuell ohnehin bequem überallhin komme, warum dann nicht ein Haus weit weg im Grünen bauen?

Die groteske Idee der Politik zur Lösung der Situation war lange, noch mehr Straßen zu bauen. Die Waldviertel-Autobahn etwa oder den Lobau-Tunnel. Zwar wird Erstere nun doch nicht kommen, dafür werden aber bestehende Straßen ausgebaut. In ganz Österreich gibt es das Phänomen: Straßen als Allheilmittel. Damit wird die Notwendigkeit eines Autos für den Rest des Jahrhunderts einzementiert. Man zwingt die Pendlerinnen und Pendler über die falsche Infrastruktur und Raumplanung dazu, ihr Geld in eine große Karosse zu investieren, um sich dann in Kolonnen vor den Städten zu stauen. Viel besser wäre das Geld wohl bei ihren Nachbarinnen und Nachbarn investiert, wenn es noch einen Ortskern mit Geschäften gäbe.

Wo in alledem wird bitteschön Politik für die armen Pendlerinnen und Pendler gemacht? Eine Politik, die sich wirklich um die Menschen in ländlichen Gegenden kümmert, würde viel weiter denken als nur an das Auto – nämlich an ein gutes Leben in der Region.

WER STRASSEN SÄHT, WIRD AUTOS ERNTEN

An diesem Freitag fuhren auf der Wiener Ringstraße nicht dreispurig Autos, sondern Fridays-For-Future-Streikende befüllten sie durchgängig vom Burgtheater bis zur Oper. Ich blickte unglaublich vielen jungen Menschen in die Augen, die an diesem Tag politisch aktiv geworden waren. Sie schrien für ihre Zukunft und nahmen ihr Schicksal in die eigene Hand, sie skandierten gegen die fossile Vergangenheit und gegen eine untätige Politik.

»Diese tausenden jungen Menschen hier«, sagte Flo. Er merkte sofort, dass ich den Erfolg nicht an mich heranließ, dass ich ihn nicht genießen konnte, »die sind alle das erste Mal auf einem Streik heute. Das Wetter ist großartig, die Stimmung prächtig, keine Zwischenfälle. Sie alle werden sich ihr Leben lang daran erinnern, dass ihr erster Streik *für Klimaschutz* war. Sie werden ihren Kindern erzählen, dass sie als Teil der Klimabewegung für deren Zukunft protestiert haben, damals, als niemand die Klimakrise ernst genommen hat. Das ist groß, Kathi. Das ist wirklich groß.«

Ich hörte seine Worte, aber sie drangen mir nicht unter die Haut. Die Sprechchöre trugen sie davon. Würde das reichen, um endlich etwas zu ändern?

Da sah ich unvermittelt, über die Köpfe der Menschenmassen hinweg, neben dem Streikzug außen am Ring, meinen Vater. Er marschierte dort allein mit. Er wirkte wie ein Fremdkörper neben den vielen SchülerInnen und Studierenden. Aber er war doch nah genug, um Teil davon zu sein.

Er war da. Er war dabei.

Er formte seine Hände zum Trichter und stimmte in die Parolen mit ein. Zufällig trafen sich unsere Blicke, und wir mussten beide lachen. Mein Geschäftsführer-Papa. Mein Papa, der selten da war. Mein Papa auf einer Klimademo – das war ein unerwarteter Anblick. Ich war gerührt. Ich freute mich. Über seine aktive Teilnahme, seine Unterstützung.

Dieser kleine Moment war es, der die Mächtigkeit des Geschehens über mich hereinbrechen ließ, in dem ich merkte, dass wir etwas erreicht hatten, was im Klimabereich niemand zuvor geschafft hatte: Wir inspirierten und mobilisierten Menschen. Ich sprang vom Demowagen und ließ mich durch die Menge treiben. Die Menschen hier hatten begonnen, an eine bessere Welt zu glauben und für sie einzutreten.

Unsere derzeitige Welt besteht aus Straßen und Parkplätzen. Österreich hat eines der dichtesten Straßennetze Europas, und das hat weitreichende Konsequenzen. Die Emissionen im Güterverkehr haben sich seit 1990 mehr als verdoppelt, sodass LKWs in Österreich mittlerweile mehr Treibhausgase (neun Millionen Tonnen)[69] ausstoßen als der gesamte Gebäudesektor (acht Millionen Tonnen)[70].

Während die langen Distanzen im Gütertransport eine Verlagerung auf die Schienen nahelegen, kommen bei kurzen Privatfahrten andere Modelle zum Einsatz. Man weiß von dänischen und niederländischen Städten, dass Radwege ausgiebig genutzt werden, sobald sie gebaut sind. Je mehr Radwege, desto mehr Fahrräder. Das belegen Pop-up-Radwege während des Corona-Lockdowns überall, in Wien einige wenige, in Paris mehr als fünfzig Kilometer, die wegen des dortigen Andrangs zu permanenten Radwegen werden sollen. In einem Fünfjahresplan wird das Radnetz von Paris nun auf 1400 Kilometer verdoppelt werden. Die Wiederwahl der Pariser Bürgermeisterin Anne Hidalgo gibt diesem Kurs recht – mehr Platz für Fahrräder wirkt. Weniger Parkplätze geben den Menschen die Möglichkeit, Raum zurückzuerobern.[71]

Um mehr Menschen vom Rad zu überzeugen, müssen Radwege aber auch sicher sein. Unter Stadtplanerinnen und -planern sagt man: Gilt jede Spur als Fahrradspur, gilt keine Spur als Fahrradspur. Bei einer Fahrt rund um Zell am See musste ich, mangels Alternativen, mit dem Fahrrad in einen zweispurigen Kreisverkehr einfahren. Würden Sie sich zwischen LKWs und Autos in dieses Gefecht werfen, vielleicht noch mit Kindern am Schulweg? Ich verstehe alle, die da beim Auto bleiben.

Wie könnte hier eine bessere Welt aussehen? Denken wir abseits der Konstante Auto über diese Frage nach. Warum wollen wir denn ein Auto besitzen? Um mobil zu sein. Wir wollen bequem, leistbar, flexibel und schnell von A nach B kommen. Also ist Mobilität das zugrunde liegende Bedürfnis, nicht das Auto an sich.

In Anbetracht der planetaren Grenzen sollten wir das Bedürfnis mit so wenig Ressourcen wie möglich decken. Ein Auto wiegt ungefähr 1500 Kilogramm und transportiert im Durchschnitt 1,2 Personen. Um eine Packung Milch zu kaufen, bewegen wir quasi einen Felsbrocken zum Supermarkt und zurück. Den gleichen Felsbrocken schleppen wir täglich zu Arbeit. Die Ineffizienz ist geradezu grotesk! Fahrräder und öffentliche Verkehrsmittel schneiden hier viel besser ab.

Eine einzige Linzer Straßenbahnlinie (Linie 1) bringt im Frühverkehr 11 900 Personen ans Ziel. Würden diese Menschen alle mit dem Auto fahren, bräuchten sie 10 300 Autos und eine Fläche von 21 Hektar zum Parken. Zusätzlich zur verschwenderischen Flächennutzung sind die 10 300 Autos nicht nur in der Produktion, sondern auch im Betrieb mit Benzin und Diesel viel klimaschädlicher als die strombetriebene Straßenbahn.[72]

In Städten ist der massive Ausbau von Öffis und aktiver Mobilität (Rad- und Gehwege) eine Frage der Lebensqualität. Durch weniger Verbrennungsmotoren reduziert sich die Feinstaubbelastung, ein Problem, mit dem die Stadt Graz seit Jahren kämpft. Wien hingegen ist mit Westwind gesegnet, doch dort plagen sich viele mit dem Lärm, den tausende Rushhour-Autos verursachen. Auf der einen Seite verbessern die höhere Luftqualität und weniger Lärm unsere Gesundheit, auf der anderen Seite hält uns aktive Mobilität vitaler. Klimaschutz hat vielfach einen positiven Effekt auf unsere Gesundheit. Darüber hinaus gewinnen wir Platz für Grün in der Stadt – das mildert die Hitze im Sommer und schafft Begegnungsräume.

Wie wichtig lebenswerter öffentlicher Raum in Städten ist, haben wir während der Corona-Pandemie gesehen. Die Parks und Flussufer waren wichtige Erholungsorte, und auch Spaziergänge und Wanderungen wurden vielfach unternommen, um den eigenen vier Wänden hin und wieder zu entkommen. Wir könnten aber viel mehr Stadtoasen schaffen, wenn der öffentliche Raum nicht so unfair verteilt wäre. Stellen Sie sich vor, alle Menschen würden ihre Geschirrspüler, Waschmaschinen und Trockner im öffentlichen Raum abstellen. Es würde uns irrsinnig vorkommen, dass man mit privaten Geräten, die man nur eine Stunde am Tag braucht, den ganzen Platz blockiert. Bei Autos passiert genau das.

In Wien gehören 27 500 000 asphaltierte Quadratmeter den Autos. Das sind knapp 4000 Fußballfelder.[73] Zwei Drittel der gesamten Verkehrsfläche sind für Autos reserviert.[74] Und das, obwohl Wien seit 2009 regelmäßig lebenswerteste Stadt der Welt wird – wie sieht es dann erst woanders aus? Mit einem Siebtel versiegelter Fläche ist Wien ein grünes Eiland im Vergleich zu anderen europäischen Großstädten. In Umfragen sind es aber *niemals* mehrspurige Straßen und Parkplätze, die eine Stadt lebenswert machen. Es sind Grünflächen, Spielplätze, Promenaden, Gastgärten und Wochenmärkte.

Sie denken sich ganz zu Recht: Ja, okay, in der Stadt ist ein autofreies Leben vielleicht möglich, aber am Land sieht die Sache anders aus. Dort kann man nicht einfach so auf das Auto verzichten. Das stimmt. Deshalb braucht es verschiedene Konzepte für Stadt und Land. Da jede fünfte Stadt nicht mit der Bahn erreichbar ist, muss die Zuginfrastruktur ausgebaut werden.[75] Ein verbessertes Angebot führt erwiesenermaßen zum Umstieg vom Auto auf die Bahn.[76] Wo eine Streckenführung nicht möglich ist oder sich tatsächlich nicht rentiert, müssen Busse in regelmäßigen Intervallen eingeführt werden, um klimafreundliche Mobilität möglich zu machen.

Hier dürfen die Konzepte aber nicht enden. Denn wie komme ich von meinem Wohnort zum Bus oder zur Bahn? Kann ich zum Beispiel mit meinem Ticket am Bahnhof gleich ein Fahrrad oder E-Bike nehmen? Gibt es einen gesicherten, beleuchteten Gehweg oder Sammeltaxis und Rufbusse für längere Strecken?

In manchen Fällen ist natürlich nach wie vor ein Auto sinnvoll, wenn ich vollbeladen ankomme, umziehe oder mit der ganzen Familie wohin fahre. Aber muss ich dazu ein Auto besitzen, oder kann ich mir gleich eines am Bahnhof schnappen und das letzte Stück damit zurücklegen? Das Konzept von *Mobilität als Service* habe ich bereits erwähnt. Dabei geht es darum, sämtliche Modi der Fortbewegung abwechselnd nutzen und leicht von einem auf das andere umsteigen zu können. Car-Sharing kann dies in ländlichen Regionen ermöglichen.

Lokale Fahrgemeinschaften sind eine weitere Möglichkeit. Die Gemeinde Stanz im Mürztal bietet beispielsweise ein »Mitnahmeservice« von verschiedenen Plätzen im Ort an sowie ein E-Mobiltaxi, das durch die GemeindebürgerInnen betrieben wird.[77] Und so wie in Stanz gibt es in ganz Österreich immer mehr gut funktionierende Beispiele.

Mir ist klar, dass für viele ein Leben ohne eigenes Auto unvorstellbar ist. Für einige ist es momentan unmöglich, weil keine Alternativen zur Verfügung stehen. Das ist laut Statistik aber eher die Ausnahme. In Österreich sind neunzehn Prozent der Autofahrten kürzer als zweieinhalb Kilometer, vierzig Prozent kürzer als fünf Kilometer und sechzig Prozent kürzer als zehn Kilometer.[78] Die meisten Fahrten könnten also statt mit dem Auto auch durch aktive Mobilität bewältigt werden. Wenn zusätzlich der öffentliche Verkehr gut ausgebaut und getaktet ist, kann man sogar noch mehr Wege klimafreundlich zurücklegen. Deshalb muss die Politik alle regionalen Zentren gut öffentlich erreichbar machen und diese wiederum miteinander und mit den Landeshauptstädten verknüpfen. Dann sind die meisten Menschen in Österreich mit klimafreundlichen Möglichkeiten versorgt und gut angebunden.

DAS VERKEHRSMITTEL ALS KOSTENFRAGE

Der spektakuläre Streik endete vor dem Verkehrsministerium. Nachdem wir unsere Forderungen zur Mobilitätswende schon am Weg übergeben hatten, gab es noch eine finale Ansprache, dann löste sich langsam alles auf. Die Menschenmenge zerstreute sich in Seitenstraßen und -gassen. Wir gingen zu den Einsatzkräften und bedankten uns für die Unterstützung bei diesem Großereignis. Ich werde nie vergessen, wie einer der Polizisten erwiderte, dass er den Streik wirklich genossen habe. Seine Tochter sei auch mitgegangen, und er sei noch nie so stolz vor einem Demonstrationszug hergegangen. Sogar einen Fist-Bump erhielten wir reihum.

Dreißig der Fridays blieben übrig, überglücklich, ausgelassen. Wir hüpften zu den letzten Klängen aus der Musikanlage und sangen uns dabei die Anspannung aus dem Leib, die wir alle heute Morgen gehabt hatten. Ich hatte meine Arme um Johannes und Sam gelegt, die beiden ihre um Laurin, Agnes und Michi. Es war einer der seltenen Momente, wo wir uns alle in das Gefühl fallen ließen, etwas geschafft zu haben. Etwas Ausschlaggebendes.

Völlig erschöpft kehrten wir heim. In den Öffis, die an diesem Tag über ihre Anzeigen Solidarität bekundet hatten, fielen mir beinahe die Augen zu. Normalerweise beantwortete ich während der Fahrt E-Mails, führte Telefonate, las Zeitungsartikel oder lernte irgendwelche Zusammenfassungen für das nächste Interview. Jetzt legte ich meinen Kopf an die Scheibe und ließ das zufriedene Glühen seine Wirkung entfalten.

Man kennt gemeinhin die Vorteile öffentlichen Verkehrs: auf weiten Strecken kürzere und nutzbare Fahrzeit im Vergleich zum Auto. Es lassen sich Dinge erledigen, E-Mails, Anrufe, Lektüren. Wem das Autofahren Freude bereitet, den lassen diese Vorteile natürlich kalt. Wer das Auto aber aus Kostengründen wählt, für den werden die nächsten Absätze interessant sein.

Bahnfahren sei viel zu teuer, vor allem teurer als das Auto – so die weit verbreitete Meinung. Der »VCÖ – Mobilität mit Zukunft« belegt immer wieder, dass dem nicht so ist. So wurden auf 127 häufig genutzten Pendelstrecken die Kosten verglichen, und das Ergebnis war: »Das Pendeln mit dem öffentlichen Verkehr ist um ein Vielfaches günstiger als mit dem Auto, bei längeren Distanzen können sogar mehrere tausend Euro pro Jahr gespart werden.«[79]

Anfangs haben mich diese Resultate auch überrascht. Sowohl Monatstickets als auch Bahnfahrten kosten einiges. Dann rechnet man den Preis für drei Autoinsassen, und das Auto schneidet sehr viel besser ab. Bedenkt man allerdings, dass der Sprit nur einen kleinen Teil der Kosten eines Autos verursacht, erklärt sich das Resultat. Der Wertverlust des Autos macht den größten Teil aus. In den ersten fünf Jahren beträgt er rund die Hälfte des Anschaffungspreises.[80] Hinzu kommen Service, Reparaturen, Steuern, Versicherung, Vignette, Parkgebühren und leider auch Unfälle, die im glücklichsten Fall nur Geld und nicht mehr kosten. In Summe ist es dann viel mehr, als ein Jahresticket kosten würde.

Aber mir geht es ja ähnlich: Beim Hüttenurlaub in Tirol mit meinen Freundinnen und Freunden zögere ich wegen der Kosten, mir für eine Woche ein Auto zu leihen. Faktisch weiß ich, dass die 150 Euro für den einen Urlaub im Jahr nichts sind im Vergleich zu den 8000 Euro, die ein eigenes Auto durchschnittlich im Jahr verschlingt, alle anfallenden Kosten eingerechnet.[81] Für StadtbewohnerInnen wäre es wohl sogar günstiger, alle Fahrten mit dem Taxi zurückzulegen, als ein eigenes Auto zu besitzen. In der Praxis spielt mir meine Psyche einen Streich, und ich habe das Gefühl, 150 Euro seien teuer.

Beim Umstieg sparen wir uns aber nicht nur Geld. Der Ausbau des öffentlichen Verkehrs ist eine zutiefst soziale Maßnahme. Betrachtet man das Viertel der Haushalte mit dem niedrigsten Einkommen, besitzen 44 Prozent gar kein Auto. Sie sind auf andere Arten der Mobilität angewiesen. Gleichzeitig nutzen Pendlerpauschale und Steuerbegünstigung bei Firmenwagen dem Viertel der Haushalte mit dem höchsten Einkommen am meisten. In dieser Einkommensklasse besitzen 43 Prozent zwei oder mehr Autos. Günstige und ausgebaute öffentliche Verkehrsmittel machen demnach nicht nur den Umstieg auf klimafreundliche Fortbewegung für alle leichter, sondern unterstützen vor allem jene, die sich andere Formen der Mobilität gar nicht leisten können. Das gilt natürlich auch für Kinder, ältere Menschen oder Menschen mit Behinderungen, die keinen Führerschein besitzen oder nicht mehr fahren können.[82]

Die Reichsten sind es auch, die mit ihrem Mobilitätsverhalten fast so viel Treibhausgase verursachen wie Niedrigverdienerinnen und -verdiener mit deren gesamtem Lebensstil.[83] Es ist nicht die Pflegekraft oder das Lehrpersonal, das jede Woche per Flieger in den Bürosessel am anderen Ende des Kontinents jettet. Auf europäischer Ebene sind die Zahlen noch drastischer: Das Prozent der Haushalte mit größtem Treibhausgasausstoß verursacht allein mit der Landmobilität mehr Emissionen als die unteren neunzig Prozent gesamt je Haushalt. Mobilität macht beim Topprozent der Klimaschädiger sechzig Prozent der Emissionen aus.[84] Wie wir herumkommen und welche Verkehrsmittel wir nutzen, ist also entscheidend dafür, wie viel CO_2 wir ausstoßen.

Das ist der Grund dafür, warum es eine hohe Flugticketabgabe und eine Besteuerung von Kerosin braucht. Flüge sind zurzeit spottbillig und wiegen nicht die verursachten Schäden und Kosten auf – weder für die Umwelt noch für die Menschen, die dort arbeiten. Wenn wir die Bekämpfung der Klimakrise im Blick haben, braucht es also eine erhebliche Reduktion von Langstreckenflügen und eine schrittweise Einstellung von Kurzstreckenflügen, während klimafreundliche Verkehrsmittel ausgebaut werden müssen.

Und wie wird das Reisen in Zukunft aussehen? Die pragmatische Antwort ist: Für Destinationen, die über den Landweg erreichbar sind, wird es Zug- oder Busverbindungen geben. Vor allem Nachtzüge erleben gerade in Europa eine Renaissance und sind eine gute Alternative. Die Länder werden grenzübergreifend zusammenarbeiten müssen, um die Schieneninfrastruktur und die Leitsysteme zu vereinheitlichen, was auch für den Güterverkehr erhebliche Vorteile birgt.

Für notwendige Reisen darüber hinaus – und nur für diese – wird mittelfristig kein Weg am Flugzeug vorbeiführen. Die Umweltschäden müssen aber in den Preis des Tickets einbezogen werden, wodurch viele Geschäftsreisen durch digitale Lösungen ersetzt würden und Fernreisen zu einem außergewöhnlichen Ereignis werden. Shopping-Trips nach Mailand übers Wochenende, bei denen das Parkhaus am Wiener Flughafen mehr als das Flugticket kostet, darf es nicht mehr geben.

VERKEHR ENTSTEHT, WO ETWAS VERKEHRT STEHT

Nach dem weltweiten Klimastreik folgten viele Einladungen, doch eine war besonders bedeutend. Bisher kannten wir die Hofburg nur aus dem Fernsehen. Plötzlich waren wir es selbst, die wie Staats- und Regierungschefinnen und -chefs den langen Teppich entlangschritten, auf die sich türmenden Kameras zu. Der rote Samt, das vergoldete Mobiliar und die ganzen Medien machten unsere Begrüßung mit dem Bundespräsidenten Alexander Van der Bellen sehr steif.

»Ich freue mich, heute die Menschen der Fridays-For-Future-Bewegung kennenzulernen«, begann er seine Rede. »Ich habe die jungen Aktivistinnen und Aktivisten von Anfang an mit großer Sympathie mitverfolgt und bin zutiefst beindruckt, was sie in den letzten Monaten auf die Beine gestellt haben.«

Dann richteten sich die Kameras auf uns. Wir hielten unseren emotionalen Appell an die Linsen und Objektive. Ein paar Gesichter von Journalistinnen und Journalisten erkannte ich inzwischen. Wir sprachen von den Menschen auf der ganzen Welt, die ihr Zuhause verlieren, weil wir die Klimakrise sehenden Auges und wider besseren Wissens verursachen. Anschließend wurden wir hinter die mysteriöse Tapetentür geführt, zum privaten Gespräch, fernab der Kameras und der Berichterstattung.

Als wir in den Raum traten, herrschte kurz Stille, dann nickte der Bundespräsident. Schmunzelnd wandte er sich an mich. »Schön zu sehen«, sagte er langsam, »dass Sie Ihren Weg gefunden haben, Frau Rogenhofer.«

Ich wusste nicht, was ich sagen sollte. Wieder stolperte ich über meine Worte, wie bei unserem ersten Treffen. Am liebsten hätte ich mich für so vieles bedankt, was mich sein Tipp gelehrt hatte. Stattdessen sagte ich lachend: »Mit mutiger Politik landet man anscheinend in der Hofburg.« Er zwinkerte mir zu, stimmte in mein Lachen ein und bot uns Stühle an.

Der Bundespräsident war bestens vertraut mit den Ideen eines Green New Deals. Im Gespräch über die künftigen Pläne der Klimabewegung und Van der Bellens Rolle im Klimaschutz waren wir einer Meinung, dass man nicht länger die Symptome behandeln konnte, sondern die klimapolitischen Ursachen angehen musste.

Im Bereich Mobilität hieß das, sich der Wurzel des Problems zu widmen: der falschen Raumplanung und Stadtentwicklung in weiten Teilen Österreichs. Die sich täglich in die Stadt wälzenden Autokolonnen aus den Speckgürteln und darüber hinaus, die Einkaufshäuser fernab der Zentren und der ausgestorbenen Ortskerne, der unablässige Bau von Straßen, die Umwidmung von Grün- und Ackerflächen in Bauland, die Errichtung von Zweitwohnsitzen auf der grünen Wiese, während Altbestände leer stehen – alles Folgen politischer Entscheidungen.

Wir waren uns einig darin, dass die Bodenversiegelung beendet werden musste. Täglich werden in Österreich dreizehn Hektar – oder achtzehn Fußballfelder – Boden zubetoniert.[85] Wenn der Boden einmal versiegelt ist, kann die Erde kein Wasser mehr aufnehmen, die Natur und die Lebewesen im Boden darunter sterben ab. Landwirtschaftlich genutzte Flächen gehen verloren, was langfristig Auswirkungen auf unsere Versorgung haben könnte, ebenso Grünland, Wiesen und Waldflächen, die für den Erhalt der Biodiversität und die Bindung von Treibhausgasen so wichtig wären. Indem wir Altbestand Vorrang vor Neubau geben, können wir den Flächenfraß maßgeblich eindämmen.

Ein anderer fataler Lock-in-Effekt in der Stadtplanung ist Zersiedelung. Sie kennen diese Wohngebiete: aneinandergereihte Häuserreihen ohne öffentliche Infrastruktur, weder Geschäft noch Gasthaus in Sichtweite, Autos vor jedem Gartentor. Der Albtraum einer jeden Raumplanerin. Diese Gegenden sind ressourcenintensiv und gesellschaftlich einsam. Soziales Leben braucht Versammlungsplätze, gemütliche Orte zum

Verweilen, wo Eltern am Marktplatz einen Kaffee trinken und die Kinder unterdessen im Schatten der Bäume spielen. Ein gut geplantes Wohngebiet schafft es, vom Arbeitsplatz bis zum Kulturangebot alles in Gehweite zu versammeln, für Alt und Jung gleichermaßen. Es braucht aber auch eine neue Verkehrsplanung: Städte und Siedlungen müssen mehr um den öffentlichen Verkehr herum geplant werden als ums Auto. Die *autogerechte* Stadt gehört der Vergangenheit an.

Zum Paket des Green New Deals gehören im Bereich Raumplanung auch Maßnahmen, um sich an das heißere Klima anzupassen. Betonwüsten verstärken im Stadtgebiet die sommerlichen Hitzewellen für die Anrainerinnen und Anrainer. Bäume hingegen regulieren mit Schatten und Feuchtigkeit das Mikroklima, Dach- und Fassadenbegrünungen wirken als natürliche Klimaanlagen. Auch Brunnen und Gewässer können die Umgebung merklich kühlen, und wer sagt, dass wir nicht alte Flüsse in Städten wieder an die Oberfläche holen und zu Naherholungsgebieten machen können? Aus der Wohnung nur zweimal ums Eck gehen zu müssen, um die Füße in einen Bach strecken und unter Bäumen sitzen zu können – solche Utopien können mit klimafreundlicher Politik Wirklichkeit werden. Es ist ein Glück, dass wir Pflanzen und Gewässer tendenziell ansprechender finden als Betonpfeiler. Die Stadt der Zukunft ist daher nicht nur klimafreundlich, sondern auch menschenfreundlich.

Zusammenfassend heißt das: Um den Verkehrsbereich bis 2040 klimafreundlich zu machen, müssen wir spätestens heute und jetzt beginnen. Flächendeckende Versorgung mit öffentlichem Nah- und Fernverkehr sowie bedarfsorientierte Lösungen, wo günstige Öffis mit dichten Intervallen unmöglich sind oder der letzte Kilometer zu überwinden ist; für Langstrecken ein internationales dichtes Netz von Zugverbindungen, das Güter- wie Personenverkehr auf die Schiene verlegt; Grün- und Naturflächen statt Betonwüsten und eine Raumplanung, die den Menschen, nicht das Auto in den Mittelpunkt stellt. All das kurbelt die regionale Wirtschaft an, schafft viele Arbeitsplätze und rückt das in den Fokus, was uns Menschen wichtig ist, nämlich ein schönes Leben.

7. GESETZE UND STEUERN

Im Gegensatz zu Fridays For Future war mein Start beim Klimavolksbegehren eine schwierige Entscheidung. Ich hatte seine Initiierung durch die Grünen-Politikerin Helga Krismer schon von meinem UN-Praktikum in Bonn aus beobachtet. Ihre Parteizugehörigkeit trübte den Zuspruch der Öffentlichkeit leider; selbst die Umwelt-NGOs verweigerten die Unterstützung aus Angst, dass das Projekt floppte. Obwohl mich die Chance lockte, das Volksbegehren neu und parteiunabhängig aufzusetzen, hatte ich ernstliche Bedenken, ein Projekt dieser Größenordnung stemmen zu können. Würde es mich maßlos überfordern?

Außerdem waren gerade zwei große Volksbegehren, das Nichtraucher- und das Frauenvolksbegehren, trotz immenser Unterschriftenzahl von der ÖVP-FPÖ-Koalition unter den Teppich gekehrt worden. Wenn das mit dem Klimavolksbegehren passierte, wäre es der Todesstoß für die Klimabewegung. Diente ich der Sache nicht direkter mit den Streiks, die gerade so viele Menschen inspirierten? Auf der anderen Seite: Hätte ich wirklich alles in meiner Macht Stehende getan, wenn ich das Angebot ablehnte? Wohl nicht. Ich nahm also meinen ganzen Mut zusammen und begann wieder einmal neu – wie neu, würde mir etwas später klarwerden.

Nach der offiziellen Übergabe Ende März 2019 dauerte es kaum zwei Tage, bis ich das Ausmaß des Widerstands kennenlernte, der dem Volksbegehren entgegengebracht wurde. Die Umweltorganisationen waren skeptisch, die Klimabewegung noch nicht an Bord, die Forderungen waren nicht umfassend abgestimmt worden. Ich war auf einen fahrenden Zug aufgesprungen, der schnell zusammengeschustert worden war und rapide Tempo aufnahm. Auszusteigen war keine Option mehr. Ich legte also eine Notbremsung ein, stoppte die offizielle Einleitung des Volksbegehrens und begann ganz von vorne.

Das hieß Freiwillige rekrutieren, Spenden sammeln und FürsprecherInnen suchen. Tag für Tag zeichneten wir die Karte der Netzwerke neu, die in Österreich Klimaschutz umsetzen konnten: aktive und ehemalige

PolitikerInnen, UnternehmerInnen, Organisationen und bekannte Persönlichkeiten. Je mehr Leute ich traf und ansprach, desto klarer wurde mir, wen wir als Verbündete gewinnen mussten. Wer die Macht hatte, etwas zu verändern. Graue Eminenzen im Hintergrund, schillernde Personen aus den Klatschspalten, vernetzte CEOs, Organisationen und Kammern, die ökosozialen Schwarzen. Aus etlichen Mündern fiel der Name Josef Riegler, Vizekanzler außer Dienst und Vordenker der ökosozialen Marktwirtschaft. Nur wie erreichte man diesen Herrn? Er hatte nicht wie Umweltorganisationen eine Website, auf der seine Kontaktdaten zu finden waren. Doch je größer das Netzwerk wurde, desto leichter wurde auch das.

Vor allem ging es aber darum, handfeste, wissenschaftlich abgesicherte Forderungen zu entwickeln. Die Forderungen sollten die Eckpfeiler einer umfassenden Strategie sein, die uns auf Klimakurs bringen konnte. Wir hatten zuvor mit BürgerInnenbeteiligung viele Vorschläge gesammelt und mit der Klimajugend die Köpfe zusammengesteckt. Schließlich luden wir alle relevanten Organisationen an einen Tisch, um Rückmeldungen einzuholen und uns auf die Forderungen einzuschwören.

Doch es dominierten Sorgen und Vorbehalte. Die Mehrheit befürchtete den Supergau: dass eine Unterschriftenzahl unter 100 000 das wichtige Klimathema politisch ad acta legen würde. Wenn man nicht über 300 000 Stimmen erreichte, würde das Volksbegehren nichts bewirken.

Ich erinnere mich an meine Brandrede vor der Runde. Es brauche jetzt sämtliche Werkzeuge einer Demokratie, um die notwendige Transformation anzustoßen. Es brauche jetzt den größten Schulterschluss, den es je gegeben hat, um verbindliche Klimagesetze zu machen. Und wir brauchten dieses Volksbegehren, denn wir mussten CEOs, Prominente, Organisationen und Personen erreichen, die bisher noch nie für Klimaschutz aufgestanden waren und niemals zu einer Fridays-For-Future-Demo gehen würden.

Um ein Haus zu bauen, braucht es viele Werkzeuge. Klimastreiks sind die Hämmer, die eine Botschaft auf die Titelseiten nagelten. Das Volksbegehren war der ebenso wichtige Schraubenzieher. Mit ihm drehten wir das Klimathema ins harte Holz der Gesellschaft, in der Hoffnung, es langfristig zu fixieren, sodass nicht mehr daran gerüttelt werden konnte.

Der breite Beteiligungsprozess am Klimavolksbegehren überzeugte schließlich doch viele Unentschlossene und ebnete den Weg in diverse Allianzen. Die konkrete Ausformulierung der Forderungen geschah in enger Abstimmung mit den Wissenschafterinnen und Wissenschaftern. Viele von ihnen waren durch die streikenden jungen Menschen wachgerüttelt worden und arbeiteten gerade an einem Plan für Österreich, um das Pariser Klimaziel zu erreichen.

Es drängt sich hier die Frage auf, warum man erst 2019 begann, einen solchen Plan auszuarbeiten. Nun, eigentlich gab es ja bereits einen Plan, nämlich den offiziellen Nationalen Energie- und Klimaplan (NEKP) der Regierung. Der sollte doch eigentlich reichen, könnte man meinen. Falsch gedacht.

DER RICHTIGE NATIONALE ENERGIE- UND KLIMAPLAN

2015 hat sich Österreich dem Pariser Klimaabkommen verschrieben, um die Treibhausgas-Emissionen im Vergleich zu 1990 stark zu reduzieren. Österreichs Emissionen sind seit den Neunzigern jedoch sogar gestiegen. Das ist übel. Mehr noch, es ließ uns zum Schlusslicht werden: Den EU-Ländern gelang durchschnittlich eine Reduktion der Emissionen um 21 Prozent. Gestiegen sind die Emissionen nur in fünf Ländern.[86]

Wie alle anderen EU-Länder muss Österreich regelmäßig berichten, wie es die Reduktionsziele der EU zu erreichen gedenkt. Dieser Bericht ist der besagte Nationale Energie- und Klimaplan. Der letzte NEKP der Regierung Kurz I wurde 2019 von der EU-Kommission als »höchst unzureichend« eingestuft, da er die Reduktionsziele weit verfehlte – und das wohlgemerkt bei damals noch sehr unambitionierten Zielen auf EU-Ebene.[87] Es fehlten ausreichende Maßnahmen, eine ausgewiesene Finanzierung und die Berechnung, wie wirksam die vorgeschlagenen Schritte seien.[88]

Mit dem Impuls von Fridays For Future nahmen die führenden österreichischen KlimawissenschafterInnen um Helga Kromp-Kolb, Gottfried Kirchengast, Karl Steininger und WU-Umweltökonomin Sigrid Stagl, angeleitet von Mathias Kirchner, nun den NEKP in die Hand. Sie ließen sich von dem Mut der Klimabewegung anstecken und erstellten einen Referenzklimaplan (Ref-NEKP).[89] Unzählige AutorInnen aus allen Fachgebieten beteiligten sich, um der Politik geschlossen Handlungsmöglichkeiten darzulegen und die Dringlichkeit aufzuzeigen. Es war ein historischer und mutiger Schritt der Wissenschaft auf die Politik zu, um die dort vorherrschende Unwissenschaftlichkeit zu adressieren. Es gelang die Gratwanderung, eine differenzierte, ungefärbte Empfehlung abzugeben, wie es Wissenschaftlichkeit verlangt.

Mit dem Referenzplan existierte jetzt ein Muster. Es gab keine Ausrede mehr: Die Klimaziele einzuhalten war möglich, und hier stand auch klipp und klar, wie. Wie praktisch, dass wir gerade ein Klimavolksbegehren zur Hand hatten, um der Politik zu bestätigen: Ja, auch die Menschen stehen hinter diesen Maßnahmen!

Im Ref-NEKP werden zum Teil die bereits in den vorherigen Kapiteln erwähnten Maßnahmen ausgeführt, aber auch die Wichtigkeit einer ökosozialen Steuerreform und die Abschaffung klimaschädlicher Förderungen betont. Vor allem braucht es aber endlich den gesetzlichen Rahmen, der eine jährliche Senkung der Emissionen festschreibt.

MIT EMISSIONEN HAUSHALTEN

Österreich hat sich im Pariser Klimaschutzabkommen verpflichtet, die Erderhitzung am besten auf 1,5 °C zu beschränken. Laut dem IPCC-Bericht 2018 würde das globale Klimaneutralität bis 2050 erfordern. Österreich müsste also bis 2050 seine kompletten Emissionen beenden? Nicht ganz, denn ein paar (reiche) Länder haben historisch um einiges mehr Treibhausgase ausgestoßen als andere (ärmere). Sie müssen darum das Ziel im Sinne der globalen Gerechtigkeit deutlich früher erreichen. Österreich gehört dazu.

Unsere Forderung war deshalb, Österreich schon 2040 klimaneutral zu machen. Dieses Ziel wurde unter der ÖVP-FPÖ-Regierung 2019 belächelt. Doch dann ging es zackig: Ibiza-Affäre, Übergangsregierung und Neuwahlen. Ein Jahr später hatte die Regierung aus ÖVP und Grünen unsere Forderung direkt in ihr Regierungsprogramm aufgenommen – einer der vielen kleinen Siege der Klimabewegung.

Das Ziel globaler Klimaneutralität bis 2050 geht von einer schrittweisen Reduktion der Emissionen aus. Wie in Kapitel 1 beschrieben, ist es nämlich nicht nur wichtig, *wann* wir klimaneutral sind, sondern auch, *wie viel* Emissionen wir bis dahin verursacht haben. Die ganze Welt durfte ab 2018 nur noch 420 Milliarden Tonnen CO_2 ausstoßen, um mit 66-prozentiger Wahrscheinlichkeit unter 1,5 °C Erderhitzung zu bleiben.[90] Aber was heißt das für Österreich? Wie viele der 420 Gigatonnen CO_2 darf unsere Republik für sich beanspruchen?

Wenn man historische Emissionen miteinbezieht, haben fast alle Länder des Globalen Nordens ihren Anteil schon überschritten (siehe Kapitel 2). So hat auch Österreich das Emissionsbudget bereits aufgebraucht, das uns bei einer fairen globalen Aufteilung zustünde. Deshalb zeigen viele Studien, die Österreich ein Treibhausgasbudget zuweisen, auch die Notwendigkeit zusätzlicher Klimafinanzierung im Ausland auf. Durch finanzielle Unterstützung können wir anderen Ländern helfen, ihre Emissionen schneller zu reduzieren, und so unseren Rückstand gutmachen.

Daneben müssen auch unsere eigenen Emissionen sinken, um unseren Kreditrahmen nicht weiter zu überziehen. Die neueste Studie (2020) des Grazer Wegener Centers beziffert das österreichische CO_2-Budget mit zirka 700 Millionen Tonnen ab Anfang 2021.[91] Jetzt heißt es, mit der verbleibenden Menge gut hauszuhalten, um nicht schon nach neun Jahren alles aufgebraucht zu haben. Immerhin stoßen wir derzeit jährlich achtzig Millionen aus. Wie es funktionieren könnte?

Wir müssen unsere Emissionen Jahr für Jahr senken, so viel steht fest. Es braucht also einen verbindlichen Reduktionspfad und jährlich festgeschriebene Emissionshöchstmengen. Naturgemäß ist eine kontinuierliche Reduktion am besten und realistischsten. Hätten wir schon 1990 damit angefangen, hätte man mit geringen Vorkehrungen langsam das Ziel der Klimaneutralität im Jahr 2040 erreichen können.

Da die Politik die letzten dreißig Jahre verschlafen hat, benötigen wir ab Anfang 2021 eine jährliche Reduktion von etwa acht Prozent. Das ist viel, aber es ist möglich. Jedes Jahr des Nichtstuns macht das nächste aber umso schwieriger. Bis 2030 müssen unsere Emissionen um mindestens 57 Prozent gegenüber 1990 sinken. Damit könnten wir in der EU, wo man kollektiv minus 55 Prozent bis 2030 festgesetzt hat, wieder ins Mittelfeld aufrücken.

Das jährliche CO_2-Budget kann man sich in etwa wie einen Staatshaushalt vorstellen. Wir haben als Nation ein gewisses jährliches Finanzbudget zur Verfügung. Überschreiten wir es, sind wir im Minus; wirtschaften wir gut, sind wir im Plus; häufen wir jahrelang Schulden an, droht der Bankrott – außer wir haben gut investiert. Wie jede Selbstständige und jeder Betrieb wissen, ist gute Buchhaltung ein Muss. Stellen Sie sich vor, Milliarden-Unternehmen würden blind ins Jahr hineinwirtschaften, ohne ihre Ausgaben und Einnahmen zu überblicken! Genau das passiert aber mit unseren Emissionen. Die Republik vertraut fahrlässig darauf, dass sich schon alles ausgehen wird, wohlgemerkt bei Treibhausgas-Emissionen, die im Gegensatz zu den Finanzen auf staatlicher Ebene keine jahrelangen Defizite erlauben. Darum forderten wir mit dem Klimavolksbegehren ein Klimaschutzgesetz, das den obigen Reduktionspfad mit Zwischenzielen verbindlich macht.

Der österreichische Föderalismus lädt geradezu dazu ein, die Verantwortung für die eigene Tatenlosigkeit auf eine andere Ebene zu schieben. Zwischen Bund und Ländern wird Klimaschutz zur Tauschware für die Durchsetzung anderer politischer Interessen. Bemühungen um ein koordiniertes Vorgehen liefen bislang meist ins Leere. Was es braucht, ist also eine klare, verfassungsrechtliche Pflicht zum Klimaschutz – und das in einer solch konkreten Form, dass sich die EntscheidungsträgerInnen ihrer politischen wie rechtlichen Verantwortung nicht entziehen können.

Durch die Verpflichtung zur Einhaltung eines Treibhausgasbudgets müssen Bund und Länder ihren Beitrag zur Reduktion der CO_2-Emissionen leisten – jeweils in ihrem Verantwortungsbereich. So wären die Länder gefragt, wenn es um Raumplanung geht, der Bund aber für den Stopp klimaschädlicher Subventionen verantwortlich usw. Um die Reduktionen auch wirklich zu schaffen, müssen im Klimaschutzgesetz also zusätzlich zum Reduktionspfad umfassende Maßnahmenpakete und ausreichend Geld zu deren Finanzierung festgelegt werden. Anders als bisher würde es damit endlich ein durchdachtes, langfristiges Vorgehen geben, das Planungssicherheit für die ganze Republik garantiert.

Wird der jeweiligen Reduktionspflicht nicht nachgekommen, müssen Sanktionen greifen. Aber wie wissen wir, wer das jährliche Budget überschritten hat? Wie das auch bei Finanzen der Fall ist, muss die Einhaltung des CO_2-Budgets jährlich offengelegt und von einer unabhängigen Instanz geprüft werden. Deshalb forderten wir zusätzlich einen *Klimarechnungshof* in Anlehnung an den bestehenden Rechnungshof. Der Rechnungshof kann Einnahmen, Ausgaben und die Verwendung der Gelder des Staates prüfen und Empfehlungen für das kommende Jahr aussprechen. Dasselbe täte der Klimarechnungshof für ausgestoßene Treibhausgase: Er zöge jährlich Bilanz über unser CO_2-Budget, quasi Klimakassensturz.

Der Klimarechnungshof wäre wie der Rechnungshof *unabhängig und nicht weisungsgebunden*. Das bedeutet, dass er unabhängig von der Regierung dem Parlament über unseren Treibhausgashaushalt Bericht erstattet. Sein Gremium aus wissenschaftlichen ExpertInnen prüft vor Inkrafttreten von Maßnahmen, klimarelevanten Gesetzen und Verordnungen deren Folgen; und evaluiert dabei auch, ob sie geeignet sind, den Reduktionspfad einzuhalten. Werden Emissionsgrenzen überschritten oder ist ein Maßnahmenpaket unzureichend, müssen von der Regierung *Sofortmaßnahmen* ergriffen werden, um die CO_2-Budgetlücke auszugleichen. Schließlich ist ein Staatsdefizit in diesen Belangen nicht nur eine Minuszahl, sondern eine Gefährdung unseres Überlebens.

Dass ambitionierte Ziele und ein nationaler Schulterschluss bei diesem wichtigen Thema möglich sind, zeigt Dänemark. Das Land hat ein Klimagesetz verabschiedet, das die Regierung verpflichtet, bis 2030 sogar siebzig Prozent der Treibhausgas-Emissionen einzusparen. Sämtliche Reduktionen sollen rein innerhalb der Landesgrenzen erreicht werden. Bemerkenswerte 95 Prozent aller Abgeordneten stimmten für das Gesetz.[92] Zwar werden die bisher geplanten Maßnahmen nur eine Reduktion um 54 Prozent herbeiführen, aber Dänemark ist damit zumindest losgestartet.[93]

In Österreich fühlen sich Zielsetzungen im Klimaschutz häufig so an, als gäbe es den Wunsch, einen Marathon zu laufen, nicht jedoch den Willen, die dafür notwendigen ersten Schritte zu setzen. Konkrete Maßnahmen mussten mit der Lupe gesucht werden. Man prahlte nur mit großartigen Zielzeiten, ohne je eine einzige Kilometermarke im entsprechenden Tempo zu absolvieren.

Das alte Klimaschutzgesetz, das 2020 ausgelaufen ist, enthielt kaum etwas von den oben beschriebenen Notwendigkeiten. Die Reduktionspfade und Emissionshöchstmengen waren nicht Paris-kompatibel, die Maßnahmenplanung erfolgte ohne regelmäßige Prüfung und Einbindung einer wissenschaftlichen Instanz. Sanktionen sowie Sofortmaßnahmen bei Zielverfehlung und Verantwortlichkeiten zwischen Bund und Ländern waren zu unverbindlich oder gar nicht festgelegt. Kurz: Es stand kaum etwas von Substanz darin.[94]

Mit dem neuen Klimaschutzgesetz soll sich das ändern, versprach die Regierung nach der Behandlung des Klimavolksbegehrens. Mit April 2021 ist der Ausgang der Verhandlungen zwischen ÖVP und Grünen zum Gesetzesentwurf noch offen. Was notwendig wäre, ist klar. Wie jede erfolgreiche Marathonläuferin brauchen wir Tempomacher. Ein verbindliches CO_2-Budget samt Reduktionspfad, der Klimarechnungshof und wirksame Maßnahmen und Sanktionen bei Zielverfehlung können diese Tempomacher sein. Sie würden uns zeigen, wo es langgeht und wie wir die Ziellinie in guter Zeit erreichen können!

WIR WERDEN ÖKOSOZIAL

Mittwoch, 26. Juni 2019. Es war unangenehm heiß. Ich saß mit Flo in der Wiener Traditions-Konditorei Sluka. Wir erwarteten bei Soda Zitron gespannt den Herrn, zu dem ich endlich Kontakt geknüpft hatte. Das kalte Getränk schwitzte mindestens so stark wie ich. Wir gingen noch einmal unsere Notizen durch. Josef Riegler. Ehemaliger ÖVP-Politiker, Landwirtschaftsminister (1987 bis 1989), Vizekanzler in der Bundesregierung Vranitzky III (1989 bis 1991), Ehrenpräsident des Ökosozialen Forums, gebürtiger Steirer, Jahrgang 1938, wichtiger Kooperationspartner.

»Ich hoffe, dass wir ihn fürs Klimavolksbegehren begeistern können. Er wäre so wichtig. Wir fordern eine ökosoziale Steuerreform und …«

»Und er kämpft länger dafür, als wir alt sind!«, brachte es Flo auf den Punkt. »Ihm muss es wie Helga Kromp-Kolb gehen, die seit dreißig Jahren dasselbe fordert, und niemand setzt irgendetwas um. Wir müssen ihn fragen, wie man das durchhält.«

Wenige Minuten später traf Josef Riegler ein. Er ist ein Mann, dem man auf den ersten Blick nicht ansieht, dass er einmal das zweitwichtigste Amt im Staat innehatte. Sein Anzug war ein bisschen zu groß und etwas zerknittert, vermutlich von der Anreise mit dem Zug aus Graz. In einem Klassenverband wäre Josef Riegler wohl der stille Kämpfer. Alle mögen ihn. Aber man übersieht ihn manchmal. Dann überrascht er selbst die Schreihälse mit seinen mutigen Aussagen, und alle merken: »Ah, ups, das hat der Josef wirklich schon vorletzte Woche gesagt, und das haben wir voll vergessen.« Mit einer ungebrochenen Hartnäckigkeit hält er an seinen Überzeugungen fest und verkörpert eine politische Tradition, die Rückgrat besitzt.

Er begrüßte uns sehr höflich, und noch bevor er sich wirklich hingesetzt hatte, verkündete er: »Frau Rogenhofer, ich unterstütze Ihre Forderungen auf ganzer Linie. Ich werde helfen, wo ich helfen kann. Hier, ich habe etwas mitgenommen, das ich Ihnen zeigen will.«

Er holte ein schlankes Heftchen aus dem Koffer. Das Papier war vergilbt wie bei alten Comicheften. Darauf prangte der Titel »Visionen für Österreich. Ökosoziale Marktwirtschaft«. Der zweite Blick fiel auf das in die Jahre gekommene Logo der Volkspartei und den Slogan »Neu denken. Für Wirtschaft und Umwelt«. Er schlug die erste Seite auf und zitierte:

»Ökologie ist Langzeit-Ökonomie.« Er fügte hinzu, dass es immer die Natur ist, die jede Form von Wirtschaft erst möglich macht.

Was sagte man dazu? Ich hätte es nicht besser ausdrücken können. Ich klappte mein Notizbuch zu. Das meiste war gerade irrelevant geworden. Für den Rest des Treffens hatte ich ein breites Lächeln auf dem Gesicht.

Als Josef Riegler schon zu seinem nächsten Termin gegangen war und wir bei unseren Rädern standen, ärgerte sich Flo plötzlich: »Oh nein! Ich habe komplett vergessen, ihn zu fragen, wie man jahrzehntelanges Engagement ohne Erfolgserlebnisse aushält!«

»Ich glaube«, meinte ich zuversichtlich, »weil es immer wieder motivierte junge Menschen wie uns gibt.«

Junge Menschen, die sich für eine ökosoziale Wirtschaft einsetzen, wie es Riegler schon seit den 1980er Jahren tut. Aber was heißt das überhaupt? Und warum braucht es dazu auch eine Änderung unseres Steuersystems?

EIN FAIRES STEUERSYSTEM

Neben direkten Maßnahmen, die die Infrastruktur, Investitionen und Innovationen betreffen, die wir in den vorigen Kapiteln ausgeführt haben, müssen wir auch richtigstellen, was lange nicht eingepreist wurde. Im Kern nimmt das ökosoziale Modell Umweltkosten und soziale Faktoren in die marktwirtschaftliche Rechnung auf. Der Markt reagiert vorrangig auf das, was einen Preis hat. Verschmutzung hat derzeit keinen.

Wenn ich von Wien nach New York und wieder zurückfliege, stoße ich rund 3,5 Tonnen Kohlendioxid aus. Ich trage damit zur Klimakrise bei. Die Folgekosten der Klimakrise sind im Ticketpreis nicht berücksichtigt. Auch das Flugunternehmen zahlt sie nicht – Kerosin ist sogar steuerfrei. Aber nicht nur Flugunternehmen, sondern viele Unternehmen und auch Staaten verschlimmern durch die Nutzung fossiler Energie die Klimakrise. Aber niemand kommt für die Kosten der Umweltschäden, die verursacht werden, auf. Niemand steht für die Gefahren gerade, denen Menschen auf der ganzen Welt durch die Erderhitzung ausgesetzt sind. Ich fliege also billig nach New York, Unternehmen verbrennen billig Öl, Kohle und Gas, und acht Milliarden Menschen zahlen den eigentlichen Preis. Die Kosten trägt die Allgemeinheit, überwiegend ihr ärmerer Teil, und nicht ich, die wohlhabende New-York-Touristin, nicht das Unternehmen, das sie verursacht.

Wäre es nicht fairer, wenn jene Individuen und Industrien, die für die Erderhitzung verantwortlich sind, die fossiles Öl, Gas und Kohle verbrauchen und fördern, die momentan nahezu gratis Treibhausgase ausstoßen, für die Folgen ihres Handelns zahlen? Eine ökosoziale Steuerreform wäre einer der wichtigsten Schritte zur Einpreisung der verursachten Klimaschäden.

Da es momentan wirtschaftlich ist, die Umwelt zu zerstören, tun es viele Betriebe. Trotz des Verursacherprinzips, einem Grundprinzip im Umweltrecht auf EU-Ebene, passiert dies immer noch überall und ununterbrochen. Ein klares Preissignal würde die Innovationskraft des Marktes mobilisieren, klimafreundlicher zu werden. Unternehmen würden schon aus Kostengründen Wege finden, effizient und ressourcenschonend zu produzieren. Aber auch für uns Bürgerinnen und Bürger würden klimafreundliche Produkte und Dienstleistungen attraktiver werden, weil sie im Vergleich zu den klimaschädigenden billiger würden.

Weltweit haben oder planen 48 Länder und 28 Regionen bereits eine CO_2-Steuer.[95] In Großbritannien ist so ein schneller Kohleausstieg geschafft worden. Schweden hat gegenwärtig den höchsten CO_2-Preis der Welt, nämlich 114 Euro pro Tonne Kohlendioxid. Es ist also nicht absurd, über eine Besteuerung von CO_2 nachzudenken. Denn je mehr Länder eine haben, desto mehr Emissionen werden dadurch erfasst.

Hier stellt sich die schwierigste Frage des Ganzen: Wie hoch muss ein

CO_2-Preis sein? Das deutsche Umweltbundesamt schätzt die externen Kosten für Mensch und Umwelt einer Tonne CO_2 auf 180 Euro.[96] Verschiedene andere Studien setzen den Preis deutlich höher an. Die Kosten für Gesellschaft und Natur zu beziffern ist nämlich außerordentlich schwierig. Was ist eine überschwemmte Stadt, eine ausgestorbene Tierart, ein vertrocknetes Feld wert? In Wirklichkeit müssten wir sagen: Tierarten und Menschenleben sind viel zu wertvoll, um sie in Geld zu bemessen. Wenngleich das meine Überzeugung ist, lässt sich kein pragmatischer CO_2-Preis daraus bestimmen.

Fragen wir darum anders: Wie hoch muss der Preis sein, um die gewünschte Lenkungswirkung zu entfalten? Der österreichische Referenz-NEKP der Wissenschaft setzt einen Einstiegspreis von fünfzig Euro pro Tonne CO_2 fest. Schrittweise wird der Preis bis 2030 auf 130 Euro pro Tonne erhöht und danach weiter auf 180 bis 200 Euro. Ist der Preis rechtlich festgesetzt, gewinnen Unternehmen Planungssicherheit und können sowohl Produktion als auch Investitionen entsprechend gestalten.

Werden die Unternehmen die höheren Preise der Produktion nicht direkt an uns Konsumentinnen und Konsumenten durchreichen, fragen Sie sich jetzt? Zahlen am Ende wir die Kosten einer CO_2-Steuer? Eine berechtigte Frage. Es stimmt, dass klimaschädigendes Verhalten dann teurer würde, sonst wäre die Steuer als Lenkungseffekt verfehlt. Der Preis von einem Liter Benzin oder Diesel würde bei einem CO_2-Preis von hundert Euro pro Tonne CO_2 um rund 23 Cent (Benzin) und 26 Cent (Diesel) steigen.[97] Eine solche Preisschwankung ist allerdings keine Seltenheit. Sie entspricht in etwa der Vergünstigung, die es im März 2020 in der Corona-Krise gab. Eine CO_2-Steuer hätte damals also bedeutet, dass die Spritpreise so teuer wie im Monat zuvor gewesen wären.

Dennoch sollten Menschen, die am Ende des Monats kaum über die Runden kommen, nicht unverhältnismäßig belastet werden. Es stimmt nämlich, dass geringer Verdienende *relativ* zu ihrem Einkommen mehr Geld für Güter und Dienstleistungen ausgeben, auf die dann eine CO_2-Steuer anfallen würde. *Absolut* gesehen, ist das allerdings nicht der Fall. Reiche Menschen mit großen (womöglich mehreren) Autos, die in riesigen (womöglich mehreren) Häusern mit hohen Heizkosten wohnen und mehrmals pro Jahr mit dem Flugzeug reisen, stoßen viel mehr CO_2 als ein durchschnittlicher Haushalt aus. Sie würden darum einen größeren Betrag an CO_2-Steuern zahlen. Um jedoch die *relative* Mehrbelastung der Ärmeren abzufedern, sollte die Steuerreform nicht nur ökologisch, sondern ökosozial sein.

Zum Beispiel könnte die CO_2-Steuer mit einem *Klimabonus* ergänzt werden. Der Klimabonus ist eine jährliche Rückzahlung der Steuereinnahmen gleich verteilt an alle Menschen in Österreich. So erhalten die Haushalte mit niedrigen Einkommen insgesamt *mehr zurück, als sie bezahlt haben,* da sie weniger Emissionen verursachen, und jene mit größerem CO_2-Fußabdruck bekommen weniger zurück. Es zeigt sich, dass eine so gestaltete Steuerreform ärmere Haushalte unterstützt und ihnen nicht, wie fälschlicherweise oft kritisiert, schadet.[98]

Modellrechnungen des WIFO-Forschers Mathias Kirchner und seiner KollegInnen zeigen zudem, dass bei einer Einführung eines CO_2-Preises von 120 Euro pro Tonne CO_2 die Emissionen im ersten Jahr um etwa sieben Prozent zurückgehen und jährliche Steuereinnahmen von vier Milliarden Euro bringen würden. Durch die Zweckwidmung dieser Steuereinnahmen für einen Klimabonus erhielte jede Person in Österreich jährlich 500 Euro zurück.[99] Noch mehr Lenkungseffekt erzielt man, wenn Teile dieser 500 Euro in Form von »Gutscheinen« für nachhaltige Mobilität oder Investitionen ausbezahlt würden. Auch eine Entlastung des Faktors Arbeit kann eine wichtige Ausgleichsmaßnahme sein.

Die ökosoziale Steuerreform stellt einen wesentlichen Bestandteil eines Green New Deals dar. In Kombination mit Investitionen und Infrastruktur-Maßnahmen entfaltet sie ihre volle Lenkungswirkung. Sie macht klimafreundliches Handeln attraktiv und leistbar, klimaschädigendes hingegen unattraktiv und teuer.

EIN RECHT AUF KLIMASCHUTZ

Bei vielen Themen haben wir in den letzten Kapiteln Ungerechtigkeit festgestellt. Emissionen werden von Wohlhabenden ausgestoßen, die Auswirkungen treffen vorrangig die Benachteiligten. Ein klimafreundliches Leben können sich nicht alle leisten, weil es derzeit teurer ist als ein klimaschädigendes. Der Pendler aus dem Waldviertel kann gar nicht auf öffentliche Verkehrsmittel umsteigen, weil diese nicht bei ihm im Ort halten oder es keine attraktive Taktung gibt. Die Oma im Gemeindebau kann sich keinen Ölkesseltausch leisten. Fünfjährige müssen die Folgen der Klimakrise ertragen, obwohl sie nichts dazu beigetragen haben. Weltweit trifft die Klimakrise die ärmsten Menschen am heftigsten. Ihre Häuser, Felder und Familien werden durch Extremwetter bedroht und allzu häufig zerstört.

All das ist unfair. All das kann nicht toleriert werden.

Wir alle haben ein Recht darauf, in einer intakten Natur und einer gesunden Umwelt zu leben. Wir haben ein Recht darauf, dass unsere jeweiligen Länder ihre Klimaversprechen auch einlösen. Wir haben ein Recht auf ein gutes Leben! Doch das ist in unseren Gesetzen noch nicht angekommen. Wir haben zurzeit eine komplette Schieflage in Österreich, was die Schutzgüter in unseren Grundrechten betrifft.

Daniel Ennöckl, Leiter der Forschungsstelle Umweltrecht der Universität Wien, fasst das so zusammen: »Jedes Unternehmen, das Treibhausgase emittiert, kann sich auf das Grundrecht auf Eigentum und Erwerbsfreiheit berufen, wenn es negative gerichtliche Entscheidungen gibt. Die Menschen, die sich im Klimaschutz engagieren, haben keine entsprechenden Grundrechte, die sie geltend machen können. […] Gegen Geruchsbelästigung vom benachbarten Würstelstand oder gegen Lärmbelästigungen kann ich vorgehen, aber die Genehmigung einer Anlage, die das Treibhausgasbudget von Österreich zunichtemacht, kann ich nicht bekämpfen.« Häufig wird bei der Diskussion um ein Recht auf Klimaschutz auf das in Österreich existierende Staatsziel Umweltschutz verwiesen. Dieses sei ja völlig ausreichend. Daniel Ennöckl nennt es jedoch passend »Verfassungslyrik«, denn es klingt schön, verpflichtet aber zu nichts. Es ist nicht einklagbar und hat keine rechtlichen Konsequenzen.[100]

Es gibt derzeit keinen Rechtsanspruch auf Klimaschutzmaßnahmen oder den Erhalt der Umwelt. Aus Artikel 2 und 8 der Europäischen Menschenrechtskonvention (Recht auf Leben und Privatleben) lässt sich zwar ein Schutz vor Umweltbeeinträchtigungen ableiten, jedoch greift dieser erst, wenn unmittelbare Gefährdung vorliegt. Das ist nicht ausreichend, um Maßnahmen einzuklagen, die den gefährdenden Klimafolgen vorbeugen. Deshalb brauchen wir ein Grundrecht auf Klimaschutz, und zwar im wichtigsten Dokument eines Staates: in der Verfassung.

Dieses Grundrecht muss uns allen ein Schutzrecht einräumen und den Staat verpflichten, die notwendigen Klimamaßnahmen zum Wohle der Bevölkerung aktiv zu setzen. Im letzten Abschnitt habe ich geschrieben, dass Tierarten und Menschenleben nicht mit Geld zu bemessen seien. Wir müssen sie deshalb mit allen Mitteln schützen. Die Verfassung ist ein solches Mittel.

Am liebsten wäre es mir, die Verantwortung für den Klimaschutz bei der Politik zu belassen und sie nicht den Gerichten zu übertragen. Doch wenn ich das Versagen der internationalen Klimapolitik sehe, ist der Weg über Gerichte manchmal notwendig. Die Klimakrise wird massive Auswirkungen auf unsere Lebensgrundlage, Wirtschaft und Gesellschaft haben und führt damit zwangsläufig auch zu Grundrechtskonflikten. Eine mutige Klimapolitik kann rechtlich nur funktionieren, wenn wir den Schutz der BürgerInnen vor der Klimakrise als zentrale Verfassungspflicht verstehen und auch so festschreiben.

Insofern würde ein Grundrecht auf Klimaschutz eine Rechtslücke schließen und die Schieflage gegenüber bestehenden Grundrechten ausgleichen. Eine Verfassungsänderung würde Klimaschutz einklagbar machen und es BürgerInnen ermöglichen, gegen das Nichtstun oder Fehlverhalten des Staates vorzugehen. Österreich müsste dann seiner Verpflichtung nachkommen, das CO_2-Budget einzuhalten und BürgerInnen vor negativen Folgen der Klimakrise zu schützen.

Andere Länder sind hier schon viel weiter. In den Niederlanden erfolgte auf Basis der obengenannten Grund- und Menschenrechte bereits ein Gerichtsurteil, das den Staat zur Einhaltung der Klimaziele verpflichtet.[101] Das Urteil gilt als historisch. Noch nie zuvor gab es eine erfolgreiche Klage auf Minderung der Staatsemissionen. Die Umweltstiftung Urgenda hat damit in den Niederlanden rechtliches Neuland betreten.[102] Es folgte eine globale Welle an Klimaklagen.

Im Februar 2021 urteilte das Pariser Verwaltungsgericht, Frankreich sei für anfallende Klimaschäden mitverantwortlich und habe seine Verpflichtungen zum Abbau von Treibhausgasen nicht erfüllt. Mehrere Organisationen hatten den Staat zuvor mit der Unterstützung von 2,3 Millionen Unterzeichnerinnen und Unterzeichnern einer Petition verklagt.

Eine in Europa vielbeachtete Klage wurde 2020 von sechs jungen Portugiesinnen und Portugiesen eingebracht. Sie zogen gegen 33 Staaten Europas vor den Europäischen Gerichtshof für Menschenrechte und forderten die Länder dazu auf, ihre nationalen Klimaziele deutlich zu erhöhen sowie ihre verursachten Emissionen schneller zu reduzieren. Der Fall wurde besonders schnell zur Behandlung zugelassen – ein erstes positives Zeichen. Es wurden bereits alle Regierungen der Staaten aufgefordert, zu den erhobenen Vorwürfen Stellung zu beziehen. Mit Stand April 2021 steht ein Urteil noch aus. Sollte es zugunsten der KlägerInnen ausgehen, könnten die Staaten rechtlich dazu verpflichtet werden, ihre Klimaschutzbemühungen zu verstärken. Das wäre historisch! Historisch ist auch das Urteil des Bundesverfassungsgerichts in Deutschland von Ende April 2021. Das aktuelle Klimaschutzgesetz sei unzureichend, um ein Paris konformes CO_2-Budget einzuhalten, urteilte das Gericht. Wörtlich steht in der Begründung, es dürfe »nicht einer Generation zugestanden werden unter milder Reduktionslast große Teile des CO_2-Budgets zu verbrauchen, wenn damit zugleich den nachfolgenden Generationen eine radikale Reduktionslast überlassen und deren Leben umfassenden Freiheitseinbußen ausgesetzt würde«.[103]

Es wird also deutlich die Schutzpflicht des Staates gegenüber zukünftigen Generationen und ihrer Freiheit herausgestrichen. Das könnte neben der verpflichtenden Überarbeitung des Reduktionspfades auch über die Grenzen hinweg Konsequenzen haben, denn es zeigt: Lascher Klimaschutz ist nicht mehr ausreichend.

2020 beteiligten sich auch in Österreich 8063 Menschen an einer Klimaklage gegen die Republik vor dem Verfassungsgerichtshof. Unter den AntragstellerInnen und KlägerInnen befanden sich hitzegeplagte ältere Menschen über 75 und junge Menschen mit einer Lebenserwartung über 2070 hinaus. Auch Mex, eine Person mit dem Uhthoff-Syndrom, war darunter. Das Syndrom fesselt achtzig Prozent der Multiple-Sklerose-PatientInnen bei Temperaturen über 25 °C an den Rollstuhl. Für ihn und andere Menschen mit dem Syndrom bedeutet eine doppelt so lange Hitzeperiode, die Fähigkeit des Gehens über eine lange Zeit zu verlieren.

Der Verfassungsgerichtshof wies im September 2020 die Klage zurück. Doch Mex zog eine Instanz weiter und reichte mit der Anwältin Michaela Krömer eine Beschwerde beim Europäischen Gerichtshof für Menschenrechte ein. Ist diese erfolgreich, so könnte Österreich dazu verpflichtet werden, eine wirksame Beschwerdemöglichkeit zu schaffen und effektiver gegen die Auswirkungen der Klimakrise vorzugehen.

Denn derzeit gibt es hierzulande kaum Möglichkeiten, sich rechtlich gegen das Versagen der Politik zu wehren. Ein Grundrecht auf Klimaschutz mit entsprechender Klagebefugnis würde eine bessere juristische Basis schaffen, ein Nichthandeln des Staates vor Gericht zu bringen.

Der österreichischen Klimaklage diente der Umstand, dass im Jahr 2019 sieben Gemeinden, zwei Städte und ein Bundesland den Klimanotstand erklärt hatten. Diese eigentlich zahnlose Ausrufung belegt die Dringlichkeit und Bedeutung von Klimaschutz für die Bevölkerung und auch das Wissen der Politik um die Bedrohung. Selbst das Parlament hatte am 26. September 2019 den »Climate Emergency« ausgerufen, im Wahlkampf um die Nationalratswahl am 29. September 2019. Für das Spektakel hatten sich alle Parteien ein klimapolitisches Mascherl umgebunden. Viele posierten auf Fridays-For-Future-Demos oder unterschrieben medienwirksam das Klimavolksbegehren. Aber auch vor diesen großen Gesten hatten wir an einem einzigen Tag die erste Hürde von

8401 Unterschriften durchbrochen. Klimaschutz war das am häufigsten diskutierte Thema unter allen Wählerinnen und Wählern geworden.[104]

Am Wahlabend saßen wir im Wohnzimmer meiner Kindheitsfreundin Kathi, damals das »Headquarter« der Fridays-For-Future-Bewegung in Wien. Dort waren in den vergangenen neun Monaten viele Banner und noch mehr Pläne gebastelt worden. Wir waren erschöpft, nach neun Monaten Klimastreik und einer Wahlwoche mit täglichen Großaktionen. Eine davon war die Klimaprüfung, bei der die Spitzenkandidatinnen und -kandidaten von den Scientists For Future aufgrund des Klimaprogramms ihrer Partei beurteilt wurden. Die Grünen, die Liste Jetzt (Sehr gut) und die NEOS (Gut) präsentierten respektable Klimaprogramme, während die SPÖ (Befriedigend) mehr Maßnahmen definieren hätte müssen, um das Pariser Klimaziel zu erreichen. Die ÖVP (Genügend) und die nicht erschienene FPÖ (Nicht genügend) erhielten Frühwarnungen.[105] Die Klimaprüfung war ein medialer Erfolg und machte deutlich, wer ernsthaft Klimapolitik machen wollte.

Beim österreichweiten Großstreik in der Vorwoche waren mehr als 150 000 Menschen auf die Straße gegangen. Die Vorzeichen für eine Klimawende hätten nicht besser stehen können. All das verlieh dem Wahlabend das Flair einer Richtungsentscheidung. Eines Urteils, ob wir erfolgreich gewesen waren, ob wir etwas verändert hatten.

»Noch jemand Popcorn?«, scherzte Kathi. Gerade liefen die Balken der ersten Hochrechnungen in die Höhe. Wir konnten vor Staunen kaum reagieren. Die drei Parteien mit passablen Klimaprogrammen (Grüne, Jetzt, NEOS) erzielten 23,9 Prozent der Stimmen, und damit 10,4 Prozent mehr als zwei Jahre zuvor. Zudem deutete alles auf einen Wechsel des Regierungspartners hin: von rechtsnational zu linksökologisch.

»Ihr habt gerade«, begann Flo ergriffen und zeigte mir seine Gänsehaut, »eine Nationalratswahl entschieden.«

»Wir alle haben das«, korrigierte Kathi pragmatisch, stellte tatsächlich Popcorn in die Mikrowelle und krempelte die Ärmel hoch. »Also, Leute, wie geht's weiter? Wie wehren wir uns gegen die Ausreden, mit denen sie ab morgen die klimapolitischen Wahlversprechen brechen werden?«

KAPITEL 4

BILLIGE AUSREDEN – WARUM NICHTS GESCHIEHT

Wenn wir bereits so lange von der Bedrohung wissen und die Lösungen kennen, warum hat sich dann nichts geändert? Warum ist alles sogar schlimmer geworden?

Dazu gibt es viele Hypothesen. Es heißt, dass die Klimakrise global und damit abstrakt sei, dass wir Menschen überfordert seien und darum die Verantwortung wie in einem Karussell im Kreis weitergäben. Es heißt, Klimaschutz sei den Menschen nicht wichtig. Schließlich betreffe uns die Klimakrise in Österreich kaum, und die Auswirkungen spüre man noch nicht stark genug. Es heißt, dass Klimaschutz zu viel koste. Umweltschutz sei nicht wirtschaftlich. Man könne ihn erst umsetzen, wenn er sich rentiere. Oder es heißt, dass mit gezielter Forschung und Entwicklung sowieso bald Technologien gefunden würden, die sämtliche Zerstörungen beseitigen werden können. In manchen steckt ein Fünkchen Wahrheit. Alle greifen sie zu kurz.

Wer etwas will, sucht Wege. Wer etwas nicht will, sucht Gründe. Entscheidungsträgerinnen und -träger beherrschen es perfekt zu begründen, weshalb die Umsetzung von Klimaschutz unmöglich ist.[1] Manches klingt sogar sehr nachvollziehbar, weshalb ich diese »Gründe« als das entlarven will, was sie eigentlich sind: *Ausreden*.

1. SOLLEN DIE DOCH MACHEN –
DAS VERANTWORTUNGSKARUSSELL

Samstag, 16. November 2019. Ich fuhr gerade von einer Diskussionsrunde in der Innenstadt nach Hause. Im 44er erinnerte ich mich an meinen traurigen Kühlschrank. Seit dem Start des Volksbegehrens war er chronisch leer. Obwohl ich noch eine Presseaussendung für den nächsten Tag schreiben, Stefan für die Weihnachtskampagne und Susi für eine Unternehmenskooperation anrufen musste und tausend andere Dinge erledigen sollte, hüpfte ich in den Supermarkt neben der Straßenbahnstation. Der Herr mit den *Augustin*-Zeitungen grüßte mich. Ich grüßte zurück. Er fischte eine zerknitterte, alte Rechnung aus einem Einkaufswagerl und bot es mir an. Dankend nahm ich es.

Die Schiebetür ging zu, da spürte ich, dass mich jemand beobachtete. Es war nicht der Herr Augustin, sondern ein zerknittertes, altes Mütterchen. Sie hatte aufgehört, die Preisschilder zu vergleichen, und schaute neugierig herüber. »Na gibt's des!«, stand ihr aufs Gesicht geschrieben, »die kenn' ich doch von irgendwoher!« Als ich ihr zulächelte, erschrak sie und begann intensiv die Inhaltsstoffe einer Haltbarmilch zu studieren. Trotz des strengen Gesichtsausdrucks wünschte ich mir, einmal eine so rüstige Oma wie sie zu werden, die auch noch mit über achtzig ihre Einkäufe selbst machen konnte.

Als Erstes kam ich an den Nüssen vorbei. Das große, preiswerte Sackerl stammte aus Kalifornien. Auf dem Sackerl Walnüsse daneben stand vieles, aber nur wenig auf Deutsch. Auf der Rückseite entdeckte ich in mikroskopischer Schrift: »Packed in the EU«. Der biologische Mini-Knabber-Mix sah nachhaltig aus, machte sich aber nicht die Mühe, die Herkunft der Nüsse zu nennen. Ich verglich die Kosten für hundert Gramm. Die kalifornische Großpackung schnitt am besten ab. Sollte ich trotzdem den Öko-Mini-Mix nehmen, obwohl nur drei Mandeln zwischen den Rosinen drin waren? Ich warf das kalifornische Päckchen in den Einkaufswagen – schließlich konnten die biologischen ebenso aus den USA importiert worden sein.

Ich wollte schon weiter zu Obst und Gemüse gehen, da stoppte mich ein Räuspern. Hinter dem Regal schaute die Dame von eben hervor. Sie rümpfte die Nase und schüttelte belehrend den Kopf. Unangenehm laut sagte sie: »Sie sind doch die vom Umweltschutz!« Ich fühlte mich mit meinen kalifornischen Mandeln erwischt. Ich nickte. Sie schüttelte den Kopf, als hätte sie mich in flagranti bei einer Ölbohrung ertappt.

Wer mich kennt, weiß, dass ich äußerst harmoniebedürftig bin. Ich legte die Mandeln zurück und griff zum biologischen Knabber-Mix. Erwartungsvoll zeigte ich ihr die Packung, aber sie war schon mit dem Knäckebrot beschäftigt. Na, sie hat ja irgendwo recht, stimmte ich mich versöhnlich und ging zum Gemüse.

Geständnis: Ich bin ein Tomaten-Mensch. Ob Spalten zum Frühstück, Hälften im Salat oder pralle ganze zum Reinbeißen, ich liebe Paradeiser. Mit Vorfreude langte ich zu.

»Sie, da würde ich aufpassen«, beriet mich jemand über die Schulter. In der Luft wedelte ein mahnender, knochiger Frauen-Zeigefinger. »Ich habe letztens in der *Krone* gelesen, dass die Tomaten aus Spanien besser für die Umwelt sind.«

Bemerkenswert, wie geräuschlos sie sich mit dem Einkaufswagen an mich herangeschlichen hatte.

»Ich kaufe lieber regionales Gemüse«, antwortete ich. Sie nahm die Herausforderung an, obwohl es gar keine gewesen war.

»Und die Plastikverpackung ist Ihnen egal, bitte? In der Nordsee schwimmt eine Plastikinsel so groß wie Afrika. Neulich war da ein Bericht im ORF. Die Schildkröten haben reihenweise Strohhalme in den Nasen stecken. Die verrecken dran. An den Strohhalmen. Aus Plastik. Da müssen Sie höllisch aufpassen!«

Bevor ich Zweifel äußern konnte, dass das treibende Plastik im Atlantik oder Pazifik bestimmt nicht so groß wie Afrika war[2], zitierte sie den Supermarkt-Mitarbeiter her. Der Bursche schlichtete geschäftig Bananenkartons. Er hatte eine kurzgeschorene Militärfrisur, und vom Kistenschleppen spannte sich das T-Shirt um seinen tätowierten Bizeps.

»Was gibt's?«, fragte er, ohne die Kiste abzustellen.

»Sie, hean S', kommen Ihre Paradeiser aus'm Glashaus?«

»Weiß ich nicht. Welche?«

»Na die da!«, zeigte die Frau auf die Cocktailtomaten in meiner Hand. Er stellte die Kiste ab und stapfte herüber.

»Ey, ich hab Sie letztens auf Facebook gesehen!«, bemerkte er mich und strahlte. »Voll coole Aktion mit dem Schwimmbad. Find's echt geil, wie Sie sich fürs Klima einsetzen. Hab die Unterschriftensammlung schon gemacht.«

»Na servas«, stöhnte die Alte. Ich freute mich total, weil wir jemanden außerhalb der Öko-Bubble erreicht hatten. »Jetzt, wegen die Paradeiser: Woher kommen die?«

»Da muss ich die Kollegin fragen«, sagte er und machte seinen muskulösen Nacken lang. »Sandra! Geh, komm einmal her, bitte. Die Dame will wissen, welche Tomaten die besten sind.«

Besagte Sandra war Mitte vierzig, kaute energisch bis aggressiv an einem Kaugummi und war sofort zur Stelle.

»Die Rispentomaten sind heute Morgen gekommen. Die Cocktailtomaten auch. Frisch sind die alle.«

»Nein!«, fauchte die Alte. »Ums Plastik geht's.«

»Das ist Stärkefolie«, erwiderte Sandra.

»Es geht der Dame eigentlich um das emittierte Kohlendioxid, oder?«, ermittelte der Bursche bei mir.

»Um was?«, wollte Sandra wissen.

»Um das ausgestoßene CO_2«, gab ich Auskunft.

»Und um den Wasserverbrauch«, mischte sich ein Kunde ein, dessen Tochter gerade einen Sack Erdäpfel ins Kinderwagerl stemmte.

»Österreich hat mehr als genug Wasser! Mein Nachbar, der Kommerzialrat Maier sagt …«, hielt die Alte dagegen.

»Also, die aus Österreich sind bio«, meinte Sandra. Die alte Dame stimmte währenddessen eine Ansprache über Donaukraftwerke an.

»Aber die spanischen Tomaten werden wegen ihrer Menge effizienter produziert«, gab der Herr zu bedenken. »Selbst, wenn man die Lieferung per LKW inkludiert.«

»Darum sind sie auch günstiger«, stimmte der Bursche zu.

»Kommen die nicht sowieso mit dem Zug?«

»Nein, mit dem Flugzeug.«

»Besser als mit dem Schiff allemal. Wissen Sie, diese Ozeanriesen verpesten die Luft, als gäbe es kein Morgen.«

»Ich mag gelbe Padeiser«, verkündete die Tochter frohlockend und klatschte den Erdäpfelsack auf den Boden, woraufhin die alte Dame die Belehrungen über Feinstaub und ihre Bronchien unterbrach und dem Kind erklärte, dass man mit dem Essen nicht spielte, weil früher …

»Sie sind doch bei diesen Klimaprotesten dabei«, stieg jetzt die Frau vom Salat auf der anderen Seite des Gemüsestands in die Diskussion ein. »Da müssen Sie doch wissen, welche Paradeiser am besten für das Klima sind.«

»Ich weiß es aber nicht«, gab ich kleinlaut zu. Der Mitarbeiter sprang mir zur Seite.

»Das kommt auf die Herkunft, die Herstellung, die Jahreszeit, den Transport und so viel mehr an. Stimmt's, Sandra?«

»Wenn das Kilo dann sieben Euro kostet«, rechtfertigte sich Sandra, während sie gemeinsam mit dem Herrn die Kartoffeln aufklaubte, »seien S' mir nicht böse, dann ist mir das alles wurscht. Dann nehm' ich trotzdem die billigen aus Spanien.«

»Ja, wer hat denn bitte Zeit, sich das alles durchzurechnen?«, entrüstete sich die Salatdame. »Ich jedenfalls nicht.«

»Die Regierung muss …«

»Ach wo, zuerst muss die Wirtschaft …«

»Aber als Konsumenten dürfen wir nicht …«

»Der Kommerzialrat Maier sagt, dass Trump …«

»Na, wenn China nicht, dann …«

»Ich will gelbe Padeiser …«

»Wissen Sie was«, entschuldigte ich mich und legte die Schale Paradeiser zurück, »ich nehme einfach Karotten.«

Es dauerte eine gute halbe Stunde, bis ich mit der Meinungs-Karawane die Kassa des Supermarkts erreichte. Tofu und Sojamilch waren tabu gewesen, weil es woanders Soja in Monokulturen auf Urwaldboden gäbe – dass dieser aus Österreich stammte, war ihnen egal; die Würste aus der Tiroler Almwirtschaft hatten sich überraschend gut gemacht, aber ich esse ja kein Fleisch; der Gemüseaufstrich im Plastiktiegel war erneut ein Schildkrötenkiller gewesen; und der Kaffee aus Peru hatte der Alten beinahe einen Herzinfarkt beschert.

»Kassa, bitte!«, krächzte sie von ganz hinten. Der Bursche öffnete kurzerhand Kassa zwei. Als ich an der Reihe war, zeigte er mir lässig Daumen-hoch. Er zog das Mikro zu sich: »Liebe Kunden, wir wollen Sie darauf hinweisen, dass Sie jetzt das Klimavolksbegehren auf jedem Gemeindeamt und mit Handysignatur unterschreiben können. Gute Sache – machen Sie's einfach.«

Dann widmete er sich meinem Einkauf: »Ist das alles?«

Ich hielt einen unverpackten kleinen Wecken Vollkornbrot und ein Bündel Karotten in meinen Händen. Der restliche Einkaufswagen war leer. Selbst der Knabber-Mix war wegen der energieintensiven Dörrprozesse der Rosinen am Weg verlorengegangen.

»Zu mehr hat's heute leider nicht gereicht«, seufzte ich und bezahlte.

INDIVIDUEN

DER LEIDIGE KONSUM Was kann *ich* tun? Seit ich denken kann, dominiert beim Umweltthema diese Frage. Bei den meisten Veranstaltungen zum Thema Klimaschutz schließt die Diskussion am Ende mit der Frage, was jede selbst machen kann. Als Konsumentinnen und Konsumenten hätten wir schließlich Macht. Dann hört man Antworten wie einen fleischfreien Tag in der Woche einführen, die Heizung runterdrehen, öfter zu Fuß am Markt einkaufen, kürzer duschen, richtig konsumieren usw. Das gelungene Happy End einer Klimaveranstaltung.

Aber wenn die Welt retten beim Frühstück anfängt, was bedeutet das, wenn man vor dem Einkaufsregal steht? Die Nachhaltigkeit eines Produkts zu beziffern ist eine unglaublich komplizierte Sache. Es gibt abertausende Produkte am Markt, und jedes hat eine eigene Produktions- und Lieferkette. Wenn es sich um Fertigprodukte oder ein Gericht im Restaurant handelt, haben Sie als Kundin oder Kunde noch weniger Überblick. Will man neben den ausgestoßenen Treibhausgasen auch noch biologische Landwirtschaft, Massentierhaltung, Kinderarbeit, Fairtrade und Inhaltsstoffe beachten, findet man sich in einem dichten Gütesiegeldschungel wieder. Noch schwieriger wird es bei technischen Geräten, Bekleidung, Möbeln, Pflegeprodukten. Die Kriterienkataloge, die man dafür kennen müsste, wären länger als die Umweltprogramme der meisten Parteien.

FAUSTREGELN Für den Konsum genügen im Alltag häufig Faustregeln. Die erste und wichtigste Frage, die wir uns stellen können, lautet: Brauche ich das wirklich? Wenn es keinen guten Grund gibt, das Produkt zu kaufen, dann nehme ich es nicht. Produkte nicht zu kaufen ist der Emissionssparer Nummer eins und schont auch gleichzeitig die Geldbörse.

Bei Gegenständen, die wir nicht oft brauchen, wäre die nächste Frage: Kann ich mir das irgendwo ausborgen, bei Freundinnen und Freunden, Familie oder in einem Geschäft? Wenn häufiger Gebrauch absehbar ist, könnte ich das Produkt, statt es neu zu kaufen, vielleicht irgendwo gebraucht erstehen – auch das spart neben Emissionen Geld und trägt dazu bei, dass Dinge länger genutzt werden. Das gilt für Elektrogeräte, Kleidung, aber auch für Möbel.

Eine weitere Faustregel ist, nicht zu fliegen, weder dienstlich noch privat. Ein einziger Flug von Wien nach Malaga und zurück verursacht beinahe eine Tonne CO_2-Emissionen pro Person. So frisst der Mittelmeerurlaub in Spanien fast das gesamte individuelle CO_2-Budget eines Jahres auf. Fliegen hat also einen riesigen Anteil an den persönlichen Emissionen. Neben einem erneuerbaren Heizsystem und einer effizienten Wärmedämmung daheim ist nicht zu fliegen die wirkungsvollste Entscheidung für das Klima, die Sie treffen können.

Um einem nachhaltigen Lebensstil näher zu kommen, lohnt es sich, erstmal zu bestimmen, wie viel Ressourcen man zurzeit verbraucht. Die Berechnung des eigenen ökologischen Fußabdrucks ist eine einfache

Methode, um das herauszufinden. In fünf Minuten können Sie online Ihren Ressourcenverbrauch berechnen. Worauf bezieht sich der ökologische Fußabdruck? Ihr Fußabdruck ist die Fläche, die Ihnen als Teil der Weltbevölkerung zusteht. Teilt man die Nutzfläche unseres Globus auf alle 7,8 Milliarden Menschen auf, erhält man derzeit pro Person 1,6 Hektar. Diese Fläche liefert Ihr Wasser, Ihre Nahrung und all die anderen Ressourcen, und sie verwertet Ihren Abfall. Im Schnitt braucht der österreichische Lebensstil pro Person jedoch sechs Hektar. In Bangladesch liegt der Wert bei 0,8 Hektar pro Person.[3] Rechnet man die Werte aller Länder zusammen, erhält man das Resultat aus Kapitel 1. Wir bräuchten seit einigen Jahrzehnten mehr als einen Planeten für unseren Lebensstil.

Ich habe meinen ökologischen Fußabdruck das erste Mal berechnet, als ich sechzehn Jahre alt war. Damals habe ich gesehen, dass ich selbst ein *Fünftel* des Abdrucks einspare, wenn ich Vegetarierin würde. Seither ernähre ich mich fleischfrei, später auch weitgehend ohne den Gebrauch von Milchprodukten. Das ist ebenfalls eine effektive Faustregel: tierische Produkte reduzieren bis hin zur Vermeidung. Die CO_2-Emissionen der meisten tierischen Produkte sind nämlich wesentlich höher als jene von pflanzlichen. Für eine Kalorie Rindfleisch zum Beispiel werden genauso viele Ressourcen benötigt wie für sieben Kalorien pflanzliche Ernährung, für Schweinefleisch sind es fünf Kalorien und für Hühnerfleisch immerhin drei Kalorien. Leider schneiden auch Milchprodukte wie Käse wegen der notwendigen Milchviehhaltung nicht allzu gut ab. Insgesamt haben Transport oder Anbaumethode weit nicht so einen großen Einfluss auf die CO_2-Bilanz wie die Entscheidung, ob ich auf tierische Produkte verzichte oder nicht.[4]

Dennoch schaue ich ebenfalls darauf, dass ich regionales und saisonales Obst und Gemüse bevorzuge und auch die biologischen Anbaumethoden wähle, weniger wegen dem Gedanken an die Emissionen als an die Förderung der Artenvielfalt und der heimischen, nachhaltigen Landwirtschaft. Es mag sein, dass in den Wintermonaten Tomaten aus Spanien weniger Treibhausgase verursachen als österreichische, aber in den meisten Fällen ist heimische, saisonale, biologische pflanzliche Ware schonender für die Umwelt – eine weitere Faustregel. Aber Sie sehen schon: Es ist nicht immer leicht mit diesen Entscheidungen.

Früher dachte ich, ich sei zu dumm und zu geizig. Aber nach jahrelangem Studium und tagtäglicher Arbeit im Bereich der Nachhaltigkeit geht es mir immer noch so. Es ist einfach verdammt teuer und kompliziert, wenn nicht *unmöglich*, beim Einkaufen alles richtig zu machen. Welche Mutter von zwei Kindern hat bitteschön die Zeit und Kraft, für jede Cocktailtomate eine Investigativrecherche zu starten?

Ich stoße bei meinen Entscheidungen immer wieder an meine Grenzen. Als ich in England studiert habe, bin ich immer mit dem Zug hingefahren. Aber abgesehen davon, dass es von Tür zu Tür über 24 Stunden gedauert hat, habe ich für den Zug mindestens das *Dreifache* eines Fluges gezahlt. Auch nachhaltige Kleidung sowie biologische Lebensmittel sind oft um einiges teurer, und auf das Auto kann man nicht immer verzichten, weil die Infrastruktur und Alternativen fehlen. Auch wenn wir in Österreich mit einer hohen Qualität an Produkten gesegnet sind, stammt das günstige Mittagsmenü sicher nicht vom Bioladen nebenan, und nachhaltige Waschmittel sind oft Luxusprodukte.

Klimaschädliches Verhalten ist vielfach die Norm, weil es derzeit noch einfach, komfortabel und günstig ist. Ein nachhaltiges Leben ist hingegen oft komplizierter, teurer und mit mehr Umwegen verbunden. Das »gute Gewissen« wird zum Luxus. Ich bin deshalb die Letzte, die mit dem Finger zeigt und Familien mit Mindesteinkommen beschuldigt, dass sie das billigste Hühnerfleisch in einer Großpackung wählen. Wenn das Konto am Ende des Monats leer ist, wem stünde es zu, schlaue Ratschläge zu geben? Das ist das Absurde! Jedes Mal, wenn ich von Politikerinnen und Politikern höre, es sei unsere eigene Verantwortung, nachhaltig zu konsumieren, will ich am liebsten entgegnen: Dann macht es allen möglich! Macht es zur Norm, indem Klimaschädigung eingepreist wird! Auf der anderen Seite darf Klimaschutz kein Luxus und damit nur zahlungswilligen Gutverdienern möglich sein. Erst wenn sich das geändert hat, können die Menschen richtig konsumieren. Dann werden alle Teil der Lösung.

NACHSICHT 14. Dezember 2019. Angelika zeichnete eine ausladende Wellenlinie auf das Flipchart.

»So geht es mir«, sagte sie und schaute in die Runde. Wir nickten ausgelaugt. Wir, das heißt zwei Dutzend der aktivsten Mitglieder von Fridays For Future. An diesem zweiten Adventwochenende waren die berstenden Kalender freigeschaufelt worden, um zwei Tage in Krems, abgetrennt von der Welt, auf das vergangene Jahr der Klimabewegung zurückzublicken. Wir resümierten und entwickelten neue Ideen.

Für alle war die Zeit eine emotionale Achterbahnfahrt gewesen, so wie die Schlangenlinie auf dem weißen Papier. SchülerInnen hatten sich verausgabt, hatten am Tag nach einem Termin im Ministerium Deutsch-Schularbeiten geschrieben, waren direkt vom Nachmittagsunterricht zu einer ORF-Diskussion gefahren, hatten die Verantwortung für die nationale Klimapolitik neben der Schultasche auf ihren Schultern gespürt. Ich empfand riesige Bewunderung, war ich doch Mitte zwanzig, und die Überforderungen waren noch immer gewaltig.

Aber wir hatten alle auch viel gelernt, mehr denn je zuvor. Ich hatte noch nie so viel Hoffnung gehabt, gleichzeitig hatte ich mich noch nie so hoffnungslos gefühlt. Ich hatte noch nie so aktive Gestaltungskraft empfunden, gleichzeitig hatte ich noch nie solche Angst gehabt, dass alles umsonst sein könnte. Ich war ungeduldig, wir alle waren das, obwohl wir offensichtlich viel geschafft hatten. Es war unglaublich. Wie viele Menschen plötzlich den Mut hatten, aufzustehen und Klimaschutz einzufordern! Aber war es genug gewesen, genug, gemessen am Notwendigen? Und wie sollten wir weitermachen?

Das alles waren Gefühle, die in schneller Abfolge von den Menschen im sonnendurchfluteten Raum geteilt wurden. Es war eine große Erleichterung, das endlich aussprechen zu können. Wir hatten uns rund um die Uhr der Sache verschrieben, tage- und nächtelang gearbeitet, egal, was es in unserem Leben sonst noch gegeben hatte: Hausaufgaben, Referate, Uni-Kurse, Doktorate oder Vollzeit-Berufe. Wir waren mit allem, was wir hatten, die Klimabewegung geworden, mit all der Frustration und Euphorie, die damit einhergingen.

Flo und ich waren müde vom Klimavolksbegehren, das ständig Priorität beanspruchte und nie aufzuhören schien. Bis zum Herbst, bis zur Nationalratswahl, bis Weihnachten, bis … Ich hantelte mich unentwegt und pausenlos von einer imaginären Ziellinie zur nächsten. Sich Krisen zu stellen erfordert Mut, und es gab zunehmend Tage, an denen mich Sorgen und Ängste beschäftigten. Das Kraftgebende hatte ich am Weg liegenlassen: Meine Eltern hatte ich schon länger nicht gesehen. Freundschaften waren vernachlässigt worden. Urlaub oder auch nur Wochenenden gab es schon lange nicht mehr. Die Katharina von früher, die lachte und träumte, die tief schlief und munter aufwachte, gab es nicht mehr.

Jeder Tag drohte mit neuen Katastrophen. Freiwilligenarbeit ist geprägt von Unsicherheit. Eine zentrale Person in der Organisation hört auf, eine andere meldet sich nicht mehr, drei neue vielversprechende Menschen kommen hinzu, man fasst neuen Mut. Ständig werden Karten aus dem Haus gezogen, das man zu bauen versucht, und oft scheint das Kartengebilde nach einem endlosen Tag sogar geschrumpft zu sein. Ich war eine Arbeitsmaschine geworden, eine telefonierende, E-Mails schreibende, Interviews gebende Funktioniererin.

Was sollte 2020 folgen, fragten wir uns nach dem Resümee. Das Klimavolksbegehren abschließen und die Forderungen irgendwie zur Umsetzung bringen, die Streiks aufrechterhalten, Gerechtigkeit stärker in den Vordergrund rücken, da niemand mit der 1,5-°C-Grenze emotionalisiert wird. Vor allem aber nicht lockerlassen, gerade jetzt, wo sich endlich etwas bewegte, wo ein Regierungsprogramm mit Klimaschutz bevorstand, wo die EU aufgewacht war, wo Trump zur Wiederwahl aufrüstete und Bolsonaro die Zerstörung beschleunigte.

»Wisst ihr«, sagte Lena, »ich trau mich nicht mal mehr einen Kaffee wo zu kaufen, wenn ich meinen Mehrwegbecher vergessen habe. Weil, ich mein', wie schaut das aus, wenn ich mit einem Pappbecher beim Streik auftauche?!«

»Ich weiß, was du meinst«, lachte Anna. »Ich schütte ihn mir dann immer gleich im Geschäft in den Rachen und verbrenn mir alles, nur damit mich niemand mit dem Wegwerfbecher erwischt.«

»Bei mir zu Hause stapeln sich Sackerl von der Bäckerei, ich könnte glatt eine eigene Filiale eröffnen«, gibt Raphael zum Besten, und wir lachen, »und die sind so fettig und zerknittert. Die verwend' ich eh nie wieder!«

Wir alle wussten genau, wovon er sprach. Wir hatten erst lernen müssen, die Vorwürfe belehrender Kritik abprallen zu lassen. Eine der schwierigsten Lektionen, die wir immer noch nicht gelernt hatten, war, nachsichtig mit uns zu werden, wo wir an die Grenzen des Machbaren stießen.

Ja, natürlich ist es ratsam, den eigenen Lebensstil unter die Lupe zu nehmen, gerade wenn der eigene Fußabdruck über dem Durchschnitt liegt, wenn er weit über das Notwendige hinausgeht. Es stimmt also, es ist *unsere Verantwortung*, die durchschnittlich sechs Hektar auf weniger zu reduzieren.

Wenn ich die Möglichkeit, die Zeit und das Geld dazu habe, kann ich mich bewusst für einen nachhaltigen Lebenswandel entscheiden. Ich kann weniger tierische Produkte konsumieren und Flüge vermeiden, die eigene Nutzung von öffentlichem Verkehr steigern und öfter mit dem Rad fahren. Ich kann meinen Wohnraum effizient isolieren und beheizen, erneuerbare Energien beziehen oder sogar selbst installieren lassen. Ich kann beim Neuwagen auf E-Mobilität umsteigen oder für einige Zeit auf das Auto verzichten, das eigene Ersparte in Zukunftssektoren anlegen und mir durch bewussten Konsum einiges an Müll sparen.

Am wichtigsten ist aber, dass Nachhaltigkeit keine Alles-oder-nichts-Entscheidung ist. Zu besonderen Anlässen, ungefähr einmal im Jahr, gönne ich mir ein zartes Hirschragout. Es kann sogar passieren, dass Sie mich nach einer ausgelassenen Feier um vier Uhr in der Früh am Würstelstand mit einer Käsekrainer treffen. Macht mich das jetzt zu einer Heuchlerin? Allenfalls in den Augen belehrender PerfektionistInnen, die mir genauso auf die Nerven gehen wie uns allen.

Warum? Stellen Sie sich vor, Sie nehmen sich zu Silvester vor, im kommenden Jahr täglich Sport zu treiben. Am Ende des Jahres blicken Sie zurück und merken, dass Sie an dreißig Tagen faul auf Ihrem Sofa gelegen sind. Sie würden demjenigen den Vogel zeigen, der Sie ermahnt, Sie seien letztes Jahr ein unsportlicher Faulpelz gewesen. Schließlich sind Sie fitter denn je! Wir müssen nicht perfekt sein. Wir müssen nicht *alles* richtig machen, um etwas richtig zu machen. Glauben Sie mir, die Welt wäre nicht wiederzuerkennen, wenn alle Menschen in neun von zehn Fällen ihre guten Vorsätze und Faustregeln einhalten würden.

Das ist eine der wichtigsten Lektionen: Es geht nicht darum, *perfekt* zu sein, es geht darum, *im Rahmen der Möglichkeiten* das Bestmögliche zu tun. Heuer zum Beispiel nicht fliegen und mit dem Nachtzug nach Italien fahren. Vielleicht ab sofort Frühstück und Mittagessen vegetarisch halten, nur diese zwei Mahlzeiten, dann nach zwei Jahren es einmal für längere Zeit vegan versuchen. Das Auto nur noch an verregneten Tagen für den Weg in die Arbeit nutzen und sonst ausprobieren, wie es sich mit dem Rad oder den Öffis fährt. Oder der Energiebilanz Ihrer Wohnentscheidung eine hohe Bedeutung einräumen. Das alles sind wichtige und richtige Schritte.

Aber was ist mit Menschen, die eben nicht das Geld dazu haben, sich eine Solaranlage aufs Dach zu bauen, die kein eigenes Haus besitzen, in dem sie über die Isolierung entscheiden können, die keine Möglichkeit haben, öffentlich zu fahren?

MEHR ALS KONSUM Mit all den Maßnahmen, die ich persönlich setze, beträgt mein Fußabdruck noch immer 2,3 Hektar. Selbst wenn ich *perfekt* wäre – und das bin ich nicht –, immer saisonale, regionale Veganerin wäre, nie flöge und Auto führe, ausschließlich Leitungswasser tränke, keine Verpackungen verwendete und keinen Abfall verursachte, selbst dann schösse ich über die akzeptable Grenze von 1,6 Hektar hinaus. Wie kommt das?

Bei genauerem Hinsehen wird klar, dass wir in Österreich einen Startnachteil haben. Jede und jeder von uns beginnt bereits mit 1,5 Hektar.[5] Wohnen, Mobilität und Ernährung sind hier noch gar nicht eingerechnet. Dieser Startnachteil heißt *grauer Fußabdruck*. Er beziffert jene Ressourcen, die wir nicht als Individuen verbrauchen, sondern für die wir alle als Kollektiv verantwortlich sind. Jedes Museum, Gemeindeamt und Krankenhaus, jede Autobahn, Schule und Brücke fließen anteilsmäßig in meinen Fußabdruck ein. Zwei Drittel meines Verbrauchs ergeben sich bei mir also aus der Tatsache, dass ich Teil der Republik Österreich bin. Ich kann den grauen Fußabdruck nicht beeinflussen.

Als Individuen können wir große Teile unseres Fußabdrucks reduzieren; für den Startwert von 1,5 Hektar aber sind *ausschließlich* Politik und Wirtschaft verantwortlich. Entscheidungen und Maßnahmen für diesen Anteil liegen nicht im Supermarktregal, sondern auf den Verhandlungstischen von UnternehmerInnen und PolitikerInnen.

Auch ein großer Teil der weiteren Hektar, die ich für Wohnen, Mobilität und Konsum brauche, werden von diesen Ebenen beeinflusst. Ich entscheide als Konsumentin nicht, wohin Züge fahren, wo Flughäfen gebaut werden und welche Inlandsflüge die ManagerInnen nehmen können. Ich entscheide nicht über die Lieferketten der heimischen Unternehmen oder wie lange die OMV noch vorhat, Öl zu fördern. Über die Milliarden an klimaschädigenden Förderungen und die umweltverschmutzenden Technologien in Konzernen entscheide nicht ich. Die 80,4 Millionen Tonnen österreichische Treibhausgas-Emissionen (2019)[6] stoppe ich nicht, indem ich zum Frühstück österreichischen Bio-Apfelsaft trinke. Ja, jede vermiedene Plastikfolie ist ein winziger positiver Beitrag. Aber eben nur ein *winziger*. Mit winzigen freiwilligen Beiträgen stoppen wir die Klimakrise nicht.

Seit Jahrzehnten wird uns eingebläut, wir hätten täglich die Macht, die Menschheit bei unserem Einkauf zu retten. Wenn wir uns für die richtigen Produkte entschieden, für die *teureren* Produkte, dann werde alles wieder gut. Wir überschreiten als Menschheit die planetaren Grenzen, stehen vor dem schwierigsten Problem der Menschheitsgeschichte und benötigen koordinierte, weitreichende Maßnahmen, um unser Überleben zu sichern. Dennoch werden wir damit abgefertigt, dass wir das im Supermarkt selbst erledigen sollen.

Hört man sich zur Klimakrise um, sind es konsumbasierte Maßnahmen, die uns meist als Erstes einfallen. Das können Sie gerne einmal austesten: Fragen Sie jemanden aus Ihrer Familie nach Maßnahmen gegen die Klimakrise. Es werden Konsumlösungen sein, geprägt vom Wort »Verzicht«. Und dann fragen Sie nach den wirkungsvollsten Maßnahmen gegen eine Wirtschaftskrise, gegen ein schlechtes Bildungssystem, gegen ein marodes Gesundheitssystem oder gegen Terrorismus. Dort scheint es uns ganz offensichtlich, dass die Politik das zu regeln hat, und nicht wir beim Frühstück. Man stelle sich diese Logik einmal analog in diesen Bereichen vor. Müssen wir uns selbst um die Bildung unserer Kinder kümmern, weil der Staat keine Schulen baut? Oder verzichten wir auf Sozialversicherungen und Krankenhäuser, weil die Ministerinnen und Minister uns auffordern, wir sollen selbst auf unsere Gesundheit schauen? Privat bezahlte Kurse für Selbstverteidigung ersetzen doch auch nicht die Polizei!

Die Individualisierung der Verantwortung wird häufig zur Ablenkung genutzt. Nicht umsonst stammt der ökologische Fußabdruck ursprünglich aus der Marketingabteilung des Ölriesen BP.[7] Er verschleiert nämlich, wer systemisch etwas ändern könnte. Statt aufzuhören, Öl, Kohle und Gas zu fördern, rät man uns zu einer nachhaltigen Bambus-Zahnbürste. Ja, wir haben als Individuen eine Verantwortung, aber unsere Handlungen bewegen sich im Rahmen gewisser Möglichkeiten. Die großen Hebel liegen dort, wo die großen Emissionen entschieden werden.

Wo sind nun die Schaltzentralen mit diesen Hebeln? Bedenkt man, dass nur hundert Unternehmen für 71 Prozent der weltweiten Treibhausgase verantwortlich sind, lohnt wohl ein Blick auf die Verantwortung der Wirtschaft.[8]

WIRTSCHAFT

In dem »Ich will!« liegt eine mächtige Zauberkraft, wenn es ernst damit ist und Tatkraft dahinter steht! Freilich darf man Hindernisse und Umwege nicht scheuen und darf in keinem Augenblick sein Ziel aus dem Auge lassen!

WERNER VON SIEMENS AM 20. MÄRZ 1854 AN SEINE FRAU MATHILDE[9]

WESSEN ARBEITSPLÄTZE? Jänner 2020. Im Studio war es heiß. Ich saß in einem langärmeligen Shirt einem Herrn im Anzug gegenüber. Er war aus der Automobilbranche. Die Themen der Diskussion waren das türkis-grüne Regierungsprogramm und wie die Zukunft des Verkehrs aussehen kann. Wie immer wurde ich als Klimaaktivistin einem Industrievertreter gegenübergesetzt – die klassische mediale Inszenierung also. Wir hatten in der Maske über seine Kinder gesprochen und beide in der Notwendigkeit übereingestimmt, dass sich politisch etwas ändern müsse. Ob es vor der Kamera genauso ablaufen würde? Die Moderatorin zwinkerte mir zu. Es ging los.

Ich erzählte von autofreien Straßen, guten öffentlichen Verbindungen, leistbarer Mobilität und den vielen anderen Möglichkeiten einer Verkehrswende. Er erzählte von den Schwierigkeiten in der Branche, der wirtschaftlichen Bedeutung der Zulieferbetriebe für Österreich, und sogleich folgte dieses eine Argument, das immer kommt, wie das Amen im Gebet.

»Ihnen ist aber schon klar«, konfrontierte er mich, »dass in Österreich 76 700 Menschen in der Automobilbranche arbeiten, oder? Sie können doch nicht ernsthaft befürworten, dass die ihren Job verlieren!«

Ich saß da und war, obwohl ich mit dem Argument gerechnet hatte, verdattert. Warum immer alle behaupteten, *ich* sei schuld an Jobverlusten!? Der Konter kam mir ganz spontan in den Kopf.

»Sie kennen die Branche besser als ich«, stellte ich fest und freute mich über die Ruhe in meinem Tonfall. »Sie hatten dreißig Jahre Zeit, die Warnungen der Wissenschaft ernst zu nehmen, Sie hatten länger Zeit, als ich alt bin, darauf zu reagieren, dass Ihre Branche leider zu den größten Verschmutzern gehört. Sie hätten, statt weiterzumachen wie bisher, die Veränderung in der Gesellschaft erkennen und den Geschäftszweig in Anbetracht der Klimakrise konkurrenzfähig machen können. Sie hätten Teil der Lösung werden können. Sie hätten sicherstellen können – und *sollen* –, dass Ihre 76 700 Mitarbeiterinnen und Mitarbeiter einen zukunftsfähigen Arbeitsplatz haben. Statt mir als Aktivistin Jobverluste vorzuwerfen, sollten Sie spätestens jetzt schleunigst loslegen. Das sind nicht *meine* MitarbeiterInnen. Es sind *Ihre*.«

WIRTSCHAFT IST PLANUNG UND WANDEL Wirtschaft ist nichts, was in Stein gemeißelt ist. Wirtschaft ist Wandel, nichts bleibt gleich. Hätten wir Schreibmaschinenunternehmen und Telefonverbindungszentren damals staatlich am Leben erhalten, wer weiß, wo wir heute in der Entwicklung der Mobiltelefone und des Computers stünden. Wandel und Innovation sind nichts Schlechtes. Die Qualität von Unternehmerinnen und Unternehmern zeigt sich darin, ob sie vorausschauend auf die Herausforderungen der Zukunft eingehen können.

Das Bevorstehende ist bekannt. Das Weltwirtschaftsforum, nicht unbedingt bekannt für seinen Alarmismus, veröffentlicht jedes Jahr einen Risikobericht. Die fünf wahrscheinlichsten globalen Risiken 2020 waren alle umweltbezogen: Extremwetter, das Scheitern der Umsetzung von Klimaschutz, Naturkatastrophen, Artensterben und vom Menschen verursachte Umweltkatastrophen. Was auf uns zukommt, ist also klar.[10]

Verstehen Sie mich nicht falsch, ich will auf keinen Fall, dass von heute auf morgen Menschen ihren Job verlieren. Für all diese Menschen müssen Alternativen angeboten werden – und diese gibt es, wie ich in Kapitel 3 zeige. Aber dafür ist neben dem Staat vor allem der Konzern selbst verantwortlich. Es ist nicht die Schuld von Aktivismus oder notwendigen Klimamaßnahmen, dass die größten Branchen der Welt die Wende ins 21. Jahrhundert verschlafen haben.

Wie kann ein Unternehmen also Verantwortung übernehmen? In Bezug auf die Klimakrise liegt es klar in der Verantwortung eines Betriebs, einen Plan vorzulegen, wie das Unternehmen gedenkt, die staatlichen Klimaziele mitzutragen, also bis 2040 emissionsfrei und ökologisch zu werden. Selbstverständlich verlangt niemand von der OMV oder der voestalpine, innerhalb eines Quartals sämtliche Emissionen zu stoppen. Eine Transformation dieser Größenordnung benötigt Zeit und Ressourcen – finanziell wie betrieblich. Jedes österreichische Unternehmen kann aber seinen Effekt auf die Umwelt bestimmen, allen voran seine CO_2-Emissionen, genauso wie wir alle unseren ökologischen Fußabdruck berechnen können. Anschließend gilt es einen stichhaltigen Plan vorzulegen, wie man diese schädlichen Effekte bis 2040 auf null reduziert. Dann wird auch unmittelbar klar, welche Rahmenbedingungen der Kraftakt benötigt.

Die voestalpine hat einen solchen Plan entwickelt, um ihre Hochöfen statt mit Braunkohle mit Wasserstoff zu betreiben. Da sie ein Siebtel der österreichischen Treibhausgase verantwortet, ist diese Umstellung gewaltig und auch erforderlich! Im Jahr 2019 startete dafür die weltweit größte Pilotanlage für nachhaltig erzeugten Wasserstoff in Linz unter dem Projektnamen »H2FUTURE«. Voraussetzung für die Skalierbarkeit ist aber die Verfügbarkeit von ausreichend erneuerbaren Energien, denn nur dann kann Wasserstoff klimafreundlich produziert werden.

Mit der Umstellung auf ein Hybrid-Stahlwerk könnte man bis 2030 eine Emissionsreduktion um dreißig Prozent erreichen. Bis 2050 zeigen die Nachhaltigkeitspläne der voestalpine eine Reduktion um achtzig Prozent.[11] Das bedarf natürlich umfassender Investitionen, laut dem Unternehmen selbst hundert Millionen Euro jährlich bis 2030.[12] Obwohl diese Mengen und Summen erstmal Respekt einflößen, haben sie mir einen Sachverhalt deutlich gemacht: Jeder vorgelegte Maßnahmenkatalog, jedes bezifferte Bedürfnis eines Betriebs ist ein Puzzleteil im großen Plan eines nachhaltigen Österreichs. Und wenn diese Pläne existieren und ernst gemeint sind, dann können Unternehmen, die bisher Teil des Problems waren, zum Teil der Lösung werden. Warum also nicht solche Pläne zur Reduktion und unabhängige Nachhaltigkeitsberichte für Unternehmen verpflichtend einführen?

Dass Veränderung anfangs bedrohlich scheint, ist ganz natürlich. Die Anpassung wird aber schmerzlicher und schwerer, je länger man am Alten festhält. Das ist im Großen wie im Kleinen gleich, sei das in einem Betrieb, einer persönlichen Angelegenheit oder einem Projekt. Beginnt man hingegen nach vorne zu blicken, Lösungen zu finden, sich der Veränderung zu stellen und das Bisherige gehenzulassen, dann ist der reflexhafte Schock bald überwunden. Das erfordert stets aufs Neue Mut. In Bezug auf die Klimakrise nenne ich das kurz *Klimamut*: den Mut, die Gestaltung einer besseren Welt in die eigene Hand zu nehmen.

Im Februar 2020 kehrte im Projekt Klimavolksbegehren endlich so etwas wie Routine ein. ÖVP und Grüne versprachen mit ihrem Regierungsprogramm erstmals Maßnahmen, deren Umsetzung bitter nötig war. Am Tag der Veröffentlichung fiel mir ein Stein vom Herzen. Vieles, für das wir gekämpft hatten, stand hier endlich schwarz auf weiß. Für das Team war es aber ein kurzer Schock: Schließlich fragten sich viele Menschen, warum es das Klimavolksbegehren unter der neuen Regierung noch brauchte. Doch gleichzeitig wussten wir, dass es mit den vagen Versprechen in dem unverbindlichen Übereinkommen noch nicht getan war – vor allem deren Umsetzung war noch lange nicht erreicht. Es war klar, dass ohne Druck aus der Bevölkerung wenig passieren würde, und nun hatten wir öffentliche Versprechen als Hebel.

Ich war erstmals guter Dinge, dass wir das Volksbegehren bis Sommer abschließen würden. Es hatte ohnehin schon ein halbes Jahr länger gedauert als gedacht. Das Presseteam hatte jetzt eine neue Leitung, es gab motivierte Lisas als Freiwilligenkoordinatorinnen und endlich neun aktive Landesgruppen, außerdem waren unsere wöchentlichen Meetings effizient und zielgerichtet geworden – mehr noch: Diese Treffen versammelten beeindruckend vielseitige Menschen, mit denen ich gerne Zeit verbrachte. Sie waren zu engen Vertrauten geworden. Der routinierte Finanz-Controller Stefan, unser Kampagnen-Optimist Stefan, die quirlige Frosch-Forscherin Susi und der immer gutgelaunte Molekularbiologe Raphael, die in der Betreuung von Kooperationen über sich hinausgewachsen waren, unser Anker in der IT, Helmut, Florian mit seinen aufgebauten Kontakten in die High Society, das inhaltliche Brain Bernhard, die immer verlässliche Grafik-Claudia und so viele mehr in den jeweiligen Teams. Hunderte Leute in Österreich arbeiteten unermüdlich daran, bis zum Sommer eine beachtliche Unterschriftenzahl zu erreichen.

Wir waren am besten Weg: Die wichtige Hürde von 100 000 Unterschriften, mit denen ein Volksbegehren die Parlamentsreife bekommt, schafften wir sogar schon Monate vor der finalen Eintragungswoche. Doch die Erleichterung darüber, das Mindestziel erreicht zu haben, währte nicht lange. Bald wurde auch unser Projekt, wie so vieles im Krisenjahr 2020, erneut auf den Kopf gestellt.

> Bitte hab immer […] die ferne Zukunft vor Augen, darauf kommt es in erster Linie an.
> WERNER VON SIEMENS AM 17./18. JULI 1868 AN SEINEN BRUDER CARL[13]

NEUE GESCHÄFTSMODELLE Wo liegen die wirtschaftlichen Erfolge des 21. Jahrhunderts? Klar ist jedenfalls, dass sie nicht im fossilen Bereich warten. Kohle hat in zehn Jahren keinen Business Case mehr; Benzin, Diesel und Kerosin werden ebenfalls einen schlechten bilden. Das Zeitalter fossiler Treibstoffe ist vorüber. Anstatt weiter in der Sackgasse Gas zu geben, müssen Betriebe das anerkennen und neue gute Ideen präsentieren.

Unter den Rahmenbedingungen eines fossilen Ausstiegs könnten die AUA, die Automobilbranche und die ÖBB gemeinsam integrierte Mobilitätslösungen entwerfen. Sie könnten attraktive Konzepte für Fernreisen, Güterverkehr oder die letzte Meile erarbeiten. Wer sagt, dass unsere Zulieferer der Autobranche nicht exakt das Knowhow besitzen und genau die TechnikerInnen und MaschinenbauerInnen haben, um elektrische Busse möglichst effizient zu produzieren, die Bahninfrastruktur auszubauen und sich gute Lösungen für die letzte Meile zu überlegen?

Wer sagt, dass die OMV nicht massiv in erneuerbare Energien wie Geothermie investieren und von einem fossilen Konzern zu einem klimafreundlichen Energieunternehmen werden kann? Das nicht geförderte Öl, das sie als Unternehmenswert besitzen, müsste dann herabgestuft oder abgeschrieben werden – wie es sieben riesige Ölunternehmen 2020 bereits getan haben.[14] Der dänische Fossilriese Ørsted hat die erfolgreiche Transformation zum Zukunftsbetrieb bereits vollzogen, was sich wie gesagt im Aktienkurs positiv niedergeschlagen hat.[15] Auch können vorausschauende Unternehmen Druck auf die Politik ausüben. Normalerweise kennt man es so: Die Politik redet sich darauf aus, dass Unternehmen bei zu hohen Auflagen oder Steuern absiedeln könnten. Was wäre aber, wenn Unternehmen drohen würden, abzusiedeln, weil die Klimapolitik eines Landes zu rückständig ist, wie es Sony mit Japan gemacht hat, um seinen nachhaltiger werdenden Kunden Apple zu behalten?[16]

Welche Unternehmen in fünfzig Jahren noch existieren, entscheidet sich jetzt. Manche springen darum auf den Zug des Erfolgs auf. Über zweihundert Unternehmen haben sich hinter die Forderungen des Klimavolksbegehrens gestellt. Selbst die fossile Branche scheint endlich die Realität zu erkennen. Der Ölgigant BP hat einen Plan vorgelegt, wie er bis 2030 die Öl- und Gasförderung um vierzig Prozent reduzieren kann, und wird in Zukunft ein zehnfaches Kapital in erneuerbare Energien stecken.[17] Dieser Richtungswechsel ist zwar noch lange nicht genug, er war aber ein bedeutender Schritt – und weit mehr, als die OMV bisher geliefert hat.

Entweder die Konzerne ändern ihr Geschäftsmodell und werden selbst Teil der Klimawende, oder sie werden das Bevorstehende nicht schaffen. Es geht nicht darum, nur die eigenen Gebäude zu begrünen. Grüner Strom in einer Bank ist das Recycling-Klopapier von Konzernen. Die eigenen Anlagen der OMV klimafreundlich zu gestalten ist wie aufs Plastiksackerl im Supermarkt zu verzichten. In der Klimakrise herumreißen wird uns das nicht. Unternehmen müssen jetzt ihr Geschäftsfeld analysieren, ihre eigenen Kompetenzen überblicken und sich die Frage stellen: Wo habe ich die größte Wirkung und damit die beste Chance, in den nachhaltigen Märkten von morgen zu bestehen? Dann geht es nicht mehr länger darum, grün zu wirken (Greenwashing), sondern grün zu werden und vielleicht sogar der Natur etwas zurückzugeben.

Natürlich werden nicht alle Unternehmen dieser Verantwortung nachkommen. Deshalb muss es von staatlicher Seite bestimmte Auflagen, Förderungen und Grenzwerte bis hin zu Regulierungen durch Verbote geben, die neben einer CO_2-Bepreisung eine gesellschaftlich erwünschte Entwicklung des Marktes lenken. Arbeitsmarktprogramme und -stiftungen können sicherstellen, dass die Belegschaft selbst bei den unwilligen Unternehmen weiterhin abgesichert ist. Sie könnten Umschulungen in andere Bereiche erhalten und neue Arbeitsstellen einnehmen; gestützt durch Pensionsfonds in den wohlverdienten Ruhestand gehen; oder auch weiterhin Gehälter beziehen, denn ihre Expertise wird notwendig sein, um die derzeit rund dreißig Millionen verlassenen und unverschlossenen Erdöl- und Erdgaslöcher zu schließen, die fortlaufend Methan ausstoßen.[18]

Um den Wechsel zu neuen Geschäftsmodellen zu beschleunigen, ist der Mut der SponsorInnen gefragt, insbesondere jener der Finanzinstitute. Fossile Projekte brauchen nämlich Geld und Versicherungen. Bekommen sie beides leichtfertig, erweckt es den Anschein, dass solche Projekte beständige Vermögenswerte wären. Einige Versicherungen und Banken denken deshalb um. Viele Unbelehrbare agieren immer noch zukunftsfeindlich – doch ihre Zahl wird laufend weniger, denn die Fakten werden von Tag zu Tag offensichtlicher (siehe Kapitel 3).

Ebenso kann die öffentliche Hand die Finanzierung solcher Vorhaben verweigern, Medien können beschließen, keine Werbung für den fossilen Mythos zu schalten – der *Guardian* hat das als ein prominentes Beispiel bereits getan.[19] Die ganze Bandbreite der Institutionen, Organisationen und Prominenten könnte sich dazu entscheiden, Klimaschädigung zu boykottieren und die Unternehmen in ihren alten Geschäftsmodellen nicht länger zu bestärken. Zulieferer könnten derartige Kooperationen ablehnen. Dann würde sich das Vertrauen in fossile Vermögenswerte den Notwendigkeiten des 21. Jahrhunderts anpassen, und fossile Projekte würden stark zurückgehen. Wie es bei Tabak der Fall war, berichtigt sich durch strikte Vorgaben und Gesetze letztlich auch die generelle soziale Akzeptanz. Helga Kromp-Kolb formulierte es einmal entsprechend drastisch: »Klimaschädliche Emissionen sind vergleichbar mit Sklaverei oder Menschenhandel – sie sind für eine Gesellschaft nicht länger moralisch tragbar.«

DIE VERANTWORTUNG DER WIRTSCHAFT »Für augenblicklichen Gewinn verkaufe ich die Zukunft nicht«, schrieb Werner von Siemens am 29. Dezember 1884 an seinen Bruder Carl[20] 137 Jahre nach diesem Brief ist Siemens heute mit 384 000 Beschäftigen eines der größten Technologie-Unternehmen der Welt. Es wird niemanden verwundern, dass ein so großes Unternehmen auch an fossilen Geschäften beteiligt ist.

Exemplarisch war eine Kooperation mit Adani, einem indischen Baukonzern, Anfang 2020. Siemens sollte für Adani technische Geräte zuliefern und sich somit am Bau einer neuen Kohlemine in Australien beteiligen. Trotz heftiger Kritik und verheerender Waldbrände, die zum Zeitpunkt der Entscheidung den australischen Kontinent heimsuchten, eine Milliarde Lebewesen töteten und zahlreiche Menschenleben forderten, entschied sich Siemens für die Zusammenarbeit – und dafür, Gewinn mit diesem ökologisch verwerflichen Projekt zu machen. Die schnelle Rendite siegte über die Zukunft.

Am 12. Jänner 2020 kommentierte Siemens-Chef Joe Kaeser die Entscheidung mit den Worten: »Wir müssen unsere vertraglichen Verpflichtungen erfüllen.«[21]

Welche der beiden Aussagen würden Sie Ihren Kindern als inspirierende Nachricht an den Badezimmerspiegel heften – jene von Werner von Siemens oder die von Joe Kaeser?

Ja, einige Arbeitsplätze werden verlorengehen, aber nicht, weil Klimaschutz diese Arbeitsplätze zerstört, sondern weil die Unternehmensleitungen die jahrzehntelangen Anzeichen nicht ernst genommen, ihre Verantwortung für die Belegschaft nicht übernommen und die Zukunft aus den Augen verloren haben.

Die Wirtschaft baut auf den natürlichen Ressourcen auf, die sie nutzt. Allen zukunftsfitten Unternehmen ist klar, dass auch sie von der Intaktheit der Natur abhängig sind, wenn sie langfristig wirtschaften wollen. Wenn Betriebe ihre Verantwortung in der gemeinsamen Bewältigung der Klimakrise übernehmen und auch ihrerseits die gesetzlichen Rahmenbedingungen einfordern, die es für ein Ende der fossilen Wirtschaft braucht, dann gelingt eine Absicherung der Beschäftigten und ein Wandel in eine aussichtsreiche Zukunft.

Die größte Verantwortung aber liegt bei den Lenkerinnen und Lenkern der Staaten und Unionen. Sie halten die wichtigsten Hebel zur Bekämpfung der Klimakrise in den Händen, und es ist höchste Zeit, dass sie bewegt werden.

POLITIK

Egal ob individueller oder unternehmerischer Klimaschutz, alle stoßen wir an Grenzen. Es kann sein, dass wir uns Klimaschutz zurzeit nicht leisten können, dass die Infrastruktur einfach nicht besteht, damit wir auf Alternativen umsteigen können, oder dass Umweltzerstörung nicht wirklich eingepreist ist. Für diese Rahmenbedingungen ist die Politik zuständig.

Von der Veränderung der Wirtschaftslogik und gerechter Verteilung von Wohlstand über CO_2-Budgets und Steuerreformen bis hin zu einer Energie- und Verkehrswende – überall braucht es die gestaltende Organisation des Staates, der das Wohlergehen der Menschen in den Vordergrund stellt und ein gutes Leben für alle innerhalb unserer planetaren Grenzen ermöglicht.

Betrachten wir die Staatslenkung einmal als ein Projekt. Es ist ein großes Projekt, zugegeben, aber doch ein Projekt, bei dem man mit bestimmten Ressourcen bestimmte Ziele erreichen will. Jedes Projekt beginnt damit, drei einfache Dinge zu bestimmen: den derzeitigen Stand, das Ziel und die verfügbaren Mittel, das heißt Geld, Arbeitskraft, Zeit usw. Dann setzt sich die Projektleitung hin und macht einen Plan. Der

Plan skizziert, wie man mit den verfügbaren Mitteln vom Jetzt-Zustand zum Ziel gelangt. Dann legt man los, und der Plan wird umgesetzt.

Bei einem Projekt wie einem großen Musikfestival würde niemand sagen: Überlassen wir das Ganze doch den MusikerInnen und ZuhörerInnen selbst. Sollen sie sich doch eigenständig informieren und dann einfach alle selbst entscheiden, wann sie was wo spielen und wer wie zuhören kann. Es würde auch keiner die Projektplanung den Ton- und LichttechnikerInnen, den TransporteurInnen der Bühne oder den FestivalfotografInnen überlassen. Deren Aufgabe ist es, ihren jeweiligen Job möglichst gut zu machen und ihren Teil für das Gesamte beizutragen. Für die Planung aber gibt es zu Recht die Projektleitung. Sie behält den Überblick und übernimmt Verantwortung für das Gelingen des Festivals.

Wie kann es also sein, dass eine ganze Nation völlig planlos in die Zukunft schlittert? Denken Sie sich alle Parteien im Spektrum durch und überlegen Sie, was sie den Menschen in Österreich und auf dieser Welt anbieten, wohin sie mit uns allen in den nächsten hundert Jahren wollen. Wenn Sie Glück haben, finden Sie eine Partei, die zumindest für die Dauer ihrer Legislaturperiode einen Plan besitzt – und dann? Wie geht's dann weiter?

Diesen Plan zu entwerfen und umzusetzen, das ist die wahre Aufgabe von Politik. So gesehen, ist eine Regierung ein Projektmanagement. Sie übernimmt Verantwortung für Projekte mit Millionen Involvierten, achtet auf sie und haushaltet mit ihren Ressourcen. Das ist keine leichte Aufgabe, aber immerhin stehen ihr sämtliche ExpertInnen und WissenschafterInnen sowie Millionen tatkräftige BürgerInnen zur Seite.

Eine erfolgreiche Politik des 21. Jahrhunderts wird diesem Anspruch gerecht werden müssen. Ohne koordinierte Bemühungen, auf staatlicher und globaler Ebene, wird die Menschheit weiter über die Grenzen des Planeten hinausschießen und die Grenze des sozialen Fundaments vielfach unterwandern. Wie der Bundespräsident beim Klimagipfel völlig richtig zu mir gesagt hatte: Dafür braucht es PolitikerInnen, die mutige Politik machen.

Vor dieser gestaltenden Rolle schrecken viele PolitikerInnen zurück. Anstatt aktiv zu einem besseren Österreich beizutragen, legen sich die meisten seit über dreißig Jahren quer, hängen die Verantwortung uns Menschen um und verweisen auf die freiwilligen Beiträge der Wirtschaft, wohl wissend, dass Freiwilligkeit nicht mehr ausreicht.

Oder aber sie tun so, als seien ihnen die Hände gebunden. Dann weisen sie mit vorwurfsvollem Zeigefinger auf andere Ebenen der Politik, und ein weiteres Verantwortungskarussell beginnt sich wild zu drehen.

DAFÜR SIND WIR NICHT ZUSTÄNDIG Das zweite Verantwortungskarussell dreht sich auf den verschiedenen Ebenen der Verwaltung. Gemeinden verweisen auf die Länder, die Länder auf den Bund und dieser auf die EU oder zurück auf die Länder. Auch hier gilt in gleicher Weise: Jede Ebene trägt eine gewisse Verantwortung, und *alle* müssen in ihren Rollen gleichzeitig ihr Möglichstes tun, wie man exemplarisch an Bauvorhaben sehen kann.

Das Land ist für das Baurecht zuständig, der Vollzug liegt in der Obhut der Gemeinden. Die gesamte Raumplanung (Flächenwidmung, Bebauungspläne etc.) ist Angelegenheit der Stadt- oder Gemeindeverwaltung. Sie könnte Zersiedelung beenden, Radwege anlegen und Grünflächen im Stadtbild integrieren. Gerade die Gemeindepolitik spielt in Belangen der Regionalität und Lebensqualität eine große Rolle.

Nicht nur einmal dachte ich darum ernsthaft darüber nach, in die Gemeinde- und Stadtpolitik zu gehen. Es war Anfang 2020, als mich ein verlockendes Angebot angesichts der nahenden Wien-Wahl erreichte. Schon während des ganzen letzten Jahres hatten diverse Parlamentsparteien bei Aktivistinnen und Aktivisten von Fridays For Future angeklopft. Die Vorschläge reichten von Listenplätzen bis UmweltsprecherInnen. Letzten Endes entschieden sich alle dagegen, denn noch war die Zeit nicht reif, sich in Parteistrukturen zu verausgaben. Noch brauchte es unabhängige Vordenkerinnen und Vordenker, die das Boot zum Richtungswechsel animierten. Anschließend mag es sinnvoll sein, auch lenkend tätig zu sein. Schweren Herzens lehnte ich das Angebot ab, hätte es immerhin ein sicheres Einkommen und Gestaltungsmöglichkeiten eröffnet.

Hätte ich zu jenem Zeitpunkt von Corona und der Hirnblutung meiner Mama gewusst, wer weiß, ob ich mich für das Volksbegehren, mit all seinen Ungewissheiten und Schwierigkeiten, entschieden hätte. Vermutlich schon, denn wofür man Verantwortung übernimmt, darum kümmert man sich. Ich glaube fest daran, dass sich diese Integrität am Ende des Tages überall durchsetzen wird – auch in der Politik.

ALLEIN KÖNNEN WIR DA GAR NICHTS MACHEN – SOLL DOCH DIE EU
Spricht man über einen CO_2-Preis, lässt eine Antwort nie lange auf sich warten: »Das muss auf EU-Ebene gelöst werden. Ein Alleingang Österreichs würde die heimische Wirtschaft ruinieren.«

Erstens stimmt das nicht. Zehn europäische Länder haben bereits mit einem nationalen CO_2-Preis gezeigt, dass die Wirtschaft trotzdem nicht zusammenbrach.[22] Zweitens gibt es jetzt auf EU-Ebene mit dem Green Deal einen neuen Klimakurs. Österreich könnte also zeigen, dass es starke Klimapolitik auf EU-Ebene befürwortet. Der Kanzler sowie sämtliche Ministerinnen und Minister könnten sich für konkrete gemeinsame Maßnahmen starkmachen.

Das tun sie aber nicht. Als der Europäische Rat im Dezember 2020 zusammenkam, um über ein neues EU-Ziel bis 2030 abzustimmen, war Kanzler Kurz nicht unter jenen, die sich für den ambitioniertesten Vorschlag von minus 65 Prozent einsetzten. Aus wissenschaftlicher Sicht wäre mindestens diese Reduktion notwendig, um die 1,5-°C-Grenze nicht zu überschreiten. Während Dänemark und Schweden den wissenschaftlichen Konsens in die Verhandlungen einbrachten, wurde von österreichischer Seite nicht einmal der Vorschlag des EU-Parlaments von minus sechzig Prozent öffentlich unterstützt.

Die Ausgangslage war also: Die Wissenschaft forderte minus 65 Prozent, das EU-Parlament hatte sich überraschend auf minus sechzig Prozent geeinigt (übrigens mit FPÖ-Gegenstimmen und ÖVP-Enthaltung – außer Othmar Karas, der dafür stimmte), die Kommission schlug minus

55 Prozent vor.[23] Geeinigt haben sich die Staats- und Regierungsschefinnen und -chefs zum Schluss auf netto minus 55 Prozent. Warum netto? Dadurch können Einsparungen durch Aufforstung und andere Methoden abgezogen werden. Die tatsächliche Reduktion beläuft sich dann auf ungefähr minus fünfzig Prozent.[24] Der schlechteste aller Kompromisse also.

Zwar wird die Verantwortung immer gerne auf die EU abgewälzt, doch wenn die EU endlich vorangeht, bremsen einige Länder. Polen, Tschechien und Ungarn waren es in diesem Fall. Aber auch Österreich ist nicht durch eine Klimavorreiterrolle aufgefallen. Dabei könnte man gemeinsam auf europäischer Ebene viel mehr erreichen.

Ein großer Hebel wäre auch die *gemeinsame Agrarpolitik* (GAP), für die fast vierzig Prozent des Gesamtbudgets der Europäischen Union aufgewendet werden. Die GAP stellt damit den größten Posten im EU-Haushalt dar – eine riesige Chance für eine nachhaltige Agrarwende. Den größten Teil der Direktzahlungen bekamen aber bisher industrielle Landwirtschaftsbetriebe, weil die Förderungen vorrangig flächen- und produktionsbezogen waren. Alle sieben Jahre wird die GAP reformiert. Die derzeitige Reform sieht einige Verbesserungen vor, mit Stand April 2021, geht jedoch längst nicht weit genug, um die Missstände zu beheben.[25] Dabei gäbe es hier bedeutende Hebel, um kleinräumige, nachhaltige Landwirtschaft zu fördern und somit Klima und Artenvielfalt zu schützen. Auch hier ist Österreich in den Verhandlungen nicht als Musterschüler aufgefallen.

Ein im Gegensatz zur GAP vielversprechender Vorstoß kommt nun in Form eines *Lieferkettengesetzes*. Dieses soll von der EU-Kommission nach weitreichenden Beschlüssen im EU-Parlament ausgearbeitet werden und könnte Unternehmen in Zukunft in die Pflicht nehmen, wenn es um die Einhaltung sozialer und ökologischer Standards geht. Sie sollen dann für Umweltzerstörung und menschenunwürdige Produktionsbedingungen auch entlang ihrer Lieferketten haften. Mit einem solchen gesetzlichen Schritt müssten wir Konsumentinnen und Konsumenten keine Investigativrecherchen mehr zu den Produkten anstellen, die täglich in unseren Einkaufswägen landen. Ein starker Beschluss auf EU-Ebene könnte einheitliche Regeln für alle schaffen.

Auch ein *CO_2-Grenzausgleich* ist im Gespräch. Mit ihm sollen nicht nur die Unternehmen innerhalb der EU für ihre Emissionen zur Kassa gebeten werden, sondern auch jene, die ihre Produkte innerhalb der EU verkaufen wollen. Das würde faire Voraussetzungen für heimische Produkte schaffen. Sowohl bei den Lieferketten als auch beim Grenzausgleich entscheidet Österreich mit, wie gut die Gesetze schlussendlich werden.

Das EU-Parlament hat 2020 auch eine umfassende Vorlage für ein Klimagesetz beschlossen. Folgende Punkte kommen darin vor: die Festlegung eines Treibhausgas-Budgets, sektorale Reduktionspfade, ein wissenschaftlicher Klimarat, der ihre Einhaltung und die Wirksamkeit der Maßnahmen überprüft, sowie ein Verbot von fossilen Subventionen und ein Recht auf Klimaschutz.[26] Das kommt Ihnen bekannt vor? Richtig, es sind weitgehend dieselben Vorschläge, die das Klimavolksbegehren an die heimische Politik richtete. Es muss also weniger die EU etwas vorlegen als Österreich endlich nachziehen!

Indessen stehen wir mittlerweile als Bremser da. Im internationalen Climate Change Performance Index, bei dem hunderte Klimaexpertinnen und -experten jährlich den Fortschritt von 57 Industriestaaten und der EU beurteilen, liegt Österreich auf Rang 35. Gemeinsam landeten die EU-Staaten auf Platz 16.[27] Österreich als Klimamusterland darzustellen ist also nichts anderes als Marketing, ein nationales Greenwashing. Mit unseren steigenden Emissionen sind wir es, die die EU und damit all ihre Staaten klimapolitisch zurückhalten.[28] Diese Schlusslichtposition ist historisch gewachsen. Um sie schleunigst wieder zu verlassen, sind die nächsten Jahre entscheidend. Unser hoher Anteil an erneuerbaren Energien, an hochwertiger Produktion und landwirtschaftlicher Qualität sind ein idealer Ausgangspunkt, um klimapolitisch wieder aufzuschließen.

Von einem Alleingang Österreichs kann also keinesfalls die Rede sein. Im Gegenteil, Klimaschutz zu *verabsäumen* wäre ein nationaler Alleingang, der unsere heimische Wirtschaft und Natur ruiniert.

WIR SIND VIEL ZU KLEIN – SOLLEN DOCH DIE USA UND CHINA Ja, China und die USA müssen schleunigst etwas ändern! China verursacht aktuell nahezu ein Drittel (27 Prozent) und die USA ein Siebtel (fünfzehn Prozent) der weltweiten produktionsbasierten CO_2-Emissionen. Österreich hingegen verursacht 0,2 Prozent.[29] Diese Tatsachen sind nicht zu leugnen. Kohlekraft wird in China sogar noch ausgebaut – das kann auch eine chinesische Offensive bei erneuerbaren Energien nicht wettmachen, die sämtliche andere Nationen in den Schatten stellt. China und die USA haben also enormen Handlungsbedarf.

Können wir uns deshalb aus der Verantwortung ziehen? Nein!

Zwar ist Österreich nur ein vergleichsweise kleiner Verursacher der globalen Emissionen, jedoch liegen bei uns die CO_2-Emissionen pro Kopf deutlich über dem globalen Durchschnitt von fünf Tonnen und gänzlich jenseits vom klimaverträglichen Budget von 1,5 Tonnen CO_2 pro Person und Jahr.[30] In Österreich verursachte 2019 jeder Mensch im Schnitt neun Tonnen CO_2-Emissionen. China kommt pro Kopf auf weniger, nämlich auf sieben Tonnen CO_2 pro Kopf.[31]

Bernhard aus dem Wissenschaftsteam des Klimavolksbegehrens hat mir das einmal veranschaulicht: Würde man China mit seinen 1,4 Milliarden Menschen in Einheiten von neun Millionen unterteilen, erhielte man 156 österreichgroße Regionen. Jede dieser Regionen würde dann sogar weniger als 0,2 Prozent verursachen und könnte ebenfalls die Ausrede benutzen: Wir sind zu klein und zu unwichtig, um Klimaschutz zu machen. Außerdem liegt China im bereits erwähnten Climate Change Performance Index zwei Plätze vor Österreich.

China legte sich zudem 2020 fest, bis 2060 klimaneutral zu werden. Das ist natürlich zu spät, aber baut international Druck auf Amerika auf. Das Rennen um die Klimaneutralität hat begonnen. Lässt Präsident Joe Biden seinen Versprechen einen rigorosen Klimaplan folgen, könnten die drei größten Volkswirtschaften der Welt – China, die USA und die EU – an einem Strang ziehen. Das wird einen gewaltigen Markt an klimafreundlichen Technologien und Lösungen schaffen, gesellschaftliche Transformationen vorantreiben und belegt einmal mehr: Klimadiplomatie und Vorbildwirkung haben reale Konsequenzen! Weiteres Verhandeln und Drängen der EU und von Österreich innerhalb der Union sind unsere Hebel auf die internationale Klimapolitik!

Dass Österreich vorangehen sollte, gilt erst recht, wenn man bedenkt, dass viele Emissionen von Produkten, die wir in Österreich konsumieren, gar nicht in unserem Land anfallen. Wegen Kleidung, Bauteilen und Rohstoffen aus Asien oder Lebensmitteln aus Südamerika und Südafrika fallen Österreichs *konsumbasierte Emissionen* deutlich höher aus: Statt achtzig Millionen Tonnen sind es konsumbasiert sogar 120 Millionen Tonnen klimaschädliche Treibhausgase.[32] Die Pro-Kopf-Emissionen unserer konsumierten Produkte belaufen sich daher auf zirka vierzehn Tonnen. In China hingegen waren es wegen der regen Exporttätigkeit »nur« sechs Tonnen pro Kopf.[33] Unsere Handelsbeziehungen nach China, Brasilien und Indien sind es, die uns eine große Verantwortung übertragen – aber damit auch einen großen Hebel zur Bewältigung des Problems.

VOM NACHZÜGLER ZUM VORBILD Es sind überwiegend die Länder des Globalen Nordens, die von der großen Beschleunigung nach der industriellen Revolution profitiert haben. Sie tragen eine historische Verantwortung, da ihr Vermögen auf den hohen Treibhausgas-Emissionen des letzten Jahrhunderts beruht. Sie müssen im Sinne der *globalen Gerechtigkeit* die Klimaneutralität früher erreichen und Klimafinanzierung für andere Länder bereitstellen. Unsere Forderung, Österreich schon 2040 klimaneutral zu machen, wurde zum türkis-grünen Ziel. Nun wäre es eine fatale Botschaft, wenn nicht einmal Österreich – gesegnet mit zahlreichen erneuerbaren Ressourcen und als eines der reichsten Länder der Welt – es schafft, seine Klimaziele zu erfüllen. Wir machen also weiterhin Druck, damit dies nicht nur eine hübsche Ankündigung bleibt, sondern auch zu einem handfesten Maßnahmenpaket führt.

Ich für meinen Teil würde gerne in einem Österreich leben, das weltweit in den Medien gerühmt wird, vorbildlich ins 21. Jahrhundert gestartet zu sein. Von Schanghai bis New York, von Mumbai bis São Paolo würden Expertinnen und Experten das österreichische Erfolgsmodell studieren und für ihre Zwecke adaptieren. Unsere innovativen Mobilitätskonzepte, unsere ressourcenschonende Kreislaufwirtschaft, unsere erneuerbaren Energiegemeinschaften, unsere nachhaltige Land- und Forstwirtschaft und unsere grünen, lebenswerten Städte – all diese technologischen und gesellschaftlichen Innovationen könnten *Exportschlager* werden. Das ist die Erfolgsgeschichte, die einer vorausschauenden, modernen Republik gerecht wird, einem Land, in dem ich Mia und Finn großziehen und meinen Lebensabend genießen will.

Gerade Schwellenländer und Länder des Globalen Südens könnten durch positive Entwicklungen in anderen Teilen der Welt profitieren, um Verschwendung und Ausbeutung nicht nach westlichem Vorbild zu kopieren, sondern direkt eine nachhaltige Gesellschaft anzusteuern. Das Phänomen *Leap Frogging* bezeichnet das Überspringen einer Technologie, um sofort in die darauffolgende zu wechseln. Viele Länder übersprangen das Festnetztelefon und führten sofort ein Mobilfunknetz ein. Damit sparten sie sich das Verlegen von Kabeln durch das ganze Land. Sonnen- und Windenergie sind der Technologiesprung im Energiebereich und machen viele Regionen unabhängig von Importen.

Schaffen wir es, eine klimaneutrale Gesellschaft und Wirtschaft zu bauen, könnte unser Vorbild die Nachhaltigkeit in anderen Ländern immens beschleunigen. Zusätzlich sollten wir unsere historischen Emissionsschulden auch durch Klimafinanzierung begleichen. Leap Frogging und finanzielle Mittel hätten das große Potenzial, vielen Ländern zu ermöglichen, nicht den verschmutzenden Umweg über Öl, Kohle und Gas zu gehen, wie wir es leider getan haben.

WIESO DIE ANDEREN ZUERST? WIR WOLLEN DIE ERSTEN SEIN! Treten wir ein Stück zurück. Wieso sollen wir überhaupt auf andere warten für mutige Klimapolitik?

Ich denke dabei wieder an Finn in seinem Eisbärpyjama und Mia mit ihrem Naturtagebuch voller bunter Herbstblätter. Für sie macht es bald einen erheblichen Unterschied, ob wir die Maßnahmen gesetzt haben oder nicht. In der Art, wie sie zur Schule gelangen, sofern sie am Land großgezogen werden, ob sie in einer kühlen Stadt mit Grünflächen und Spielplätzen oder in einer zubetonierten, zugeparkten Asphaltwelt aufwachsen; ob sie Insektengesumme und Vogelgezwitscher kennen, wie es meine Mama mir noch gezeigt hat; ob ihre Spielsachen billiges Plastikzeug sind, das schnell kaputtgeht und dann weggeschmissen wird; ob ich mir die besten Lebensmittel, die auch klimafreundlich sind, für sie werde leisten können.

Alle Maßnahmen, die es braucht, bringen uns direkt etwas vor Ort. Die Menschen wollen sie, ganz unabhängig von den Klimazielen – das belegen Umfragen wie auch die hunderttausenden Unterschriften des Klimavolksbegehrens. Reden wir uns also nicht auf andere aus, sondern gehen wir in sämtlichen unseren Rollen konsequent voran, gemeinsam und mutig, in diese würdige Welt des 21. Jahrhunderts! Ja, wir wollen günstigen öffentlichen Verkehr, der auch in den ländlichen Regionen preiswerte Mobilität garantiert. Ja, wir wollen in lebendigen Städten wohnen. Ja, wir wollen Zukunftsjobs, die uns allen die Möglichkeit geben, zur Klimawende und einer guten Gesellschaft beizutragen. Wir wollen hochwertige Produkte, die man günstig reparieren und lange nutzen kann. Und ja, wir wollen regionale Wertschöpfung, sowohl bei Lebensmitteln, Industriegütern als auch bei Energie.

Was wir nicht wollen, ist, unser schönes Land, unsere Heimat zugrunde zu richten. Wem diese Wortwahl zu harsch ist, den ermutige ich, das nächste Kapitel zu lesen. Die Folgen der Erderhitzung sind nämlich hierzulande angekommen. Die Veränderung ist nicht mehr zu leugnen. Ändern wir nicht spätestens jetzt etwas, wird sich alles ändern, und wir werden unser geliebtes Österreich nicht wiedererkennen.

2. DAS BETRIFFT UNS NICHT – ALARMSTUFE ROT-WEISS-ROT

Ich habe meinen Papa in meinem Leben dreimal mit Tränen in den Augen gesehen. Das allererste Mal, da war ich ein Kind, da ist die Oma gestorben. Das zweite Mal war, wie er Krebs hatte und nicht klar war, ob er das überlebt. Das dritte Mal war vor einem halben Jahr, als er mir gesagt hat, was mit unserem Wald los ist.
MARIA NEUMÜLLER, TOCHTER EINES FORSTBESITZERS, ROHRBACH (OBERÖSTERREICH)

Ich wurde 1994 geboren. Ich bin also erst 27 Jahre alt und habe bereits die heißesten fünfzehn Jahre miterlebt, die in Österreich jemals gemessen wurden. Wenn Ihre kleine Tochter 2020 sechs Jahre alt geworden ist, hat sie schon die fünf heißesten Jahre der österreichischen Geschichte ertragen müssen.[34] Die Erderhitzung ist bei uns angekommen, dennoch bebilderte man die Klimakrise vor Fridays For Future immer mit ausgemergelten Eisbären auf dünnen Eisschollen, Waldbränden in Australien und was-weiß-ich-wie-vielen Fußballfeldern Amazonas-Regenwald, die täglich abgeholzt werden. Kein Wunder also, dass man oftmals hört: »Die Klimakrise? Geh, die betrifft uns doch gar nicht.«

ALS WÜRDE EIN FAMILIENMITGLIED VERLORENGEHEN

»Da glauben immer alle, sie müssten uns was vom Klimawandel erzählen«, erwiderte Bernhard, Förster in Niederösterreich. Für unsere Kampagne *Voices of Climate Change* besuchten wir jene, die die Klimakrise bereits am heftigsten spürten, um ihre Geschichten zu hören. »Ich weiß das doch längst. Wir sehen das Tag für Tag, Jahr für Jahr. Wir haben Aufzeichnungen, die hunderte Jahre zurückgehen. Wir haben noch nie mit so einer Häufigkeit Windwürfe, Borkenkäferbefall, Murenabgänge und Schneebruch gehabt. Ich hätte nicht gedacht, dass der Klimawandel so brutal zuschlägt. Ich bin jedes Mal überrascht, wenn ich hierherkomme. Nach zwei Monaten kenne ich die Gegend nicht mehr, weil einfach der halbe Wald fehlt.« Er machte eine weite Handbewegung zum Berghang auf der anderen Seite. Lange sah er hinüber. »Es tut mir ehrlich im Herzen weh, die kahlen Stellen zu sehen. Es ist wie ein Familienmitglied zu verlieren«, sagte er und wandte sich ab.

Als ich mich auf den Weg in das Forstgebiet gemacht hatte, war ich mitten im Stress der Kampagnenvorbereitungen für die Eintragungswoche des Volksbegehrens gar nicht imstande gewesen, mich auf den Ausflug zu freuen. Jetzt merkte ich, wie gut es mir tat, hier zu sein, fernab von Presseaussendungen und Meetings. Seine Worte erinnerten mich daran, warum unsere Proteste und Aktionen wichtig waren, warum wir für die Eintragungswoche im Juni noch einmal alles geben mussten. Für Menschen wie ihn.

Es dauert lange, einen Wald umzubauen. Nicht umsonst heißt es: LandwirtInnen planen für Jahrzehnte, FörsterInnen für Jahrhunderte. Die Bäume, die sie heute pflanzen, pflanzen sie für die nächste Generation.

Etwa die Hälfte der Fläche Österreichs ist mit Wald bedeckt, der größte Teil davon mit Fichten. Die Trockenheit schwächt die Fichte, die durch Wassermangel weniger Nährstoffe aufnehmen kann. Das wiederum verringert die Harzproduktion, und sie wird anfällig für Schädlingsbefall. Der drei Millimeter kleine Borkenkäfer freut sich. Er ist für viele Försterinnen und Förster zum Albtraum geworden. Im Sommer 2019 kam es im Waldviertel aufgrund des Borkenkäfers zu einem konzentrierten Fichtensterben. Am Truppenübungsplatz Allentsteig allein mussten 1500 Hektar Wald abgeholzt werden. Das entspricht 2100 Fußballfeldern.[35] Sowohl 2018 als auch 2019 waren jeweils fünf Millionen Festmeter Schadholz zu verzeichnen, was jeweils etwa einem Viertel der gesamten Holzernte in Österreich entspricht; hinzu kamen noch einmal je vier Millionen Festmeter sturm-, muren- und schneebedingtes Schadholz.[36]

Darum setzt Bernhard auf die Diversität der Bäume und auf Arten, die dem Boden und der Temperaturveränderung entsprechen. Das erhöht die Widerstandsfähigkeit in ungewissen Zeiten. »Wir Forstwirte müssen uns etwas einfallen lassen. Die Monokulturen der Vergangenheit waren ein Schmarren, das ist klar. Aber da braucht's mehr. Wenn die Politik nichts tut, dann weiß ich auch nicht weiter. Eine kommende Veränderung von plus 3 bis 4 °C, in so kurzer Zeit, darauf kann sich kein Wald einstellen. Das geht einfach nicht. Dann sterben unsere Wälder.«

Eigentlich sollten Personen wie der niederösterreichische Förster Bernhard ganz vorne stehen. Ihre Geschichten sollten die Menschen hören. In die ehrlichen Augen von Bernhard sollten sie schauen, und dann noch einmal sagen, Österreich sei nicht von der Klimakrise betroffen.

KLIMAFOLGEN IN ÖSTERREICH

Es ist unglaublich, was da heuer passiert. Es hat im Winter überhaupt keine Schneefälle gegeben. Den ganzen Frühling hat es keinen Niederschlag gegeben. Seit mehreren Jahren merken wir natürlich, wie Baumarten nach der Reihe sterben. Es ist unser tägliches Brot sozusagen, dass Baumarten verschwinden.
SANDRA TUIDER, FORSTWIRTSCHAFTSMEISTERIN, THERNBERG (NIEDERÖSTERREICH)

Die Vielfalt der österreichischen Landschaften ist ein wahrer Reichtum. Sie trägt entscheidend zur Einzigartigkeit des Landes bei. Von Bundesland zu Bundesland entdeckt man Naturjuwele, von den mächtigen Alpen über ausgedehnte Wälder, fruchtbare Äcker und kristallklare Seen bis hin zu einem außergewöhnlichen Steppenklima im Osten. Diese Fülle ist es, die vielerorts auf dem Spiel steht. Sie ist es auch, die Österreich besonders empfindlich für Klimaveränderungen macht.

Tatsächlich erwärmt sich Österreich doppelt so schnell wie die Erde als Ganze. Während die internationale Erderhitzung bereits +1,2 °C beträgt, verzeichnen wir in Österreich derzeit mehr als +2 °C.[37] Warum ist das so? Zwei Drittel der Erdoberfläche sind Meere, und da diese sich langsamer erhitzen als die Kontinente, dämpft das die globale Erhitzung etwas. Durch unsere Lage inmitten Europas fehlt uns jedoch die Kühlung durch angrenzende Wassermassen. Eine Überflutung wie in den Metropolen New York City oder Dhaka, der Hauptstadt von Bangladesch, wird uns dadurch erspart bleiben. Aber es gibt viele andere Folgen, und wir kennen sie aus unseren Heimatgemeinden.

HITZEREKORDE

Ich habe Multiple Sklerose. Die Temperaturen da draußen haben echte Auswirkungen auf mich. Ab 25 °C sitze ich im Rollstuhl. Ich bin jetzt schon von der Klimakrise betroffen und in Zukunft noch viel stärker.

MEX, BESCHWERDEFÜHRER BEI DER ÖSTERREICHISCHEN KLIMAKLAGE

2018 sprengte alle Rekorde. Es war das wärmste Jahr der 250-jährigen Messgeschichte. In Eisenstadt zählte man statt der durchschnittlichen 66, unglaubliche 110 Sommertage – also Tage mit einer Höchsttemperatur über 25 °C. Auch die Anzahl der Hitzetage, an denen die Temperatur über 30 °C erreicht, ist gestiegen. Während es in den 1970ern etwa zehn Wiener Hitzetage pro Jahr gab, sind es mittlerweile 35.[38] International kann die Bilanz nicht eindeutiger sein: Weltweit waren die sieben wärmsten Jahre die letzten sieben Jahre.[39]

Wenn Sie also in Gesprächen hören, das hätte es früher auch schon gegeben, gespickt mit schillernden Erzählungen von heißen Jugendsommern, dann seien Sie versichert: Diese Rekorde bedeuten schlicht und ergreifend das Gegenteil. Das hat es so *noch nie zuvor* gegeben.

DIE OPFER DER HITZE

Die Auswirkungen der Klimakrise sind schon jetzt im Gesundheitsbereich deutlich spürbar. Wir verzeichnen in Österreich mehr Hitze- als Verkehrstote, und Krankheitserreger, die es zuvor bei uns nicht gab, breiten sich in Mitteleuropa aus.

THOMAS SZEKERES, PRÄSIDENT DER ÖSTERREICHISCHEN
UND WIENER ÄRZTEKAMMER

Während der großen Hitzewelle 2003 wurde in Paris eine gekühlte Halle eines Lebensmittelgroßmarkts umfunktioniert. Nicht etwa als Zuflucht vor der Hitze, sondern zur Kühlung von zweitausend Leichen. Die vielen Hitzetoten überfüllten die Bestattungshäuser.[40] Die Welle forderte europaweit 70 000 Todesopfer, weshalb die Münchner Rückversicherung sie als die größte Naturkatastrophe in Mitteleuropa seit Menschengedenken bezeichnete.[41]

Auch in Österreich erliegen unzählige Menschen der Hitze. Vor allem ältere und schwache Menschen leiden. 2018 starben hitzebedingt 766 Österreicherinnen und Österreicher und damit doppelt so viele wie im Verkehr.[42] Extremtemperaturen untertags, gefolgt von Tropennächten – Sie sind nicht allein, wenn Sie da Schlafprobleme bekommen und Auswirkungen auf Ihre Gesundheit spüren.

Nicht nur die Hitze setzt der Gesundheit zu. Luftverschmutzung durch fossile Brennstoffe verursacht jährlich knapp neun Millionen Todesfälle weltweit, wie eine Studie zeigt. Das sind zwanzig Prozent aller Todesfälle. Ohne fossile Verbrennung würde die Lebenserwartung hingegen um ein Jahr steigen.[43] Berücksichtigt wurden in der Studie ausschließlich die Auswirkungen von Luftverschmutzung und Feinstaub – Todesfälle durch Extremwetter sind noch gar nicht eingerechnet.

EXTREMWETTER

Nicht nur, dass der Niederschlag zurückgeht, sondern wenn dann einer kommt, dann in einem Ausmaß, dass der Boden überhaupt nicht in der Lage ist, das aufzunehmen. Vor ein paar Monaten hatten wir ein Regenereignis, da waren in den ersten zwei Stunden 27 Liter pro Quadratmeter. Das ist unvorstellbar viel.

MICHAEL ROSELIEB, LANDWIRT UND UNTERNEHMER, NEUBERG (BURGENLAND)

Das Jahr 2018 brachte nicht nur extreme Hitze, sondern im Februar und März echte Kältewellen. Die Klimakrise macht es nicht einfach wärmer, sondern Wetter im Allgemeinen *extremer*.

Im Jänner 2019 fiel in zehn Tagen beträchtlich mehr Schnee als im Rekordmonat Jänner 2012 gesamt. Das führte zur höchsten Gesamtschneehöhe im Tiroler Reutte seit Messbeginn 1937. Auch in der Steiermark führte es zum Winterchaos. Das Bundesheer leistete 14 000 Stunden Katastropheneinsatz. Am Hochkar lag mit acht Metern etwa dreistöckig Schnee, weshalb das Skigebiet evakuiert werden musste. In vielen Regionen wurde die höchste Lawinenwarnstufe ausgerufen. Es gab achtzehn Todesopfer.[44]

Zu viel Niederschlag führte auch zum Hochwasser im August 2002, das bestimmt vielen traurig in Erinnerung geblieben ist. Die Wassermassen überfluteten Straßen und Dörfer, verwüsteten Felder und schwemmten Existenzen weg. Neben drei Millionen Euro Kosten forderten die Fluten auch neun Menschenleben.[45]

Hochwasser, Vermurungen und andere Extremwetter sind mittlerweile zu einer Regelmäßigkeit geworden und verlangen jährlich Katastropheneinsätze. Das österreichische Bundesheer stuft rapiden Klimawandel daher als die *größte Bedrohung für die Sicherheit des Landes* ein.[46]

GLETSCHERSTERBEN

In der kurzen Zeit, die ich überblicken kann, habe ich wahnsinnig gravierende Ausmaße der Veränderung erkennen können. Zum Beispiel in der Pasterze am Großglockner. Ist man früher eben auf den Gletscher rübergegangen, braucht man mittlerweile ein Schlauchboot, dass man rüberkommt.

TIMO MOSER, BERGFÜHRER AUS SALZBURG

Die Alpen sind das unverkennbare Symbolbild österreichischer Identität. Wer bekommt kein Gefühl der Erhabenheit, beim Wandern auf den majestätischen Bergen? Weiße Gipfel ragen in den tiefblauen Himmel. Ein kolossales Theater aus Fels und Stein umgibt das Publikum von gelangweilten Kühen. Sie glöckeln und mampfen frische Kräuter auf sattgrünen Almwiesen.

Das Bild jedoch beginnt zu bröckeln. Österreichs 925 Gletscher haben bereits seit dem Beginn der industriellen Revolution die Hälfte ihrer Masse verloren.[47] Den stärksten Rückgang verzeichnete der Alpeiner Ferner. Im Messzeitraum 2016/17 verlor der Eisriese unfassbare 95,4 Meter Länge.[48]

»Selbst, wenn das Klima jetzt so bliebe, würden sich die österreichischen Gletscher bis 2050 noch halbieren«, erklärte mir Gletscherforscher Kay Helfricht. »Wenn wir Klimapolitik nicht ernst nehmen, dann wird es 2100 in Österreich nahezu keine Gletscher mehr geben.«

Die Gletscher stehen bei den Veränderungen im Rampenlicht, doch auch die durchgehend gefrorenen Böden Österreichs sind von der Veränderung stark betroffen. Permafrostböden gibt es nicht nur in Sibirien, sondern auch hierzulande, nämlich auf über 2500 Höhenmetern. In Tirol nehmen sie immerhin 167 Quadratkilometer ein. Bei einer Erhitzung von 1 °C beginnen diese Flächen aufzutauen. Das setzt das starke Treibhausgas Methan frei und verringert die Stabilität des hochalpinen Bodens. Die Böden werden bei Starkregen einfach weggespült. Es kommt zu Steinschlägen, Murenabgängen und Felsstürzen.[49]

WASSERKNAPPHEIT

> Die letzten dreizehn Jahre kann ich's da, in der Fischzucht, gut verfolgen: Wir haben weniger Niederschläge, weniger Wasserführung im Bach. Auch die Wassertemperaturen steigen. Wir sehen das ja auch in den Seen – der Traunsee ist ein typisches Beispiel. Wie ich Kind war, war der Traunsee mit 20 °C das beste Badevergnügen, jetzt hat er jeden Sommer fast 24 °C.
>
> MARKUS MOSER, FISCHZÜCHTER, NEUKIRCHEN BEI ALTMÜNSTER (OBERÖSTERREICH)

Weniger Schnee und Gletscher in den Alpen bedeuten aber auch weniger Wasser in den Flüssen im Frühling mit unmittelbaren wirtschaftlichen Folgen für das Umland. Sinkt die Abflussmenge, nimmt die Stromproduktion in Wasserkraftwerken ab.[50] Die niedrigen Wasserpegel beeinflussen außerdem den Frachtverkehr auf der Donau. Das zeigt sich bei der Reichsbrücke in Wien, wo heutzutage wesentlich mehr Schiffe zwischenzeitlich Anker werfen, wenn eine Weiterfahrt nach langer Trockenheit unmöglich ist.[51]

Gleichzeitig ist die Wassertemperatur angestiegen – um 0,8 °C im Durchschnitt. Ein sinkender Wasserspiegel, weniger Niederschlag und steigende Wassertemperaturen haben auch Auswirkungen auf die Artenzusammensetzung der Gewässer. Fische, die an kühle Temperaturen angepasst sind, wie die Seeforelle, müssen immer weiter flussaufwärts wandern, wo es noch kühler ist. Obere Flussabschnitte sind jedoch auch schmäler, was den Lebensraum dieser Arten beschränkt. Am Lunzer See in Niederösterreich hat sich durch die Erhitzung die Fischgemeinschaft komplett verändert. Gab es dort früher eine eiszeitliche Population an Seesaiblingen, sind diese heute fast verschwunden und haben weiter verbreiteten Arten Platz gemacht. Das Leben in den Seen und Flüssen wird dadurch homogener, die Artenvielfalt geht zurück.[52]

DÜRRE UND LANDWIRTSCHAFT

Damals haben wir noch Jahreszeiten erlebt, die sind mittlerweile verschwunden. Ich bin Weinbauer, und die massive Trockenheit macht mir zu schaffen. Wenn wir so weitermachen, werden wir diese Gegend irgendwann nicht mehr bewohnen können.

FRANZ SEIDL, WINZER, UNTERRETZBACH (NIEDERÖSTERREICH)

Besonders zu spüren sind die Veränderungen der Erderhitzung in der Landwirtschaft. Seit tausenden Jahren ist sie geprägt von einem engen Zusammenleben mit der Natur und ihren Zyklen. Wie aber soll man die Aussaat und Ernte planen, wenn sich alles andauernd verändert?

Die Kombination von Hitze und fehlendem Niederschlag trifft die Landwirtschaft besonders hart. 2018 war auch hier das Katastrophenjahr. Im Wald- und Weinviertel verzeichneten MeteorologInnen minus dreißig bis minus fünfzig Prozent Niederschlag. Österreichweit gingen Ernten um zwölf Prozent zurück. Damit man sich das vorstellen kann: Das bedeutete allein beim Getreide einen Rückgang von 400 000 Tonnen.[53] Kürbisse, Zucchini, Tomaten etc. kamen nicht in die Höhe und blieben winzig. Für viele LandwirtInnen war das existenzbedrohend. Die österreichische Hagelversicherung bezifferte den Schaden mit über 200 Millionen Euro.[54] Für die Landwirtschaft in Österreich wird durch die Klimakrise ein Rückgang von neunzehn Prozent erwartet – also nahezu doppelt so schlimm wie im verheerenden Jahr 2018.[55]

VERRÜCKTE JAHRESZEITEN GEFÄHRDEN DIE ERNTE

Alle Früchte, die wir ausbringen, sind davon abhängig, wie das Jahr ist. Wir haben immer geglaubt, es wird irgendwelche Generationen nach uns treffen. Aber wir sind mittendrin. Und wenn wir an unsere Kinder und Enkelkinder denken, dann dürfen wir nicht so weitermachen.

ERICH STEKOVICS, VIELFALTSBAUER, FRAUENKIRCHEN (BURGENLAND)

Mittlerweile verschiebt sich der Frühlingsbeginn um zwei Wochen nach vorne. Bäume blühen häufig bereits, wenn im Frühjahr der Frost eintritt. Die Triebe sind in einem fortgeschritteneren Stadium als früher, wenn die Temperaturen unter null gehen. Das gefährdet die Obsternte Jahr für Jahr stark.

Im April 2016 und 2017 zeigten die Thermometer in der Steiermark, Niederösterreich und dem Burgenland in einzelnen Nächten außergewöhnliche −6 °C. Die Kürbis-, Spargel- und Weinernten standen auf dem Spiel. Man verbrannte Strohballen, damit der Rauch die Wärmeabstrahlung des Bodens dämpfe. Die Maßnahmen waren wirkungslos. Auch die Marillen- und Zwetschkenernte brachen ein. Mehr als zwei Drittel der österreichischen Kernobsternte waren zerstört. Der Schaden belief sich auch hier auf rund 200 Millionen Euro.[56]

TOURISMUSNATION ÖSTERREICH

> Es ist bereits die zweite Saison, in der der niedrige Wasserstand den Wassersport-Unterricht unmöglich macht. Unser Business ist im Grunde ausgetrocknet.
>
> ROBERT BÖHM, SURFSCHULBETREIBER, ST. ANDRÄ AM ZICKSEE (BURGENLAND)

Die meisten Skigebiete können seit Jahren nur mehr mit Beschneiungsanlagen Schneesicherheit garantieren und spüren eine verkürzte Saison mit mehr Regenwetter. Dadurch wird es immer schwieriger, teurer und unsicherer, den weltbekannten Skitourismus aufrechtzuerhalten.[57] Das steirische Skigebiet Lammeralm hat 2016 zugesperrt[58], und der Sommerskibetrieb des Kitzsteinhorns wurde sogar schon 2007 eingestellt, um den Gletscher zu schützen.[59]

Touristisch betroffen sind auch die Kärntner Seen. Ihr Wasser hat sich in wenigen Jahrzehnten um 1,3 °C erwärmt. Das mag manche freuen, aber hat Auswirkungen auf den Sauerstoffgehalt des Wassers und führt zu einer schlechteren Wasserqualität.[60] Noch härter trifft es das Burgenland. Laut einer Studie der Universität für Bodenkultur Wien ist eine vollständige Austrocknung des Neusiedler Sees in den nächsten Jahren nicht ausgeschlossen. Er ist als Steppensee besonders abhängig von den Niederschlagsmengen.[61]

Es fällt mir schwer, diese Seiten zu schreiben. Es macht mir offen gestanden Angst, wie verzahnt und umfangreich die Veränderungen sind, die uns drohen oder schon geschehen sind. Welche Alpen werden das sein, in denen mein Finn einen Ameisenhaufen beobachtet? Welche Seen werden das sein, in denen meine Mia schwimmen lernt? Erkenne ich dieses Österreich überhaupt wieder?

DIE NEUE NORMALITÄT

> Die Klimakrise gibt's ja schon lange, aber man hat sie zu wenig beachtet. Dass man immer noch nichts gelernt hat und immer nur redet und nichts tut und sieht, wie viele Menschen leiden – Land haben wir genug, Wasser auch, aber wir müssen endlich haushalten.
>
> SEPP HOLZER, AGRARREBELL, JENNERSDORF (BURGENLAND)

Ja, wir sind ohne Zweifel betroffen. All diese Auswirkungen stellen die neue Normalität dar. Selbst mit den ehrgeizigsten Klimaschutzmaßnahmen bleiben uns Ernteschäden, Borkenkäfer und Überflutungen erhalten. Die Folgen sind hier, und sie bleiben. Das müssen wir akzeptieren. Ob wir wollen oder nicht.

Was wir nicht akzeptieren müssen, ist die weitere Verschärfung dieser Probleme. Von Jahr zu Jahr verschlimmert sich die Situation, und noch immer tut man so, als könnten wir die Auswirkungen ignorieren. Warum ist das so? Wo doch die Österreichische Volkspartei der Land- und Forstwirtschaft nahesteht und seit den 1980ern die UmweltministerInnen stellt. Wenn ich mit Betroffenen sprach, die die Klimaeffekte täglich mit eigenen Augen, bei der eigenen Arbeit bemerkten, dann spürte ich neue Kraft, Klimaschutz umzusetzen.

Und doch sitzen diverse Politikerinnen und Politiker in ihren Büros, spielen ihre teuren Machtspielchen und wischen die Klimakrisenfolgen mit einer einzigen wegwerfenden Floskel vom Tisch: Das kostet zu viel.

3. DAS KOSTET ZU VIEL – DIE UNKOSTEN DES NICHTSTUNS

Klimaschutz sei viel zu teuer, wir könnten uns das nicht leisten. Eine gängige Ausrede. Ich hingegen sage: Wir können es uns nicht leisten, Klimaschutz zu *verabsäumen* – und die Zahlen sind auf meiner Seite.

Schauen wir uns zuerst die Kosten der derzeitigen Lage an und vergleichen sie dann mit den Kosten eines ökologischen Umbaus. Es lässt sich in etwa so zusammenfassen: Jeder Euro, der von Staaten in Öl, Kohle und Gas gesteckt wird, ist ein verlorener Euro – gesellschaftlich und finanziell.

DIE KOSTEN DES STATUS QUO

Das vorige Unterkapitel macht deutlich, wie umfassend die Umweltschäden für Österreich schon jetzt ausfallen. Ernteschäden, Katastrophenhilfe und Versicherungszahlungen – all das gilt es zu begleichen. Doch die Schäden werden nicht von der fossilen Industrie beglichen, sie müssen von der Allgemeinheit getragen werden. Teilweise springen der Staat oder Versicherungen ein. Aber mehrheitlich zahlen die Menschen selbst drauf: die LandwirtInnen, die FortstwirtInnen, die BewohnerInnen bestimmter Regionen. Eine Studie (2020) kommt zu dem Ergebnis, dass die Kosten der Untätigkeit, abgekürzt COIN (Cost of Inaction), sich bereits jetzt auf zwei Milliarden Euro jährlich belaufen.[62] Wenn wir weitermachen wie bisher, werden die abschätzbaren Schadenskosten bis 2050 auf rund zehn Milliarden Euro wachsen. Dabei werden globale Auswirkungen und deren Rückwirkungen auf Österreich noch gar nicht berücksichtig, wie zum Beispiel Migrationswellen.[63] Durch die Folgen der Klimakrise müssen wir uns an die neuen Begebenheiten auch zunehmend anpassen. Diese Anpassungskosten belaufen sich gegenwärtig auf etwa eine Milliarde Euro und steigen auf zwei Milliarden Euro bis 2050.

Simultan erhalten wir aber die fossile Wirtschaft künstlich am Leben. Der Import fossiler Brennstoffe aus dem Ausland, also Öl und Gas für die Heizung, Kohle für die Stahlproduktion, Sprit für Autos und Flugzeuge, kostet uns acht Milliarden Euro im Jahr. Wir überweisen diese Summe jährlich unter anderem an Kasachstan, Libyen und den Irak für Erdöl und an Russland für Erdgas.[64] Das sind etwa tausend Euro pro Person. Eintausend Euro. Sie als ÖsterreicherIn zahlen quasi jedes Jahr einen Tausender, um die Umwelt zu zerstören, und haben kaum eine andere Wahl, denn wer sich keinen Ölkesseltausch leisten kann oder wer auf ein Auto angewiesen ist, dessen Geld geht letztlich in die genannten Länder. Außerdem fördert der Staat in vielen Bereichen klimaschädigendes Verhalten. Gesamt belaufen sich die Subventionen auf rund vier Milliarden Euro pro Jahr.[65]

Überschlagen wir das kurz: Die wetter- und klimabedingten Schäden (zwei Milliarden Euro), Klimakrisenanpassungen (eine Milliarde), fossilen Importe (acht Milliarden) und umweltschädlichen Subventionen (vier Milliarden) im Jahr 2020 kosteten uns fünfzehn Milliarden Euro. Bis zum Jahr 2050 erhöhen sich diese Kosten auf 24 Milliarden Euro – und das pro Jahr![66] Zum Vergleich: Rund neunzehn Milliarden geben wir jährlich für Bildung aus, 33 Milliarden für das Gesundheitssystem – beides wohl um einiges wichtiger, als Schäden zu begleichen, denen wir jetzt noch vorbeugen könnten.

Mit Strafzahlungen wären es noch mehr. Wenn wir nämlich weiterhin unsere Emissionen nicht reduzieren und somit die EU-Klimaziele verfehlen, kommen die Strafzahlungen an die EU hinzu. Diese Zahlungen belaufen sich laut Umweltministerium bis 2030 auf bis zu 6,6 Milliarden Euro.[67] Ohne zusätzliche Maßnahmen prognostiziert der Rechnungshof sogar über neun Milliarden Euro Kosten – und das wohlgemerkt unter Betrachtung der alten EU-Klimaziele.[68] Mit den jetzigen wird diese Summe wohl noch weiter steigen.

In alledem nicht eingepreist sind physische und psychische Gesundheit, die Lebensqualität, die Intaktheit der Natur, die Artenvielfalt, die flüchtenden Menschen, die durch eine verlorene Existenz anderswo eine neue Heimat brauchen, und die Leben der Menschen, die an der Hitze und Extremwetter sterben – diese sind unbezahlbar. All das in Kauf zu nehmen wäre grausam.

INVESTITIONEN IN DIE ZUKUNFT

Oftmals wird im Gegenzug zu dieser Kostenaufstellung auf die Günstigkeit von fossilen Brennstoffen verwiesen. Die bestehende Infrastruktur und die Mengen machten es einfach zur billigeren Variante. Doch auch dieses Argument hat sich in den letzten Jahren umgekehrt. Ohne staatliche Zuwendungen könnte gerade die Kohleindustrie nicht mehr existieren, und auch Gas taumelt. Jährlich sinken die Preise für Bau und Betrieb erneuerbarer Energieträger drastisch, sodass mit 2020 mehr als drei Viertel der neuen Windkraftanlagen an Land und Photovoltaik-Projekte generell günstiger geworden sind als ihre fossile und atomare Konkurrenz. Neue Solar- und Windkraftanlagen unterschreiten auch immer häufiger die reinen Betriebskosten von existierenden Kohlekraftwerken und werden somit sogar zur Konkurrenz bei bestehenden Anlagen.[69] In dieser Rechnung sind Gesundheits- und Klimaschäden der fossilen Energieträger nicht inbegriffen, welche die Kosten nochmal verdoppeln könnten. Erneuerbar ist also günstiger.[70]

Was würde uns also die vollständige Energiewende kosten? Die umfassendste Studie zu den Kosten eines kompletten Umschwungs bis 2050 ist keine fünf Jahre alt. Sie schätzt die nötige Geldsumme auf 114 000 Milliarden Euro weltweit. Das ist erstmal viel Geld, das muss man schon zugestehen.[71] In Österreich wären es 150 Milliarden Euro Investitionen.[72] Zum Vergleich: Die Wirtschaftsleistung Österreichs betrug im Jahr 2019 etwa 400 Milliarden Euro. Die gleiche Studie liefert aber auch Zahlen zu den Ersparnissen einer solchen Investition. Die Menschheit spart durch einen Kurswechsel in etwa 41 000 Milliarden Euro, nämlich durch geringere Luftverschmutzung und Erderhitzung samt all ihren gesundheitlichen und wirtschaftlichen Folgen – wohlgemerkt: *pro Jahr*. Rechnerisch hätte sich die Investition demnach schon innerhalb von drei Jahren rentiert. Ein vernichtendes Resultat für die fossile Wirtschaft.

Eine ökosoziale Wende wird Geld kosten. Im Gegensatz zu Kriegen, Bankenrettungen und Veruntreuungen zahlt sie sich aber zigfach aus. Weltweit wurden Investitionen in der Höhe von zehn Billionen Euro getätigt, um den Abwärtstrend der Wirtschaft in der Pandemie zu bremsen. Für die Einhaltung des Pariser Klimaabkommens wären hingegen bis 2024 nur 1,1 Billionen Euro pro Jahr nötig gewesen.[73] Mit dem programmatischen Satz »Politik ist das, was möglich ist« verteidigte Bundeskanzlerin Merkel 2019 ihr Klimapaket.[74] Die Pandemie hat gezeigt, was wirklich möglich ist. Also nein, Klimaschutz kostet nicht zu viel – Untätigkeit kostet uns ein Vermögen.

Wir müssen für den Klimaschutz also gar nicht so weit gehen, die »Koste es, was es wolle«-Keule zu schwingen, mit der man den Corona-Folgen den Kampf ansagte. Der Sager ging hierzulande in jenen Tagen durch die Medien, als wir beim Innenministerium erneut um eine Entscheidung zur Eintragungswoche baten. Wann würde sie stattfinden? Wann würde es verantwortbar sein, die breite Bevölkerung für ein Volksbegehren zum Gemeindeamt zu bitten? Das Ministerium setzte den Termin noch vor dem Sommer, im Juni 2020, fest, leider zu einem Zeitpunkt, wo wir gezwungen waren, herbe Abstriche in der Kampagnenplanung zu machen. Außerdem dominierte Corona die Medien und verbarrikadierte die Menschen zu Hause, sodass der Gang zum Gemeindeamt eine Hürde darstellte.

Ich telefonierte wie wild herum, um so kurzfristig alle Allianzen, alle Kooperationen und alle PartnerInnen für das Unterschriftenfinale zu koordinieren. Es waren die Tage, an denen ich nachts um meine Mama bangte und tagsüber um das Projekt, das gerade an einem Schicksalsschlag wie Covid-19 zu zerbrechen drohte.

Die positiven Seiten der Entwicklung kann ich erst heute wertschätzen: Viele Prominente hatten freie Terminkalender, Drehs und Events waren immerhin abgesagt. Sie öffneten uns jetzt plötzlich ihre Ohren und unterstützten uns bereitwillig. Während manche Freiwillige aufgrund der psychischen Belastung durch Corona aufhörten, kamen doppelt so viele dazu, die in Kurzarbeit oder zu Hause waren und etwas beitragen wollten. Diese helfenden Hände und ihr Elan waren entscheidend dafür, dass wir in ein paar knappen Wochen, mit mickrigem Budget und virusgebeutelt, hunderttausende Menschen erreichen konnten, damit sie ihre wichtige Unterschrift unter den Klimaschutz setzten.

4. DIE TECHNIK WIRD'S RETTEN – WARUM SO HYSTERISCH?

Wer nicht an die Notwendigkeit der Transformation glaubt, schickt gerne technologische Lösungen ins Rennen. Dahinter steckt häufig der Wunsch, nichts verändern zu müssen. In schillernden Farben beschreiben diese Menschen dann Technologien, die Kohlendioxid aus der Atmosphäre saugen und diese unter die Erde pumpen oder nutzbar machen. Leider sind derartige Technologien momentan sehr kostspielig, noch lange nicht marktreif und in Österreich wegen ihrer Unausgereiftheit verboten.[75] Auf den großflächigen Einsatz der *Carbon Capture Technologies* (Technologien zur Kohlenstoffabscheidung) zu wetten ist ein Glücksspiel mit zu hohem Einsatz.

Jüngst belegten das auch Studien: Neue Technologien werden die Klimakrise nicht schnell genug lösen können.[76] Selbst mit hohen Investitionen werden viele der technologischen Lösungen erst in zwanzig, dreißig Jahren wirtschaftlich nutzbar sein. Eine Technologie-Offensive mit Investitionen in Forschung und Entwicklung ist wichtig, und es wird natürlich Fortschritt in dieser Richtung geben, der neue Möglichkeiten eröffnet. Sie wird aber nicht den Ressourcenverbrauch von wachsender Produktion und steigendem Konsum kompensieren. Wer sich also auf neue Technologien verlässt und den alten verschwenderischen Kurs beibehält, lässt das gemeinsame Boot den Wasserfall hinunterstürzen und vertraut darauf, dass man im Sturz Flügel entwickeln und mit ihnen in den Sonnenuntergang fliegen könnte.

GRÜNE TECHNOLOGIEN – DER HEISSEN LUFT EIN ENDE SETZEN

Es kursieren viele technologische Ideen zur Abwendung der Klimakrise. Die einen sollen die absorbierte Sonneneinstrahlung reduzieren, die anderen versuchen die Treibhausgase aus der Atmosphäre zu saugen und sie entweder zu verwerten oder zu speichern.[77]

Sucht man nach der ersten Kategorie an »grünen« Technologien, kommen Bilder von Roboter-Dampfschiffen auf. Sie sollen die Weltmeere durchkreuzen und Wasser in die Luft sprühen, um die Wolken heller zu machen und damit mehr Sonneneinstrahlung zu reflektieren. Obwohl Laborexperimente zeigen, dass dies funktionieren könnte, sind die Effekte auf Unwetter und Dürren unerforscht. Einen ähnlichen Effekt hätte eine »Impfung« der Atmosphäre. Es soll dabei mit Flugzeugen alle paar Jahre Schwefeldioxid in die oberen Luftschichten eingebracht werden. Von den Folgen her ist das vergleichbar mit einem Vulkanausbruch, nur dass das Sulfat dann als saurer Regen herunterkommt. Die Idee ist wegen der Auswirkungen auf Umwelt und Gesundheit höchst umstritten.

Unglaublich kosten- und ressourcenintensiv ist die kursierende Science-Fiction, einen schattenspendenden Weltraumspiegel in der Größe einer Stadt ins All zu schießen. Er soll das Sonnenlicht reflektieren. Ähnlich kolossal gedacht ist der Vorschlag, möglichst viele Flächen der Erde hell zu färben und damit die natürliche Reflexion zu erhöhen, nämlich durch die ständige Beschneiung von Gletschern und das Weiß-Anmalen von Millionen von Dächern und Häusern.

Klingt absurd, oder? Diese Anregungen erinnern mich an jene zynischen Personen, die eine Besiedelung des Mars als Lösung anpreisen. Die Überwindung absolut lebensfeindlicher Bedingungen auf einem anderen Planeten scheint manchen Menschen tatsächlich plausibler, als hier, auf dieser für menschliches Leben idealen Erde, endlich rücksichtsvoll innerhalb der planetaren Grenzen zu wirtschaften.

Zur zweiten Kategorie gehören Technologien, die Treibhausgase direkt aus der Luft saugen. Start-ups wie das Schweizer Synhelion oder das amerikanische Global Thermostat entwickeln Verfahren, die wie »künstliche Bäume« funktionieren. Sie filtern Kohlendioxid direkt aus der Luft und machen es dann beispielsweise in Form von synthetischem Kraftstoff verwertbar. Letzten Endes kommt das CO_2 durch die Verbrennung in die Atmosphäre zurück, der Prozess selbst ist aber emissionsneutral. Derzeit sind die Entwicklungen noch im Laborstadium. Mögliche hochskalierte Anwendungen sehen für 2030 bis 2050 sehr aufwendig und kostenintensiv aus.

Es gibt aber tatsächlich schon eine Form von enorm günstigen Sauganlagen, die sogar schön aussehen, von der Wissenschaft als unbedenklich eingestuft werden und schon überall auf der Welt akzeptiert sind. Zudem kann man den gesaugten Kohlenstoff als Baustoff verwenden, was bereits getan wird und super ankommt. Die bahnbrechende Technologie heißt *Baum*.

DEN WALD VOR LAUTER TECHNOLOGIE NICHT SEHEN

Der große Vorteil von Bäumen ist: Sie müssen, anders als künstliche Bäume, nicht mit vorher erzeugtem Strom betrieben werden. Sie versorgen sich selbst – praktisch autark – mit Energie. Selbst die vielversprechendsten Technologien zur Kohlenstoffbindung sind jedoch recht ineffizient und würden noch lange Zeit benötigen, um in so relevanten Maßstäben CO_2 zu binden wie Wälder.

Aufforstung ist deshalb eine der wenigen Lösungen, die bereits heute angewandt werden können, relativ kostengünstig und vor allem naturverträglicher als die genannten Risikotechnologien sind. Eine Studie der ETH Zürich bezifferte die notwendige Menge an Bäumen, um der Klimakrise entgegenzuwirken: Neun Millionen Quadratkilometer Wald wären notwendig, um das ausgestoßene CO_2 der Menschheit zu binden.[78] Zum Vergleich: Europa ist zehn Millionen Quadratkilometer groß. Das wäre ein gewaltiger Flächenverbrauch und zeigt, dass nichts daran vorbeiführt, unsere Emissionen maßgeblich zu reduzieren. Denn alles mit Bäumen zuzupflanzen wäre kontraproduktiv. Es führt zu Flächenkonkurrenz. Viele der Flächen brauchen wir für die Landwirtschaft, oder sie sind Heimat artenreicher Ökosysteme und sollten deshalb naturbelassen bleiben. Dennoch ist das Aufforsten je nach geografischer Lage sehr sinnvoll, gerade dort, wo Wald natürlich wachsen würde, in der Vergangenheit aber abgeholzt wurde. Naturbelassene Wälder können in der Folge nicht nur große Mengen an CO_2 binden, sondern ein Anker der Artenvielfalt sein.[79]

Gemeinhin unterschätzt wird die Speicherfähigkeit von Dauergrünland. Das Wurzelgeflecht von Gras, zum Beispiel auf Almen, speichert sehr viel Kohlenstoff und bietet die Möglichkeit, Weidetiere nachhaltig zu halten.[80] Auch in anderer Hinsicht können Landwirtinnen und Landwirte zum Klimaschutz beitragen und tun das in manchen Regionen bereits: durch Humusaufbau. Mittels Düngung mit Kompost, Dauerbegrünung statt Winterbrache, Fruchtfolge und Mischkulturen kann der Boden insgesamt mehr CO_2 aufnehmen, als er abgibt.

Eine weitere Chance zur biologischen Speicherung birgt das Renaturieren von Mooren. Zwar machen sie nur drei Prozent der weltweiten Landfläche aus, speichern aber doppelt so viel CO_2 wie alle Wälder der Erde zusammen.[81] Zusätzlich sind sie Heimat einer einzigartigen Tier- und Pflanzenwelt. Ihr Schutz und ihre Instandhaltung kann also beidem, der Klimakrise und dem Artensterben, vorbeugen!

Bei all diesen Maßnahmen geht es darum, natürliche Kreisläufe der CO_2-Speicherung zu unterstützen. Es gibt aber auch Ansätze, menschengemachte Kreisläufe zu erzeugen. Es wird zum Beispiel darüber nachgedacht, Witterung von Gestein im großen Maßstab zu begünstigen, denn auch in diesem Prozess wird CO_2 gebunden. Ein anderer Ansatz ist, Wasser aus der Tiefsee an die Oberfläche zu pumpen. Das nährstoffreiche Tiefenwasser regt dann das Algenwachstum an. Diese Algen würden dann – wie andere Pflanzen – Kohlendioxid binden, ehe sie auf den Meeresboden absinken. Eine ähnliche Strategie verfolgt der Ansatz, mit zugefügtem Eisen das Algenwachstum im Ozean anzuregen. Das ist aber ein risikoreicher Eingriff, denn die ökologischen Auswirkungen einer solch großen Algenblüte sind kaum abschätzbar.

Die grundsätzliche Idee all dieser Prozesse ist es, das natürliche Pflanzenwachstum auszunutzen, denn es benötigt CO_2 und bindet es in Form von Pflanzenzellen. Die so entstandene Biomasse kann auch gezielt genutzt werden. In Form von Holz kann sie verbaut oder in Form von Holzkohle statt auf dem Griller verbrannt als Bodenverbesserer in Äcker eingearbeitet werden. Wie in Mooren und Wäldern wird so das Kohlendioxid für lange Zeit gespeichert. Auch die Nutzung der Biomasse zur Energiegewinnung steht zur Debatte.

Die sogenannte Bioenergie mit CO_2-Abscheidung und -Speicherung (BECCS) nimmt in den Berichten des Weltklimarats (IPCC) eine prominente Rolle ein. Die Idee ist einfach: Bei der industriellen Verbrennung von Biomasse gewinnt man Energie. Das durch die Verbrennung frei werdende CO_2 kann dann »gefiltert« und gelagert werden, zum Beispiel in den leergepumpten Erdgas- und Erdölkammern unter der Erde. Der Prozess ist also ein Emissionssenker, der sogar Energie liefert. Würde das nicht alle unsere Probleme lösen?

Die »umkehrende« Treibhauswirkung der Nutzung und Lagerung von Biomasse wird von vielen als Ausrede dafür benutzt, durch ihren exzessiven Einsatz die jetzigen klimaschädlichen Emissionen beizubehalten. Doch das sind Luftschlösser. Tatsächlich bewertet der IPCC-Bericht eine Einhaltung der +1,5-°C-Grenze in den meisten Szenarien nur unter erheblichem Einsatz von BECCS als möglich. Wir können uns also nicht auf der Hoffnung ausruhen, dass uns diese Technologie irgendwann retten wird, denn ihre Effekte werden bereits vorausgesetzt, um überhaupt eine Chance zu haben.[82]

Vor allem ist ihr Einsatz aber durch die Gegebenheiten der Umwelt begrenzt – wie bei allen ökologischen Technologien. Es gibt ein Maß, ab dem auch diese Technologien nicht mehr nachhaltig sind. Biomasse erzielt beispielsweise die beste Effizienz in Plantagen mit schnellwachsenden Pflanzenarten. Regenwald abzuholen, um Plantagen für Biomasse zu betreiben, wäre angesichts der Überschreitung anderer planetarer Grenzen wie der Biodiversität verheerend. Zumal der Anbau von Biomasse in Konkurrenz mit landwirtschaftlicher Fläche und damit der Ernährungssicherheit steht, lässt sich die BECCS-Technologie nicht beliebig groß skalieren. In einer umfassenden Überblicksstudie wurde die verträgliche Menge an jährlich gebundenem CO_2 auf 0,5 bis fünf Milliarden Tonnen beziffert.[83]

Es ist sehr sinnvoll, ein Portfolio aller dieser natürlichen Methoden anzuwenden, um ihre Effekte aufzusummieren. Rechnet man alle ökologischen Technologien zusammen – das sind Aufforstung, Humusaufbau, Moore und Wiesen, gesteigerte Gesteinsverwitterung, Pflanzenkohle und BECCS –, dann ließen sich ab 2050 weltweit zwischen 3,5 und zwanzig Milliarden Tonnen CO_2 rückbinden, also nur ein Bruchteil der jetzigen Treibhausgas-Emissionen. In Österreich beläuft sich das Potenzial auf ungefähr fünf bis zehn Prozent der derzeitigen Emissionen bei Ausnutzung aller natürlichen Systeme.[84] Das heißt, selbst mithilfe von ökologischen Maßnahmen und Technologien müssen wir hierzulande die restlichen neunzig bis 95 Prozent der Emissionen einsparen, wenn wir bis 2040 »Netto-Null« erzielen wollen.

Hinter der Formulierung »Netto-Null« steckt übrigens noch ein spitzfindiges Schlupfloch. Eine Nation oder ein Betrieb können das Netto-Null-Ziel damit erreichen, klimaschädliche Prozesse auszulagern, in andere Länder oder andere Betriebe etwa. Österreichs produktionsbasierte (also im Inland anfallende) Emissionen beliefen sich 2019 auf achtzig Millionen Tonnen CO_2, weitere vierzig Millionen Tonnen CO_2 verursachten wir woanders mit unseren Importen (konsumbasierte Emissionen). Die Klimakrise kennt natürlich keine Landesgrenzen. Sie betrifft uns alle, überall auf der Welt. Emissionen hin und her zu schieben, ohne sie insgesamt zu reduzieren, löst das Problem nicht. Wir müssen sie endlich ernsthaft reduzieren. Dazu gehört auch, unser Energiesystem zu transformieren und nicht allein auf Wunderkraftstoffe zu setzen.

DER BRENNSTOFF, AUS DEM DIE TRÄUME SIND

Aus erneuerbarer Energie produzierter *Wasserstoff* wird einen Platz im Energiesystem der Zukunft haben, ja. Er wird aber nicht in seinem Zentrum stehen. Er ist nicht »das neue Öl«, sondern »der Champagner unter den Energieträgern«, wie es Claudia Kemfert vom DIW formuliert.[85] Entsprechend sorgsam sollte man ihn einsetzen. Nur in Bereichen wie der Chemie- und Stahlindustrie oder in der Luft- und Schifffahrt, wo eine Elektrifizierung schwierig ist, sollte er Einsatz finden. Wegen der zu großen Energieverluste bei Erzeugung und Transport ist er als alltäglicher Treibstoff, vor allem für PKWs, unbrauchbar.

Dennoch ranken sich bei Wasserstoff die Mythen und Fantasien bis in die höchsten Kreise der Politik. Man kann ihn mit Strom mittels Elektrolyse herstellen und zu Wasser verbrennen. Klar lässt sich damit gutes Marketing betreiben und große Versprechen machen. Er gehört damit zu den charismatischen Technologien der »grünen Gase«, die gerade hoch im Trend stehen. Nebst Wasserstoff zählen auch *synthetisches Methan*, das man aus ihm produzieren kann, oder aufbereitetes *Biogas* dazu, das sich aus Pflanzen, tierischen Ausscheidungen und biogenem Abfall gewinnen lässt. Abfälle in dieser Art zu recyceln ist stark zu befürworten. Werden jedoch Pflanzen wie Raps extra für synthetische Treibstoffe angebaut, kommt es wiederum zur Flächenkonkurrenz. Die für Biodiversität, Lebensmittelproduktion, Waldbewirtschaftung und Wiesen verfügbaren Flächen sind begrenzt.

Daher ist auch das Potenzial für grünes Gas begrenzt und wird den jetzigen Gasbedarf in Österreich bei weitem nicht decken können. Selbst bei einer Verzehnfachung des grünen Gases in Österreich in den kommenden Jahren, wäre sein Anteil weniger als zwei Prozent des Gasverbrauchs.[86] Viele Lobbys winken das natürlich ab und verkaufen es als gute Alternative für die Gasheizung daheim oder das Familienauto, weil der Markt der privaten Haushalte äußerst lukrativ ist. Wenn dann jedoch nicht genügend grünes Gas in zehn Jahren vorhanden ist, um all unsere Gasheizungen zu betreiben, wird man notgedrungen auf fossile Brennstoffe zurückgreifen müssen – eine gezielte Taktik, um unsere Abhängigkeit zu festigen.

Den Lock-in-Effekt können wir verhindern, indem wir dort auf erneuerbaren Strom umstellen, wo es bereits gute Alternativen gibt: im Bereich Mobilität und Raumwärme. Wo die Elektrifizierung schwierig ist und wo Energie über mehrere Monate gespeichert werden muss, dort wird grünes Gas Teil der Lösung sein. Gas ist ein so energiedichter Brennstoff, dass man mit ihm Stahl kochen und Steine schmelzen kann. Dafür sollte man ihn also einsetzen, nicht für lauwarmes Heizwasser im Wohnzimmer oder als Brennstoff im Familienauto.

TECHNIKOPTIMISMUS

E-Mobilität und autonomes Fahren, Digitalisierung und künstliche Intelligenz – neben den grünen werden auch andere Technologien regelmäßig zu sagenhaften Klimaheldinnen hochstilisiert. Was können sie aber tatsächlich für den Klimaschutz leisten?

Wie schon erläutert, ist Individualverkehr auch in Form von Elektroautos sehr ressourcenintensiv. Sämtliche Verbrenner von heute durch Elektroautos zu ersetzen bringt nicht die notwendige Mobilitätswende. Das Potenzial technologischer Lösungen im Verkehrsbereich (E-Mobilität, andere Antriebsarten etc.) ist zwar vorhanden, doch werden wir bei voller Ausschöpfung allerhöchstens die Hälfte unserer Verkehrsemissionen einsparen können. Es ist deshalb unbestritten, dass die Entwicklung von neuen Verkehrsangeboten von entscheidender Bedeutung für ein Mobilitätssystem der Zukunft ist.[87] Die Verbrenner haben ausgedient, und öffentlicher Verkehr wird forciert werden, daran besteht kein Zweifel mehr. Welche effizienten Mobilitätskonzepte aber den restlichen Individualverkehr ersetzen werden, darin besteht noch Gestaltungsfreiheit.

Autonomes Fahren könnte in Form einer selbstfahrenden Taxiflotte die Unmengen privater, ungenützter PKWs ersetzen. Schließlich steht das durchschnittliche Auto ja 23 Stunden am Tag parkend im Weg herum. Ebenso könnten selbstfahrende Autos sparender fahren und Staus hemmen.[88] Andererseits kann es aber auch zu einem Rebound-Effekt kommen: Wenn der Komfort so hoch ist, dass wir uns ständig irgendwohin kutschieren lassen, und selbst die Kinder damit in die Schule gefahren werden, dann erhöht das die gefahrenen Kilometer und verschwendet sogar noch mehr Ressourcen.[89] Bei autonomer Mobilität ist es also vorrangig, dass ihr Einsatz nur unter ressourcenschonenden Bedingungen stattfindet, sofern sie bis 2050 überhaupt eine wesentliche Rolle im Verkehr erhält.

Digitalisierung ermöglicht viele Einsparungen und ist im Sinne der Effizienz zu begrüßen. Leider wird allzu häufig vergessen, dass auch sie nachhaltig gedacht werden muss. Weil die Hälfte der Weltbevölkerung unentwegt digitale Endgeräte mit Internetverbindung verwendet, vom bargeldlosen Zahlen bis hin zu Video-Streaming, hat der Fußabdruck der Digitalisierung mittlerweile die Größenordnung Deutschlands erreicht.[90] Zählt man die Produktion der Geräte hinzu, übersteigt die Klimaschädlichkeit der Digitalität sogar jene der Flugindustrie.[91] Statt Energie zu sparen, hat die Digitalisierung bisher den Energieverbrauch vermehrt[92] – ein Phänomen mit Namen: *Jevons-Paradoxon*. Es wurde bereits wiederholt beobachtet, dass effizientere Nutzung eines Rohstoffs dessen Verbrauch nicht senkt, sondern vielmehr steigen lässt.

Digitalriesen wie Google, Microsoft, Apple & Co. kümmern sich ehrgeiziger als andere darum, klimaneutral zu werden. Sie machen das jedoch meist nicht, indem sie ihre eigenen Emissionen senken, sondern indem sie im großen Stil in Projekte investieren, die Treibhausgase zurückbinden – zum Beispiel durch Aufforstung woanders auf der Welt. Besser wäre offensichtlich ein Geschäftsmodell, das nicht auf Kompensation angewiesen ist. Dann könnte dieses Senken von Emissionen die Treibhausgase der Chemie- und Schwerindustrie, Luft- und Seefahrt tilgen. Deren Umstieg ist nämlich viel komplexer und langwieriger als in der vergleichsweise einfachen Digitalbranche.

Generell bin ich dafür, anstatt auf smarte Anwendungen und künstliche Intelligenz zu hoffen, unsere natürliche Intelligenz einzusetzen. Das Wichtigste zuerst: Die Diskussion um technologische Lösungen ist meist ein verzweifelter Versuch, die Krankheit der Ausbeutung und Verschwendung beizubehalten und einzelne Symptome dieser Krankheit bekämpfen zu wollen. Punktuelle Lösungen wie künstliche Bäume dringen nicht an die Wurzel des Problems vor. Ja, Vertrauen in Forschung und Technologie ist gut, aber es ist laut bester verfügbarer Wissenschaft kein Ersatz für die gesellschaftlichen und politischen Maßnahmen in Kapitel 2 und 3. Wir kommen nicht daran vorbei: Es braucht eine weitreichende Transformation, damit wir das Boot wenden können, kein blindes Vertrauen, dass wir uns im Sturzflug dann rechtzeitig technologische Flügel basteln können.

BILLIGE AUSREDEN

April 2020. Mein Papa und ich haben vor wenigen Minuten erfahren, dass Mama nach ihrer Hirnblutung von der Intensivstation auf die neurologische Station verlegt wurde. Besuchen dürfen wir sie wegen Corona weiterhin nicht. Wir packen ihr jedoch eine Reisetasche mit Kleidung und Beschäftigungen wie Bücher, ihr Aquarellset und Kreuzworträtsel. Die übergeben wir dem Personal im Krankenhaus. Bei den nächsten Telefonaten merke ich, dass wir die Situation komplett falsch eingeschätzt haben. Es wird noch lange dauern, bis sie wieder Bücher lesen und Rätsel lösen kann. Sie ist noch immer sehr verwirrt. Nach Hause zu kommen ist ihr größter Wunsch, am Telefon wiederholt sie es immer wieder. Doch das ist laut ihren Ärztinnen und Ärzten noch nicht möglich. Noch sei ihr Zustand zu instabil.

»Warum kommt ihr mich dann nicht endlich besuchen?«, fragt sie jedes Mal leise. Corona hat sie verschlafen, und der Virus klingt für sie nach einer billigen Ausrede. Dann spricht sie wieder davon, heimkehren und arbeiten gehen zu müssen. Es dauert eine weitere Woche, bis ihr geschundenes Hirn langsam beginnt, den Ausnahmezustand zu verstehen – ihren eigenen und den der Welt.

Ausnahmezustände zu akzeptieren ist unangenehm. Die Politik tut sich bei der Klimakrise seit langem schwer damit. Ihre Untätigkeit lässt sich dadurch aber nicht vollends erklären. Ich habe mich sehr lange gefragt, warum nicht schon längst gehandelt wurde. Am Anfang meiner Tätigkeit ging ich auf die Vorwände ein. Verantwortungskarussell, Betroffenheit, Kosten, Technologien und, und, und. Ich recherchierte und kam letztlich zu dem einzig möglichen Schluss: dass es billige Ausreden sind.

Warum führt die Politik die Bevölkerung an der Nase zum eigenen Schafott? Ihr liegen die Studien und die Zahlen in gleicher Weise vor wie mir. Klimamaßnahmen schaffen Arbeitsplätze, sie kurbeln die regionale Wirtschaft an, nicht nur kurzfristig, sondern für die kommenden Jahrzehnte, sie machen die Menschen glücklicher, die Natur reicher und können die Arm-Reich-Schere verkleinern. Und die Menschen wissen das auch – wenn man sie in die Entscheidung einbindet, bei Bürgerräten zum Beispiel, fordern sie ambitionierten Klimaschutz, weil er allen zugutekommt.

Warum geschieht also nichts von dem, was Leben verbessern würde? Warum werden Versprechen und Ankündigungen nicht umgesetzt? *Warum*? Es gibt nicht einen einzigen guten Grund, weshalb noch immer keine mutige Klimapolitik gemacht wird.

Es gibt aber einen *schlechten*.

KAPITEL 5
FOSSILE VERSTRICKUNGEN – WARUM WIRKLICH NICHTS GESCHIEHT

Montag, 30. Juni 2020. Es ist der letzte Tag der Eintragungswoche des Klimavolksbegehrens. Ich bin todmüde nach sieben Tagen Dauereinsatz. Interviews, Auftritte, inspirieren, lächeln, erreichbar sein. Im Innenministerium hatte es digitale Pannen gegeben, sodass zweimal für jeweils ein paar Stunden die Menschen von den Gemeindeämtern heimgeschickt worden waren. Das Aufregen und Druck-Machen hatte Energie gekostet. Am Freitag hatte spontan die Organisation der Abschlusskundgebung am Heldenplatz begonnen. Moritz, Lisa, Emily und viele weitere hatten innerhalb von drei Tagen eine Bühne, Verpflegung, Toiletten und ein musikalisches Line-up auf die Beine gestellt, das sich sehen lassen konnte. Oehl, Lou Asril, Strandhase, Ostbahn-Kurti, Ernst Molden und viele mehr – alle waren sie für den krönenden Abschluss kurzfristig gekommen.

Um 19 Uhr war es dann endlich so weit. Ich aktualisierte die Seite des Innenministeriums auf meinem Handy ein letztes Mal. Da stand sie. Die finale Unterschriftenzahl. Ich betrat die Bühne.

Wir hatten mehr als zweihundert Unternehmen auf ambitionierte Klimapolitik eingeschworen; erstmals hatten sich die höchsten Vertreter der sechs größten Glaubensgemeinschaften in Österreich versammelt, um ihre Unterstützung für ein Volksbegehren kundzutun – sogar die Bischofskonferenz unterstrich unisono die Wichtigkeit. Wir hatten unzählige Organisationen im Klimaschutz zusammengebracht: vom Roten

Kreuz und der Ärztekammer über die Landjugend, die PfadfinderInnen und die Bundesjugendvertretung bis hin zum Alpenverein, der Volkshilfe und dem Behindertenrat. Über 150 Prominente riefen quer durch die Branchen zur Unterschrift auf, ebenso wie die drei First Ladies der Nation, Margot Klestil-Löffler, Margit Fischer und Doris Schmidauer. Sie belegten mit ihren drei Unterschriften, dass Klimaschutz über Parteigrenzen hinweg gedacht werden kann und im Interesse aller Wählerinnen und Wähler ist. Ja, selbst Bundespräsident Alexander Van der Bellen wies auf die Möglichkeit der Unterschrift hin, was dazu führte, dass wir uns beide die Titelseite der *Kronen Zeitung* zum Start der Eintragungswoche teilten. Doch eigentlich hätten dort die über 1100 Freiwilligen in ganz Österreich zu sehen sein sollen, die dieses Volksbegehren in mehr als einem Jahr mit Herzblut und Leidenschaft zu dem gemacht hatten, was es geworden war: ein Klima*Erfolgs*begehren.

Bei der Verlautbarung der 380 590 Unterschriften brach frenetischer Jubel aus. »Jetzt«, betonte ich, »müssen auf die politischen Versprechen Taten folgen. Die Zeit des Zögerns ist vorüber. Es gibt keine Ausreden mehr. Die Menschen stehen hinter ambitioniertem Klimaschutz. Wir verlangen die Umsetzung.«

Anschließend stand ich am Heldenplatz, wo alles begonnen hatte, wo ich so oft gestanden war, aber heute zum ersten Mal erleichtert. Ich war wie benebelt, konnte es nicht ganz fassen, wollte in diesem Moment aufgehen, obwohl ich wusste, dass schon am Tag darauf mühsame Monate beginnen würden, um die Umsetzung zu erwirken. Mechanisch bewegte ich mich durch die Menschen. Gratulation hier, ein glückliches Anstoßen da, ein Ellbogen zum Gruße, rundherum viele Freudenschreie von denjenigen, die den Erfolg möglich gemacht hatten.

Da sah ich meinen Papa in der Menge. Ich steuerte auf ihn zu. Er lächelte und klopfte mir unbeholfen auf die Schulter. »Du hast da wirklich was bewegt«, sagte er. Waren das Tränen in seinen Augen? Oder in meinen? »Ich bin sehr stolz auf dich!«

DIE ZEIT DES ZÖGERNS

Vor einem Jahrhundert hätte man vielleicht noch sagen können, dass wir es nicht besser gewusst hatten. Öl, Kohle und Gas waren immerhin die Antriebsstoffe der industriellen Revolution. Dank dieser dichten Energiequellen war auf einmal möglich, was zuvor undenkbar erschienen war: schneller Transport, langfristige Speicherung und Versorgung von ganzen Städten mit Energie.

Der Nobelpreisträger Svante Arrhenius zog allerdings schon 1896 den Schluss, dass vom Menschen ausgestoßenes Kohlendioxid zur Erwärmung der Erde führt. In den 1970ern folgten eingehende Studien, welchen Effekt die Verbrennung von fossilen Treibstoffen hatte. Warum man weiß, dass die Ölfirmen von Anfang an über den menschengemachten Klimawandel Bescheid wussten? Nun, weil viele dieser Studien von *ihnen* in Auftrag gegeben und durchgeführt wurden. Die Resultate gaben unmissverständlich zu verstehen, dass die Verbrennung von Öl, Kohle und Gas Emissionen verursacht, die unsere Atmosphäre verändern, den Treibhauseffekt verstärken und somit zur Erhitzung des Weltklimas führen.

Spätestens 1988, als die Regierungen der Welt das erste Mal zusammentraten, um ein globales Abkommen auszuhandeln, war die Faktenlage für alle sonnenklar. Unzählige unabhängige Studien präsentierten in Einigkeit den Regierungschefinnen und -chefs aus aller Welt, was der Menschheit bevorstand. NASA-Wissenschafter James Hansen sagte damals vor dem US-Senat: »Die globale Erwärmung hat einen Stand erreicht, bei dem wir mit hoher Gewissheit von einem Kausalzusammenhang zwischen Treibhauseffekt und der beobachteten Erwärmung sprechen können.«[1] Langfristig müssten sich die Emissionen von Treibhausgasen verringern, um menschliches Leben und Wirtschaften auf unserem Planeten aufrechtzuerhalten. Wurde er gehört? Ja, durchaus.

Die britische Eisernheit Margaret Thatcher machte 1989 die Art menschlichen Wirtschaftens für die Bedrohung Klimakrise verantwortlich: »Sie droht die Atmosphäre über uns und das Meer um uns herum zu verändern. Das ist das Ausmaß der globalen Herausforderung. […] Je mehr wir unsere Umwelt beherrschen, desto mehr müssen wir lernen, ihr zu dienen.«[2]

Selbst George Bush senior versprach, den Treibhauseffekt vom Weißen Haus aus zu bekämpfen: »Unser Land, unser Wasser und unser Boden eignen sich zu einer erstaunlichen Bandbreite menschlicher Tätigkeit, doch ihre Belastbarkeit kennt Grenzen, und wir müssen daran denken, sie nicht als gegeben zu behandeln, sondern als Geschenk. Diese Themen kennen keine Ideologie, keine Parteigrenzen.«[3]

Das klingt nach Eintracht quer durch alle Lager. Dennoch sind seitdem die Emissionen um vierzig Prozent gestiegen, und unsere Erde hat sich seit der industriellen Revolution um mehr als 1 °C erwärmt. Wenn wir so weitermachen, werden wir bis zum Ende des Jahrhunderts eine Erhitzung um 3 °C und mehr ertragen müssen. Warum ist nichts passiert? Wenn alle einer Meinung waren, wer hat das Nicht-Handeln zu verantworten? Für die Antwort muss man wohl besser fragen: Wer profitierte davon?

DIE FOSSILE LOBBY

> Zweifel ist unser Produkt, denn er ist das beste Mittel, um mit den »Tatsachen« zu konkurrieren, die in den Köpfen der breiten Öffentlichkeit existieren. Er ist auch das Mittel, um eine Kontroverse auszulösen. **EIN REPRÄSENTANT DER TABAKINDUSTRIE**[4]

Wenn alle Fakten gegen dich sind, streu Zweifel. Das Geheimdokument aus dem Jahr 1969 entblößt das ungesagte Motto der Tabakindustrie. Wie viele Millionen Menschen in den Folgejahren diesem Marketingtreich mit Lungenkrebs zum Opfer fielen, ist unbekannt. Die gleiche Strategie des Zweifel-Säens wird seit den 1980ern erwiesenermaßen gegen die Klimawissenschaft angewandt. Die Zahl der Opfer wird in diesem Fall hundertfach größer sein.

DAS ZENTRUM DER LEUGNUNG:
DAS HEARTLAND-INSTITUT

In der North Wilke Road 3939 in Arlington Heights, einer Kleinstadt am Lake Michigan, ist alles, wie es sein sollte. Gestutzte Hecken, gekehrte Straßen, eine wehende amerikanische Flagge, Bilder von Martin Luther King und Milton Friedman in den Fenstern. Während der eine für die Gleichstellung der afroamerikanischen Bevölkerung kämpfte, zog der andere für einen Markt ohne Regeln in die Schlacht, beide im Namen der Freiheit. Hinter der Fassade des Heartland-Instituts verbirgt sich eine der einflussreichsten Maschinerien zur Verhinderung von Klimaschutzmaßnahmen. Es wurde 1984 gegründet, im Jahr, als meine Mutter nach ihrer Ausbildung zu meinem Vater nach Wien zog. Während meine Eltern ein ganzes Leben führten, lobbyierte das Heartland-Institut erfolgreich für seine Geldgeber und Geldgeberinnen aus der Tabak-, Kohle- und Erdölindustrie.

Im Jahr 2012 sickerten in den USA Sponsor- und Budgetlisten des Heartland-Instituts an die Öffentlichkeit.[5] Die Dokumente erlauben einen seltenen Blick ins dunkle Hinterzimmer der Leugnungszentrale. Sie zeigen in erschreckender Klarheit, dass es damals wie heute koordinierte Anstrengungen gibt, eine alternative Realität in der Klimawissenschaft zu schaffen, die gezielt Einfluss auf die Politik nimmt.[6]

»Momentan sponsern wir das NIPCC, um den offiziellen Bericht des Weltklimarats der Vereinten Nationen zu untergraben. Wir haben einem Autorenteam 388 000 Dollar gezahlt, um an einer Reihe von Publikationen zu arbeiten. […] Unser aktuelles Budget schließt die Unterstützung von Personen mit hohem Bekanntheitsgrad ein, die regelmäßig den Aussagen der Alarmisten der Klimaerwärmung widersprechen. Momentan geht diese Unterstützung an Craig Idso (11 600 Dollar pro Monat), Fred Singer (5000 Dollar pro Monat) und Robert Carter (1667 Dollar pro Monat).«[7]

Unter den einflussreichen Sponsoren und Sponsorinnen des Heartland-Instituts ist die Familie Koch, Öl- und Chemiemilliardäre; es sind

Ölkonzerne wie ExxonMobil, und es ist die Mercer-Familie, milliardenschwere Financiers der Republikanischen Partei in den USA, insbesondere der Trump-Kampagne.[8] Ihr Geld scheint sich bezahlt zu machen. Ex-Vizepräsident Mike Pence hatte durch sie sein Amt erhalten, und der damalige Secretary of State, Mike Pompeo, war »der größte Einzelempfänger von Geldern der Koch-Kampagne im Kongress«.[9]

Nicht weniger als 44 (!) Beamte der Trump-Administration hatten enge Verbindungen zu den Koch-Brüdern. Ihr Netzwerk besetzte Stellen in der amerikanischen Umweltschutzbehörde, zum Beispiel ihren Direktor Andrew Wheeler. Wheeler war – abgesehen von Trump – vermutlich die größte Katastrophe, die der amerikanischen Umwelt passieren konnte: ein Kohlelobbyist an der Spitze der Umweltschutzbehörde. Aber auch im Innen-, im Energie- und Finanzministerium wurden Köpfe getauscht. Was sie dafür tun mussten? Nicht viel, außer die fossilen Interessen derer zu vertreten, die sie dorthin gebracht hatten. Dann hatten sie ausgesorgt.

Die Positionen der gekauften Beamten und Beamtinnen überschneiden sich passgenau mit den wirtschaftlichen Zielen ihrer GeldgeberInnen: Schwächung von Vorschriften, Senkung der Unternehmenssteuern, Lockerung der Umweltauflagen und Freigaben für die Öl- und Gasförderung.[10] So konnte unter Trump schneller und gezielter denn je die Umwelt zerstört werden:
- Aufhebung von Wasserregulationen der Umweltschutzbehörde EPA
- Genehmigung der Keystone XL Pipeline und der Dakota Access Pipeline
- Kippen der Schutzreglementierung von Fließgewässern
- Widerrufung des Clean-Power-Plans der Umweltschutzbehörde
- Aufhebung einer Fracking-Verhütungs-Regel auf staatlichem und indianischem Boden
- Ausstieg aus dem Pariser Klimaabkommen der Vereinten Nationen.[11]

Das ist nur eine Auswahl aus der Liste von 112 Maßnahmen, die unter Donald Trump zur Vernichtung der Zukunft gesetzt wurden.[12] Nach einem einzigen Jahr Amtszeit fasste Trump es so zusammen: »Wir haben den Krieg [...] gegen die schöne, saubere Kohle beendet.«[13]

Wie viele der Fehler rückgängig gemacht werden können, wird sich zeigen. Die *New York Times* sieht in der Klimazerstörung Trumps tiefgreifendstes Vermächtnis. Die Erwartungen an Joe Biden sind dementsprechend hoch. Zwar hat er ab Tag eins Verfehlungen rückgängig gemacht und den Bau der Keystone XL Pipeline gestoppt sowie den Wiedereintritt ins Pariser Klimaabkommen sichergestellt, aber die USA auf Klimakurs zu bringen bedarf eines Mammutprogramms.[14] Das Problem ist tief verankert, wenn ein Präsident von »sauberer Kohle« sprechen kann. So formuliert es nicht einmal die deutsche Kohleindustrie, die wiederholt bewiesen hat, wie konsequent sie die Realität verweigert.

Ja, in Amerika geht vieles. Mit Geld kann man sich dort alles kaufen. Aber in Europa wird das doch anders sein, oder?

KLIMAWANDELLEUGNUNG MADE IN AUSTRIA

In einem kleinen Salon in der Wiener Innenstadt, gleich hinter dem Stephansdom, trifft man sich regelmäßig, um von »internationalen Experten« zu lernen. ParteifunktionärInnen und ihre Netzwerke sind geladen. Sie hören dann Vorträge wie »Klimawandel – politisches Instrument oder echte Bedrohung?« oder »Die falschen Schlussfolgerungen der Politik aus der Wissenschaft – Klimawandel und andere Beispiele«.[15]

Wer diese Vorträge in Wien hält? Richtig, das Heartland-Institut. Und sogar auf Einladung. Geladen wird von Barbara Kolm, Institutsdirektorin des Friedrich A. v. Hayek Instituts (IIAE), ehemalige FPÖ-Gemeinderätin, dann Aufsichtsrätin der ÖBB bis Mai 2020, Vizepräsidentin des Generalrats der Österreichischen Nationalbank und dazumal enge Beraterin von Heinz-Christian Strache. Norbert Hofer erklärte im Präsidentschaftswahlkampf 2016, er werde sich von Frau Kolm in wirtschaftlichen Fragen beraten lassen. Obwohl sie gegenüber dem *Falter* betonte, dass sie nur die Diskussion des Klimawandels als Panikmache empfinde, nicht aber das Thema an sich, lobte sie 2016 bei einer Rede am Heartland-Institut in den USA dessen Relevanz beim Thema Klimawandel, denn es habe die Debatte nach Europa gebracht.[16]

Obwohl wir uns in Österreich weit weg von den Irrungen amerikanischer Unsinnigkeiten fühlen, hat die fossile Propaganda immensen Einfluss auf unsere Politik. Der Rechtspopulismus hat das Thema – wie auch Migration und Corona – für sich entdeckt. Im Wahlkampf 2019 hat die FPÖ die Klimakrise ins Lächerliche gezogen und eine Debatte geschürt, wie sie charakteristisch für das Heartland-Institut ist. Sie verunsicherte zahllose Menschen und stachelte mit gehässigen Extremen auf: »Was kommt als Nächstes? Das Klima-Kriegsrecht? Wir wollen keine Zöpferl-Diktatur«, so FPÖ-Obmann Norbert Hofer im September 2019.[17]

Wie bei anderen Themen verschiebt diese Unsachlichkeit den Diskurs. Populismus hat damit großen Einfluss auf die Gesellschaft.

KLIMAWUT

Tatsächliche Klimawandelleugnung ist in Österreich, anders als in Amerika, relativ selten. Doch die populistische Wut vieler rechter Politikerinnen und Politiker produziert ein Empfinden von Ungerechtigkeit und eine Angst des Beraubtwerdens bei vielen Menschen.

Aufgewiegelt von diesen Debatten, erreichen mich fast täglich Hassnachrichten. Ich sei eine Sozialschmarotzerin, die nichts Besseres zu tun hätte, als auf die Straße zu gehen. Ich solle mal eine richtige Arbeit finden und etwas Gescheites lernen. Und dann folgte meist ein gekränktes »was denn mit den Kindern auf den Demos sei«. Auch die hätten sicher ein Handy und flögen nach Mallorca. Und ihre Eltern brächten sie sicher mit SUVs in die Schule. Auf jeden Fall kam immer eine Keule gegen unser vermeintlich umweltzerstörerisches Verhalten. Zuerst war ich überrascht, fast schon überfordert von den emotionalen Nachrichten und suchte nach Gründen dafür. Woher kam die Verteidigungshaltung, die solch einen Gegenangriff rechtfertigte? Diese Menschen antworteten mir auf eine gefühlte Beschuldigung, die ich nie vorgebracht hatte.

Die Wut wurde jedoch an anderer Stelle geschürt, mit dem Ziel, durch das Aufwiegeln von Menschen Wählerstimmen zu kassieren. Der freiheitliche Umweltsprecher Walter Rauch zum Beispiel nannte das Klimavolksbegehren ein »Himmelfahrtskommando ohne Hausverstand«: Der CO_2-Preis sei realitätsfern, der Klimarechnungshof eine Aushöhlung der Demokratie, Öffi-Zwang strikt abzulehnen usw. Er unterstütze keine undemokratische »Klimadiktatur«, in der die Menschen auf der Strecke blieben. Klimaschutz an sich begrüße er aber.[18] Ironischerweise geht Klimaschutz, wie er in der Klimabewegung gefordert wird, immer mit demokratischer Mitsprache einher und unterstützt die Mehrheit der Menschen, vor allem aber die Einkommensschwachen. Aber das lassen diese politischen Vertreterinnen und Vertreter einfach aus.

Die inszenierte Wut gegen Klimaschutz machen sich viele europäische Parteien zunutze. Die Abgeordneten der 21 stärksten rechtspopulistischen und rechtsextremen Parteien im EU-Parlament haben in den vergangenen drei Legislaturperioden bei Klimawandelfragen stets gegen Klimaschutz gestimmt. Die FPÖ legte sogar noch öfter ein Klimaschutzveto ein als die ultrakonservative polnische Kohle-Partei Recht und Gerechtigkeit (PiS).[19]

In ihrem Buch »Die Klimaschmutzlobby« unterscheiden Annika Joeres und Susanne Götze darum drei Gruppen: tatsächliche Klimawandelleugner, hierzulande relativ selten; Rechtspopulisten, die das Thema inhaltlich nicht interessiert und die es ausschließlich taktisch im Kampf um empörte Wählerstimmen nutzen; und jene dritte, größte Gruppe, die der Bremser.[20]

Bremser betonen meist die unbestrittene Wichtigkeit von Klimaschutz in der Öffentlichkeit, verhindern aber Gesetze zur Umsetzung, wenn die Kameras wegschwenken. Hierzu bedienen sie sich aus dem reichen Werkzeugkasten der Ausreden aus Kapitel 4 – manchmal unbewusst im Falle vieler konservativer Politikerinnen und Politiker, die sich eine andere Weltordnung einfach nicht vorstellen können oder wollen; manchmal bewusst im Falle gezielter, unglaublich dreister Einflussnahme.

BEI GOTT KEINE SKRUPEL

Im Vatikan standen die InteressensvertreterInnen regelrecht Schlange, als bekannt wurde, dass Papst Franziskus ein Rundschreiben, eine sogenannte Enzyklika, zum Thema Umweltschutz veröffentlichen würde. Das »Laudato Si'« handelt von der »Pflege des gemeinsamen Hauses« und betont die »Schöpfungsverantwortung« eines jeden Gläubigen gegenüber der Natur, aber auch die sozialen Ungerechtigkeiten, die aus ihrer Ausbeutung entstehen. Man könnte es fast einen katholischen Green New Deal nennen. Es ist ein revolutionäres, zukunftsorientiertes Schreiben. Natürlich stieß es schon im Vorfeld auf gewaltigen Widerstand.

Energiekonzerne, Autobauer, Agrargiganten, Finanzinstitute, Wirtschaftsverbände und wirtschaftshörige Regierungen schickten ihre LobbyistInnen und genehme WissenschafterInnen zum Pontifex.[21] MitarbeiterInnen des Heartland-Instituts wollten den Papst »vor dem Fehler bewahren, seine enorme moralische Autorität für Schrott-Wissenschaften und -Politiken einzusetzen, die die Welt nur noch schlechter machen«. Sie seien gekommen, um ihm klarzumachen, dass »menschliche Aktivitäten *keine* Klimakrise auslösen«.[22] Auch der Ölkonzern Exxon-Mobil wurde vorstellig, um mit einer Powerpoint-Präsentation Papst Franziskus beim Nachdenken über Umweltschutz zu beseelen.[23] Gleichermaßen kamen aber auch UNO-Generalsekretär Ban Ki-moon sowie Umweltverbände in den Vatikan, um die Veröffentlichung der Enzyklika zu befürworten. Seit Erscheinen legt das Werk die Grundlage für einen komplett neuen Klimakurs der Kirche.

Jahr für Jahr wohnen auch den Klimakonferenzen der Vereinten Nationen Ölkonzerne, fossile Industriezweige, Lobbyistinnen und Lobbyisten bei und verwässern Klimaschutzbeschlüsse. Als ich 2018 selbst bei der Klimakonferenz in Kattowitz teilnahm, veranstaltete die mächtige Kohleindustrie Polens mit Unterstützung der amerikanischen Regierung ein Gegenevent, um die »saubere und billige Kohleindustrie« zu bewerben.[24] Manchmal wird die Einflussnahme sogar zu einem persönlichen Angriff.

LOBBYING IN DER EUROPÄISCHEN UNION

Es war im Jahr 1994, meinem Geburtsjahr, als ein unbekannter Anzugträger das Büro von Geneviève Pons betrat. Schnell wurde offensichtlich, dass er gekommen war, um ihr zu drohen. Würde sie den europäischen CO_2-Zertifikathandel wie geplant auf den Weg bringen, stünde es schlecht um ihre Karriere und ihren künftigen Frieden.

Sie berichtete mir bei einer Podiumsdiskussion im Sommer 2019, dass sie die mafiösen Gepflogenheiten der fossilen Konzerne kaum fassen konnte.[25] Als ehemaliges EU-Kabinettsmitglied mit Schwerpunkt Umwelt und Klima ließ sich die Diplomatin damals nicht einschüchtern. Das *Emission Trading System* (ETS) trat 2005 in Kraft. Es griff zu kurz, war zahnlos und sackte in der Rezession 2008 zusammen. Waren es womöglich Drohgebärden wie diese, die es zu einer anfangs hohlen Maßnahme verwässert haben?

Abgesehen von solchen Überraschungsbesuchen wird über das Transparenzregister versucht, die vielen Treffen zwischen EU-Verwaltung und fossiler Lobby zu dokumentieren. Seit 2010 brachten fünf Ölkonzerne 250 Millionen Euro für Lobbyarbeit in der Europäischen Union auf. Von 2014 bis 2019 wurden 327 Treffen zwischen ihnen und VertreterInnen der EU-Kommission dokumentiert. Das ist *mehr als eine Sitzung pro Woche.*[26] Oftmals wird für ein halbstündiges Treffen eine Essenseinladung oder eine wohltätige Spende in Aussicht gestellt, um den gewünschten Gesprächsausgang zu begünstigen. Da es keine Protokolle gibt, ist es beinahe unmöglich einzuschätzen, wie viel Einfluss diese Treffen haben.

Es ist aber davon auszugehen, dass es sich für die fossilen Interessensvertretungen lohnt. Nicht umsonst sponsert die OMV ein Büro in Brüssel mit einer halben Million Euro, mit dem offengelegten Ansinnen, dort bei klimarelevanten Entscheidungen mitzureden.[27] Seit der Übernahme von Borealis, die klimaschädlichen Stickstoffdünger vertreiben, hat sich dieser Wert sogar auf eine Million Euro erhöht.[28] Auch der Chemiekonzern Bayer, der sich 2018 Monsanto einverleibt hat, beschäftigt fünfzehn

LobbyistInnen in Brüssel mit einem Etat von 3,3 Millionen Euro, um unter anderem die Agrarpolitik in seinem Sinne zu beeinflussen.[29] Zusätzlich gibt es noch mächtigere Verbände, wie Business Europe, in denen Unternehmen wie die OMV und Bayer weiteren Lobbyeinfluss gewinnen. Die Handschrift der fossilen Wirtschaft lässt sich in einigen Entscheidungen identifizieren, darunter auch viele Ausnahmeregelungen für Erdgas, die ich schon (in Kapitel 3) diskutiert habe.

Dennoch gibt es natürlich positive Entwicklungen wie den Green Deal der EU. Er ist aber gerade wegen seiner Ausrichtung auf Kreislaufwirtschaft, Biodiversität und klimafreundliche Mobilität eine Zielscheibe der Lobbyarbeit. An den ersten hundert Tagen nach von der Leyens Präsentation des Deals im Dezember 2019, also der Periode, die entscheidend für zentrale Elemente der Klimagesetzgebung war, überschlugen sich die Lobbyistinnen und Lobbyisten geradezu. Sie trafen sich mit den wichtigsten Personen der Kommission ganze 151 Mal. *Mehr als elf Mal pro Woche* sprachen also Vertretungen der Wirtschaft, darunter Shell, Eurogas, Polska Grupa Energetyczna (PGE), der European Chemical Industry Council (CEFIC), Eni und Gas Infrastructure Europe, mit EU-KommissarInnen und ihren MitarbeiterInnen über das Thema Klimaschutz. Alle brachten einschlägige Interessen in die Ausgestaltung bzw. Verwässerung des Green Deals an den Tisch. Im Vergleich dazu war nur ein Treffen pro Woche für Organisationen mit öffentlichem Interesse reserviert.[30]

Natürlich will ich damit nicht sagen, dass alle von diesen Konzernen vorgebrachten Anliegen von der EU-Kommission berücksichtigt werden – auch wenn die Pro-Gas-Entscheidungen negativ auffallen. Große Teile des Green Deals und der neuen Klimagesetzgebung sind vielversprechend. Es heißt aber achtsam sein, ob, von wem und in welcher Form fossile Schlupflöcher im Green Deal zugelassen werden.

Auch auf nationaler Ebene wird für fossile Ausnahmen geworben. Die deutsche Investigativplattform abgeordnetenwatch.de recherchierte, wie die großen Erdgasunternehmen gezielt Einfluss auf die deutsche Bundesregierung nahmen, um ihr Produkt als »Brückentechnologie« zu festigen. Zwischen 2015 und 2018 gab es 62 bekanntgegebene Zusammentreffen.[31] Die fossilen Verstrickungen reichen jedoch noch tiefer als Besuche und Treffen.

DIE DREHTÜR DER MÄCHTIGEN

Es »Freunderlwirtschaft« zu nennen ist eine Untertreibung. Tatsächlich rotiert zwischen Politik und Wirtschaftslobby eine *Drehtür*. Sie erlaubt fliegende Wechsel zwischen den zwei Bereichen und wirft die brisante Frage auf, ob bei politischen Entscheidungen das Wohlergehen der Bürger und Bürgerinnen oder ausschließlich Klientelpolitik und Profit im Vordergrund stehen:

- Der österreichische Ex-Finanzminister *Hans Jörg Schelling* wurde als Berater für das Pipeline-Megaprojekt Nord Stream 2 engagiert, das Gas von Russland nach Europa transportieren soll.[32]
- Auch der deutsche Bundeskanzler *Gerhard Schröder* wechselte nach seiner politischen Karriere 2005 zur Aktiengesellschaft Nord Stream, Tochterfirma des russischen Staatsunternehmens Gazprom.[33] 2017 fungierte er als Türöffner für Nord Stream 2 und arrangierte eine Zusammenkunft zwischen Gazprom-Chef Alexei Miller und der deutschen Wirtschaftsministerin Brigitte Zypries.[34] Ob es dabei um erneuerbare Energien zur Einhaltung der Klimaziele ging, die Deutschland ebenfalls versprochen hatte zu erreichen? Schröder wurde jedenfalls am 29. September 2017 zum Chef des Aufsichtsrates des russischen Energiekonzerns Rosneft[35], Platz 53 der weltgrößten Unternehmen mit Hauptgeschäft Erdöl und Erdgas.[36]
- Gerhard Schröders Wirtschaftsminister *Werner Müller* hatte als Minister seinem früheren Arbeitgeber E.ON, dessen Kerngeschäft Erdgas ist, erlaubt, trotz Einwänden des Kartellamts die Ruhrgas AG zu übernehmen. 2003 wurde er Vorstand der Ruhrkohle AG.[37]
- Der österreichische Ex-Bundeskanzler *Wolfgang Schüssel* wechselte zum deutschen Energiekonzern RWE, der bislang auf Braun- und Steinkohle setzte.[38] Wenngleich der Anteil der erneuerbaren Energien

von 2018 auf 2019 von 5,6 auf 10,7 Prozent erhöht wurde, avancierte Erdgas zu RWEs wichtigster Energieform.[39] Seit Juni 2019 ist Schüssel außerdem Aufsichtsrat des russischen Mineralölkonzerns Lukoil.[40]
- Vorstandsmitglied und ehemaliger OMV-Finanzchef *Viktor Klima* wurde nach seinem Posten als Bundeskanzler Topmanager bei VW, dessen Handhabe der Abgas-Richtlinien wir miterleben konnten.[41]

Diese Liste kann noch lange fortgesetzt werden. Und da sind wir beim Problem. Die Politik ist an vielen Stellen zur Dienstleistung für fossile Kundschaft geworden. Politikerinnen und Politiker wechseln von staatstragenden Ämtern, wo sie im Sinne des Volkes entscheiden sollten, an die Schalthebel von großen Unternehmen, die im Sinne ihrer Gewinne entscheiden, und wieder zurück.

Die Grenze zwischen Erfahrung und Befangenheit zu ziehen ist nicht immer leicht. Dass hohe politische Ämter im Bereich der Wirtschaftspolitik von Menschen besetzt werden, die sich zuvor in der Privatwirtschaft bewährt haben, ist per se nichts Schlechtes. Und dass Kanzler und Kanzlerinnen nach ihrer Amtszeit über ein beachtliches Netzwerk verfügen, das auch in der Privatwirtschaft gefragt ist, wundert ebenfalls niemanden. Problematisch wird es dann, wenn die privaten Konten davon profitieren oder Netzwerke zum konkreten persönlichen oder direkten privatwirtschaftlichen Vorteil genutzt werden. Und die Frage muss zusätzlich sein, welche Interessen in repräsentativen Ämtern tatsächlich vertreten werden.

WIRTSCHAFTSKAMMER AGAINST FUTURE

Das Präsidium der Wirtschaftskammer war lange Zeit mit Personen wie dem Ex-Chef des Ölkonzerns OMV Richard Schenz, dem Ölhändler Jürgen Roth und Christoph Leitl aus der Zementindustrie besetzt. Da ist es nicht verwunderlich, dass Klimaschutz stets als wirtschaftsfeindlich dargestellt wurde. Ich will damit nicht sagen, dass das Präsidium daran die alleinige Schuld trägt, doch die Handschrift fossiler Interessen zeichnet sich klar ab. Zu ökonomisch klugen Vorschlägen wie einer ökosozialen Steuerreform folgten Aussendungen mit Verweis darauf, dass ein Alleingang Österreichs fatal wäre.[42] Die Zeitschrift eines Fachverbandes der WKO zweifelte sogar offen an der Existenz der Klimakrise.[43] Während man sich in der Wirtschaftskammer Wien mit dem Slogan-Zusatz »For Future« adelte, werden notwendige Maßnahmen zum Klimaschutz regelmäßig blockiert.

Als Kommissionspräsidentin von der Leyen eine Erhöhung der EU-Ziele einforderte, reagierte die WKO scharf. Im Dezember 2020, als (ohnehin unzureichende) minus 55 Prozent als Reduktionsziel für 2030 festgelegt wurden, nannte WKO-Generalsekretär Karlheinz Kopf die Steigerung von den bisherigen minus vierzig Prozent »höchst problematisch«. Das neue EU-Ziel sei überzogen.[44] Die Ansicht der Kammer teilten jedoch nicht alle Mitglieder. Spar und IKEA hatten sich zuvor in einem offenen Brief an die Regierung gewandt und eine Einigung auf minus 65 Prozent gefordert.[45] Auch erneuerbare Energieverbände gingen auf die Barrikaden. Frühere Apelle der Wirtschaft für Klimaschutz umfassten mehr als dreihundert Unternehmen mit einem Umsatz von mehr als 47 Milliarden Euro und 280 000 Angestellten.[46] Auch hinter die Forderungen des Klimavolksbegehrens stellten sich über zweihundert Unternehmen.

Verstehen Sie mich also nicht falsch, die WKO ist keine schlechte Institution. Es braucht Interessensvertretungen, sie sind gut und wichtig. Aber es ist immer wichtig zu fragen, wessen Interessen sie vertreten. Diese Frage gilt immer und überall, nicht nur bei der WKO.

In der WKO sind sechzig Prozent der Mitglieder Alleinunternehmerinnen und -unternehmer und keine Öl- und Zementindustriellen.[47] Werden ihre Interessen mit einem fossilen Kurs vertreten? Unterstützt die Wirtschaftskammer jene, die vorangehen und eine Energie- und Verkehrswende aktiv gestalten? Ist sie Vertreterin der KMUs, der kleinen und mittleren Unternehmen, also derer, die wirtschaftlich unser Land am Laufen halten, gute Jobs bieten, lokale Wertschöpfung bringen, und die in Zukunft auch von den lokalen klimatischen Begebenheiten beeinflusst werden? Oder vertreten sie doch nur die Interessen der fossilen Giganten?

Eine Umfrage der Beratungsgesellschaft Deloitte und des Marktforschungsinstituts Sora unter österreichischen Führungskräften im September 2020 ergab, dass trotz Covid zwei Drittel die Klimakrise als großes Bedrohungsszenario sehen. 83 Prozent gaben an, selbst direkt von den Folgen betroffen zu sein.[48] Die WKO ist leider weit entfernt davon, eine getreue Vertretung zukunftsfähiger wirtschaftlicher Interessen zu sein.

KLIMAPOLITISCHER EINFLUSS

Wenn ich die Seiten, die Sie gerade gelesen haben, nochmal durchgehe, komme ich mir beinahe blöd vor. Vieles hört sich fast nach jenen Verschwörungstheorien an, die von falschen Mondlandungen und Außerirdischen handeln. Beim Ibiza-Skandal und den darauffolgenden Enthüllungen von nationalem Postenschacher und Korruption sah man jedoch bestätigt, dass die große Politik manchmal wirklich ein schlechter Ganovenfilm ist. Ebenso das große Ölgeschäft: Als im Frühjahr 2021 bekannt wurde, dass die OMV wohl Spionagefirmen engagiert hatte, um junge Klimaaktivistinnen und -aktivisten zu überwachen, gab CEO Rainer Seele bekannt, seinen Vertrag nicht zu verlängern. Auf die Frage, wer an den Verzögerungen im Klimaschutz schuld sei, antwortete uns Vizekanzler a. D. Josef Riegler sehr knapp und eindeutig: »Die Lobbys.« Wenn Ihnen das ein erfahrener ÖVP-Politiker auf den Kopf zusagt, hat das den bitteren Beigeschmack einer entsetzlichen Tatsache. Dass es wie eine Verschwörung klingt, liegt also schlichtweg daran, dass es eine Verschwörung *ist*. Es ist eine hinreichend belegte Einflussnahme, die in den 1970ern von den großen Mineralölkonzernen gestartet wurde und sich tumorartig ausgebreitet hat.

Dass es ausschließlich an den Lobbys gelegen ist, greift als Erklärung aber ebenfalls zu kurz. Es war auch die Tatenlosigkeit der Entscheidungsträgerinnen und -träger aus Politik und Wirtschaft, die sich jahrzehntelang dieses Themas stiefmütterlich oder gar nicht angenommen hatten. Die Proteste der Klimabewegung offenbarten die Ignoranz plötzlich eindeutig, und der Druck wurde so hoch, dass sich die Politik mit dem Thema auseinandersetzen musste und sich Menschen aus der Wirtschaft beim Abendessen den Fragen ihrer Kinder stellen mussten. Wer dann mit billigen Ausreden kam, bewies lediglich, weniger Kompetenz in Klimafragen als Schülerinnen und Schüler zu haben.

Die veränderte Diskussionskultur in Klimafragen nutzten wir im Corona-Sommer 2020, um die Forderungen des Klimavolksbegehrens in handfeste Umsetzung zu übersetzen. Gemeinhin wird ein Volksbegehren mit Abschluss der Eintragungswoche für beendet erklärt. Auch ich hatte mich dieser Illusion hingegeben, als Silberstreif am Horizont, dass dieses Projekt mit dem Unterschriftenergebnis ein erfolgreiches Ende finden würde. Doch nach den Unterschriften begann der harte, mühsame Weg zu konkreten Maßnahmen erst.

Wir gossen mit den juristischen Koryphäen des Landes unsere Forderungen in verbindliche Gesetzestexte. Ein ganzes Team an Freiwilligen strebte Verhandlungsgeschick, um sich mit allen relevanten Politikerinnen und Politikern zu treffen. Was Geld im Falle der Öllobby bewirkte, das mussten wir mit dem Willen und der Tatkraft mutiger Freiwilliger erreichen.

Wir setzten uns mit allen Mitgliedern des Umweltausschusses in Verbindung und mit vielen von ihnen einzeln zusammen. Wir besprachen Vorstellungen und Vorbehalte. Diese Abgeordneten waren es, die über die Umsetzung unserer Forderungen in Form eines Antrags entscheiden würden. Im Gepäck hatten wir eine stichhaltige Ausarbeitung aller Fakten, unsere Forderungen und Gesetzesentwürfe sowie 380 590 Österreicherinnen und Österreicher, die ihnen auf die Finger schauen würden – erstmals in der Geschichte der Republik konnten die Ausschusssitzungen öffentlich über Livestream mitverfolgt werden. Uns wurden zwei Sitzungen versprochen, in denen geladene Expertinnen und Experten die Fragen der Abgeordneten beantworten sollten. Nun durfte Ignoranz nicht länger Fehlentscheidungen produzieren. Jetzt gab es keine Ausreden mehr für die Politik! Mit Spannung fieberten wir dem ersten Termin entgegen.

Misslich genug, dass am 4. November 2020, dem Tag der ersten geplanten Sitzung, die Resultate der US-Wahlen bevorstanden und soeben ein neuer Lockdown ausgerufen worden war. Die Aussicht auf mediale Berichterstattung war damit dahin. Doch es kam noch viel schlimmer.

Unseren monatelangen Vorbereitungen wurde am 2. November jäh ein Strich durch die Rechnung gemacht. Während die Einsatzkräfte den ersten Wiener Gemeindebezirk abriegelten, saß ich versteckt in einem Innenstadtlokal und bangte um den weiteren Verlauf dieser Nacht, in der der Terror Wien heimsuchte. Die Sitzung wurde abgesagt und verschoben. Ich war froh darüber, da ich zwei Tage wie gelähmt im Bett verbrachte und Klima auch in meinem Leben keinen Platz hatte. Doch wieder verlängerte sich das Projekt. Wieder rückte die Ziellinie in die Ferne, und wir bangten um das Gelingen.

Endlich, am 16. Dezember, fand kurz vor der Weihnachtspause die erste Sitzung statt. Die Öffentlichkeit und die geladenen Expertinnen und Experten garantierten eine sachliche Diskussion, sodass die Chancen auf einen parteiübergreifenden Antrag – das Ziel unserer Arbeit – stiegen.

Angefacht durch die Freiwilligen, die vor dem Gebäude die Abgeordneten an ihre Verantwortung gemahnten, erinnerte ich den Ausschuss in meinem Plädoyer an sämtliche Wahlversprechen: »In diesen Sitzungen können Sie Klimaschutz umsetzen, im historischen Schulterschluss, wie es noch keiner gemacht hat (NEOS). Gehen wir klimamutig in die neuen Zeiten (ÖVP), in eine faire, soziale, heimattreue Zukunft (FPÖ), die der Anstand wählen würde (Die Grünen), wo Menschlichkeit siegt (SPÖ) – jetzt!«

KAPITEL 6
AKTIV WERDEN

Planungssicherheit – dieses selige Eiland, das wir seit dem Start des Klimavolksbegehrens nur aus der Ferne kannten. Wie oft hatte ich mir gewünscht, das Volksbegehren in ruhigeren Wetterlagen zu organisieren. Wie oft hatte ich davon geträumt, den sicheren Hafen zu erreichen! Die stürmischen Zeiten schienen uns aber zu verfolgen.

Gleich zu Beginn eine holprige Übergabe an mich, gefolgt von einer Kursänderung, um das Projekt wirklich unparteiisch zu verankern. Dann plötzlich Donner und Blitz – Ibiza. Täglich wechselnde Regierungen. Flaute im brütenden Hitzesommer 2019 wegen einer verwaltenden Übergangsregierung. Heftiger Böenkampf in der Anfahrt auf die Nationalratswahlen, hoher Wellengang auch intern im Team. Die Kompassnadel zeigte plötzlich in eine andere Richtung. Statt visionsloser Fahrt ins Blaue Zieldestination türkis-grüne Lagune. Was noch ein Jahr zuvor undenkbar gewesen wäre, hatte die Klimabewegung erreicht, nämlich einen Kurswechsel.

So wichtig er für die Nation war, dem Klimavolksbegehren nahm er den Wind aus den Segeln. Obwohl noch immer jede Verstärkung gebraucht wurde, gaben einige Freiwillige das Umsteuern auf. Auf halber Strecke schlingerten wir ziellos auf offener See. Andauernd galt es, den Kurs zu korrigieren, um unser Schiff sicher in den Hafen zu bringen. Und als dieser schlussendlich in Sicht kam, türmte sich am Horizont eine Flutwelle wie nie zuvor auf: eine sintflutartige Viruspandemie.

Die Besatzung des Volksbegehrens hielt allen äußeren Turbulenzen zum Trotz zusammen. Darum das beachtliche Ergebnis von 380 590 Unterschriften. Doch der sichere Ankerplatz war das noch lange nicht. Wir verschnauften und hissten erneut die Segel, um aus diesen Unterschriften die Umsetzung anzusteuern. Lange Nächte, in denen wir die Gewässer der Lagune vermaßen, um nicht plötzlich aufzulaufen und festzusitzen. Am Tag der entscheidenden Ausschusssitzung dann der Beginn der US-Wahl. Der amerikanische Ozeanriese ließ unser Boot in den Hintergrund treten. Plötzlich unerwarteter Beschuss. Terrorattacke in Wien. Wir wichen aus. Die Ausschusssitzung wurde verschoben. Die Sturmfahrt verlängerte sich schon wieder, unsere Kräfte aufgebraucht, unsere Ausdauer aufgezehrt, doch jetzt aufzugeben war keine Option. Das Team behielt sich bis zuletzt den Mut.

Könnte es ungünstigere Zeiten geben als jetzt, um politisch aktiv zu werden, habe ich mich wiederholt gefragt. Es ist eine Zeit des ständigen Umbruchs, eine Zeit andauernder Ungewissheit und eine Zeit voller Krisen.

Die Antwort ist ganz klar: Könnte es eine *wichtigere* Zeit geben als jetzt, um aktiv zu werden?

DER WANDEL HAT BEREITS BEGONNEN

13. Jänner 2021. Die zweite Ausschusssitzung fand in den Räumlichkeiten des Nationalrates statt. Flo, Stefan und ich betraten zum ersten Mal das Hohe Haus. Man kennt die hohen Wände, die Sitzreihen der Abgeordneten und die Galerie für Zuseherinnen, Zuseher und Medien. Trotz der Geschichtsträchtigkeit des Ortes fehlte die vermutete Erhabenheit. Ob es an den Corona-Regeln lag? Zu anderen Zeiten hätten uns hunderte Tatkräftige von der Galerie aus begleitet. Heute war sie nahezu leer. Auch die meisten Journalistinnen und Journalisten verfolgten das Geschehen via Livestream.

Wir nahmen bei unseren Namensschildern auf der Regierungsbank Platz. Neben uns saßen die Expertinnen und Experten. Ein starkes Zeichen. Heute würde die klimapolitische Vernunft regieren.

Da fiel mir auf, weshalb der Plenarsaal nicht einschüchternd auf mich wirkte. Es ist nicht dieser spezielle Raum, der ein Land regiert. Es sind immer die Menschen, die Entscheidungen treffen. Die Abgeordneten, Menschen wie Sie und ich, können sich für oder gegen Klimaschutz entscheiden. Heute schlug ihnen die wissenschaftliche Wucht sämtlicher Argumente für die Umsetzung unserer Forderungen entgegen.

»Der legistische und juristische Werkzeugkoffer ist prall gefüllt und muss von der Politik nur geöffnet werden«, forderte Universitätsprofessor Wilhelm Bergthaler zu Taten auf. Die ökosoziale Steuerreform sei das beststudierte Marktinstrument zur Bekämpfung der Klimakrise, und klimaschädigende Subventionen müssten abgeschafft werden. In diese Kerbe schlugen alle Expertinnen und Experten. Einzelne Leuchtturmprojekte würden nicht mehr ausreichen, es brauche nun eine durchdachte Maßnahmenoffensive, um die Emissionen zu senken. Auch hier herrschte Einigkeit. Harald Frey von der TU Wien hielt ein Plädoyer für die vielfältigen Möglichkeiten einer Verkehrswende.

Ein bisschen fühlte es sich an, als hätte sich das Machtverhältnis gedreht. Sogar die skeptischsten unter den Abgeordneten hörten zu und stellten Fragen, statt platte populistische Statements zu bemühen. So eine konstruktive Sitzung hätten sie noch nie erlebt, teilten uns mehrere Fraktionen im Nachhinein mit. Eine Erfahrung, die Lust auf Demokratie machte.

Nach drei Stunden Debatte oblag es mir, die Abschlussrede zu halten. Die Blicke der Abgeordneten waren auf mich geheftet, und meine Ohren pochten, als ich zum Pult schritt, das wir alle schon einmal im Fernsehen gesehen haben.

»Zwei Termine lang, insgesamt über sechs Stunden, wurden nun ExpertInnen angehört. Alle waren sich einig, dass etwas getan werden muss. Alle haben genickt und sind gegangen. Schön, diese Einigkeit. Doch mit dieser Sitzung muss die Zeit der reinen Beratung, des Kopfnickens, des Darüber-Redens vorbei sein!

Wir wissen, was es uns kostet, nicht gegen die Klimakrise vorzugehen. Milliarden einerseits, aber noch grundlegender – es wird uns Felder kosten, Wälder, unsere Gesundheit, kurz: unsere Lebensgrundlage. Ein Weiter-wie-bisher ist nicht mehr wünschenswert. Ein Weiter-wie-bisher wäre fahrlässig. Angst vor Veränderung kann keine Entschuldigung mehr sein, denn Nichtstun wird diese Krise verschlimmern! Ändert sich nichts, wird sich alles ändern.

Wir stehen also vor einer Entscheidung. 2021 kann das Jahr sein, in dem wir umsteuern. Das Jahr, in dem wir klimamutig vorangehen in eine Zukunft mit Energie aus Sonne und Wind. Eine Zukunft, in der wir langfristige, gute Jobs schaffen. Eine Zukunft, in der wir alle umweltfreundlich von A nach B kommen. Eine Zukunft mit Wiesen und Bäumen zum Verweilen und Abkühlen. Eine Zukunft samt Kreislaufwirtschaft statt Wegwerfgesellschaft. Eine Zukunft, in der wir unseren Kindern einen intakten Planeten hinterlassen.

Oder wir können es versauen und unseren Kindern das Chaos hinterlassen, das wir gerade produzieren. Ein Chaos, das sie nicht mehr aufräumen können. Es gibt nun keine Ausreden mehr. Wer jetzt nicht dabei ist, kann weder den Medien verkaufen, für Klimaschutz zu sein, noch den BürgerInnen sagen, dass man sich für sie einsetzt.

Jetzt liegt es an Ihnen, die Zukunft zu gestalten, die Lösungsvorschläge des Klimavolksbegehrens im Zuge eines Mehrparteienantrags zu unterstützen und einen konkreten ›Fahrplan zur Klimaneutralität‹ zu beschließen. Denn es braucht jetzt einen Schulterschluss über alle parteipolitischen Grenzen hinweg.«

Ich sah durch den Raum und den Abgeordneten direkt in die Augen. Man hätte eine Stecknadel im Hohen Haus fallen hören können.

»Werte Abgeordnete, stellen Sie sich hier und heute die Frage: Auf welcher Seite der Geschichte wollen Sie stehen? Und dann gehen Sie aus dieser Sitzung und nicken Sie bitte nicht nur – sondern werden Sie Teil der Lösung!«

Engagement im Klimaschutz wird vom Schrecken über den Zustand der Welt begleitet. Die Gewissheit, dass die große Welt umsteuern muss und man selbst nur ein winziges Ruder besitzt, ist allgegenwärtig. Man konfrontiert sich bewusst mit Negativem: Umweltzerstörung, Untätigkeit und Ungerechtigkeit. Es ist kräftezehrend – wie jedes politische Engagement. Ich verlor oft den Mut, öfter als Sie denken. Manchmal war die Aufgabe zu groß. Ich fühlte mich ausgebrannt. Ich konnte nicht mehr geben als alles. Zurücknehmen war nicht drin, denn es ging um so viel. Es war schwierig, daran zu glauben, dass wir, trotz Egoismus und Ignoranz in der Welt, das gemeinsame Boot rechtzeitig herumreißen würden.

Aber jeder dunklen Stunde folgte ein heller Hoffnungsmoment, der mir neue Kraft für den nächsten Schritt gab. Ohne Greta Thunberg, ein damals sechzehnjähriges Schulmädchen, das beschloss, sich auf die Straße zu setzen und gegen die Versäumnisse zu protestieren, hätte es keine globale Klimabewegung gegeben. Millionen Menschen wurden aufgeweckt. Fridays For Future brachte bei den weltweiten Streiks vierzehn Millionen Menschen in 213 Ländern auf die Straße.[1] Umweltbildung griff um sich, wie es kein Workshop, kein Bildungsprogramm jemals vermocht hätte. Die Klimakrise war endlich kein Randthema mehr.

Seit Fridays For Future wuchs die mediale Berichterstattung bei weitem über jene der Jahre davor hinaus. Waren es 2015 noch 3597 Artikel in den zehn größten österreichischen Tageszeitungen und der APA gewesen, die sich mit dem Klima befassten, kam man dem Thema 2019 in 14 323 Artikeln nicht mehr aus. International gab es eine ähnliche Aufmerksamkeitsexplosion: Das *Time Magazine* und selbst der *Economist* brachten Editionen, die sich ausschließlich mit Klima befassten. Das lag vor allem daran, dass Klimaschutz vom Öko-Thema zu einem zentralen Anliegen aller Menschen, insbesondere der Jugend, geworden war.[2]

Man könnte nun einwenden, dass dies bloß ein kurzer Medienhype war. Natürlich dominierte Corona bald das Weltgeschehen und stellte das Klimathema auf die medialen Abstellgleise. Doch die Klimakrise wird uns nicht so schnell verlassen. Sie wird nicht weggeimpft werden. Im Gegenteil. Extremwetter und die Folgen werden immer deutlicher, sodass Wetterberichte nicht mehr umhinkommen, »perfektes Badewetter« durch »anhaltende Hitzeperiode« zu ersetzen; und Millionen junge Bürgerinnen und Bürger haben gelernt, dass Ausbeutung von Natur und Mensch nicht hingenommen werden muss.

Was mich bestärkt, positiv zu denken? Ein Richtungswechsel ist in seinen Ansätzen schon zu erkennen: Die Klimawahl 2019 resultierte in einem türkis-grünen Regierungsprogramm, das Klimaschutz zu einem zentralen Handlungsfeld in Österreich machte. Erstmals koordiniert eine fachkundige Ministerin die Klimapolitik Österreichs, und ihre Handschrift zeigt sich in ersten Maßnahmen, allerdings noch gebremst durch die jahrzehntelang aufgestauten politischen Widerstände – gerade auch die des Koalitionspartners.

Aber auch anderswo gibt es Grund zur Hoffnung. Premierministerin Jacinda Ardern zeigt in Neuseeland, dass Wirtschaftswachstum nicht das einzige Ziel eines Staates sein muss. Sie hat andere Indikatoren für eine blühende Gesellschaft eingeführt und wurde mit absoluter Mehrheit wiedergewählt. Dennoch holte sie sich die Grünen als Koalitionspartner an Bord. Warum? Aus Gestaltungswillen. Sie weiß, dass ihr die Expertise der neuseeländischen Grünen nützen wird, um die notwendige Transformation zu bewerkstelligen. In Frankreich bestätigt der Bürgerrat, dass man Menschen in einem demokratischen System gut einbinden und informieren muss, dann sind sie die Ersten, die Klimaschutz vorantreiben. In Großbritannien wandelte sich der einstmals leugnende Unterton von Premierminister Boris Johnson zu vermehrter Zielstrebigkeit in Klimabelangen.

Auf EU-Ebene wäre ohne die Klimabewegung kein Green Deal denkbar gewesen. Er wurde zu einem Schwerpunkt der Kommission zur Erreichung der Klimaneutralität 2050. Die EU-Ziele wurden erhöht, um der Dringlichkeit Rechnung zu tragen, und 2020 war das erste Jahr, in dem die Stromproduktion aus erneuerbaren jene aus fossilen Quellen innerhalb der EU abhängte.[3] China verlautbarte erstmals einen Zeitpunkt für Klimaneutralität, nämlich 2060. Vor 2021 war Klimaschutz noch nie ein zentraler Punkt auf der Agenda eines US-Präsidenten gewesen. Nach dem faktenbefreiten Donald Trump änderte sich mit Joe Biden der klimapolitische Kurs. Auch er versteht, dass die größte Volkswirtschaft der Welt bis 2050 emissionsneutral sein muss. US-Organisationen wie das Sunrise Movement bringen gemeinsam mit der entschlossenen Abgeordneten Alexandria Ocasio-Cortez den Green New Deal unter die Menschen. Sie nimmt keine Großspenden entgegen, sieht sich als Sprachrohr für die vielen bewegten Menschen und trägt populäre Anliegen weiter. Dadurch entsteht eine neue Art der politischen Vertretung.

Staaten versuchen einander mittlerweile mit Zielsetzungen zu übertrumpfen. Das ist gut. Glücklicherweise gibt es gleichzeitig auch viele Menschen, die auf die Umsetzung von entsprechenden Maßnahmen pochen. Und sie erhöhen den Druck zu noch schnellerer Transformation, denn die Einhaltung der jetzigen Zielsetzungen würde immer noch eine Erderhitzung von rund 3 °C nach sich ziehen. Damit lösen wir sehr wahrscheinlich Kipppunkte aus und starten jene Teufelskreise des Erdsystems, die wir nicht mehr aufhalten können. Vielerorts gehen Menschen vor Gericht, um gegen die anhaltende Untätigkeit der Politik zu klagen, und bekommen recht.

Eine Aufbruchsstimmung und ein Bewusstwerden greifen um sich. Ich merke es selbst jeden Tag. Noch nie war die Zahl der einlangenden Nachrichten so groß, von Unternehmen, Organisationen aus allen Bereichen, Gewerkschaften und Vereinen. Sie alle wollen sich mit der Klimakrise auseinandersetzen und den Weg zur Klimaneutralität aktiv mitgestalten. Versicherungen, Banken und InvestorInnen verabschieden sich langsam von fossilen Projekten. Auch Ölkonzerne kommen nicht mehr darum herum, sich dem Thema zu stellen und neue Geschäftsmodelle für ihre Zukunft zu entwickeln. Auch hier wachen einmal mehr guter Journalismus und die Bevölkerung, wenn sich die fossilen Unternehmen mittels Greenwashing aus der Verantwortung stehlen wollen.

Der Wandel hat bereits begonnen, davon bin ich überzeugt. Die große Frage ist, ob er schnell genug gelingen wird. Aus den Geschichtsbüchern weiß man, dass es Punkte gibt, an denen gesellschaftliche Veränderungen sehr schnell geschehen können. Wenn ein gewisser gesellschaftlicher Kipppunkt überschritten ist, dann tritt rascher Wandel ein: Regime werden gestürzt, Unterdrückte erwirken Rechte, Weltmächte wie die Sowjetunion brechen zusammen. Das Zeitalter der Krisen, in dem wir leben, begünstigt rapide Umschwünge.

Es zeigt sich zudem, dass strikt gewaltfreie Bewegungen in der Geschichte doppelt so erfolgreich waren wie gewalttätige. Keine einzige gewaltfreie Bewegung ist gescheitert, wenn sie mehr als 3,5 Prozent der Bevölkerung mobilisieren konnte.[4] Das Klimavolksbegehren hatte 380 590 Unterschriften. Das sind 5,9 Prozent der österreichischen Wahlberechtigten – exklusive all der jungen Menschen unter sechzehn, die sich bereits für die Wende starkgemacht hatten. Das gibt mir Hoffnung.

Ich möchte Ihnen noch ein paar inspirierende Gedanken mitgeben, damit Sie das Buch nicht einfach nur zuklappen und nicken, sondern selbst aktiv werden wollen. Mehr als alles andere braucht es nämlich mutige Bürgerinnen und Bürger wie Sie, die mutige Politik einfordern!

OMA UND DAS MILITÄR

Es war Weihnachten 2018, als meine Oma von unserer Initiative Fridays For Future erfuhr. Ich hatte schon Punkte eingebüßt, weil ich nach dem Abschluss an einer Elite-Uni beim Abendessen das Messer abschleckte. Doch »auf der Straße landen« als Aktivistin, ohne Einkommen, ohne Sicherheiten, und das jede Woche!? Wir saßen gerade beim Essen, die herrlich duftenden Knödel vor uns, da hielt sie mit der Gabel auf halber Höhe inne und musterte mich schockiert mit großen Augen.

»Katharina«, sagte sie. Mehr brachte sie zuerst nicht heraus. »Also wirklich, Katharina«, seufzte sie dann noch einmal. »Ich will dich nicht an einen Baum gekettet im Fernsehen sehen!«

Am Heldenplatz laufend Demonstrationen zu organisieren ist ziemlich genau das Gegenteil von dem, was sich Familien für ihre Töchter wünschen. Auch meine Eltern waren anfangs skeptisch. Was meine Oma dazu brachte, ihre Meinung zu ändern? Nicht zuletzt das Militär.

Mein Großvater war Offizier. Er hatte die Militärakademie besucht, und selbst nach seinem Tod nahm Oma weiterhin an den Treffen seines Jahrgangs teil. In ihrem E-Mailverteiler landete irgendwann die Nachricht eines stolzen Schwiegervaters. Er müsse das nun mit allen teilen, sein Schwiegersohn sei jetzt beim Klimavolksbegehren aktiv, eine wahrlich formidable Institution für den guten Zweck, das Klima zu schützen. Er rufe alle zur Unterstützung auf, wo immer sie seien und wie immer sie konnten. Als PS folgte der Freispruch: »Und Wiltrauts Enkelin ist übrigens auch dort engagiert.«

Meine Legitimation war wiederhergestellt, mein Erbe rehabilitiert – nur die Urenkerln fehlten noch. Mir gab es neue Zuversicht. Wir waren sogar in den alten Jahrgang der Militärakademie vorgedrungen, und selbst meine Oma war zur Multiplikatorin geworden. Wie viele ihrer Generation kochte sie schon immer mit den Zutaten der Nachhaltigkeit: Sie sparte Strom, flickte und nähte Kleidung, reiste nicht mit dem Flugzeug, heizte im Winter nicht alle Räume und verwendete Altes wieder. Nur dem Aktivismus stand sie anfangs skeptisch gegenüber. Aktivismus war nicht die Sprache, mit der man sie erreichte, und das ist nur verständlich. Gerade deshalb braucht es verschiedene Stimmen in einer Bewegung. Es ist nämlich eine Sache, wenn eine junge Studentin für Klimaschutz aufsteht, und eine ganz andere, wenn es ein pensionierter Offizier tut. Während ich Schülerinnen und Schüler erreichen konnte, beeinflussten die Worte des ehemaligen Kommilitonen meine Oma viel direkter, als ich es je gekonnt hätte. Es kommt nicht nur darauf an, was gesagt wird – *wer* etwas sagt, kann den großen Unterschied machen.

Darum ermutige ich Sie: Sprechen Sie über Klimaschutz. Teilen Sie die Maßnahmen eines Green New Deals, die ich in diesem Buch beschreibe. Verbreiten Sie das Wissen um die planetaren Grenzen und das soziale Fundament. Diskutieren Sie sie mit Ihren Freundinnen, Freunden und Ihrer Familie, mit Ihren NachbarInnen, KollegInnen und Vereinsmitgliedern, mit Ihren Pfarrern und BürgermeisterInnen. Sie wissen nun, dass es beim Klimaschutz nicht um eine Rückkehr in die Steinzeit geht, sondern um den einzigen Weg in ein lebenswertes, gerechtes Morgen. Eine Mehrheit der Menschen weiß jedoch nicht, welche Welt wir gewinnen können, wenn wir die Klimakrise bewältigen. Aber wir alle können die Vision städtischer Grünflächen, kluger Raumplanung, günstigen Nahverkehrs und örtlicher Energieversorgung mit anderen teilen. Fragen Sie die Menschen, was Sie sich von der Zukunft wünschen, und hören Sie Ihnen zu, denn vieles wird sich mit den Lösungen in diesem Buch decken.

Natürlich gibt es Menschen, die sich Veränderungen grundsätzlich verwehren. Es sind dann selten Argumente, die überzeugen. Es reicht nicht, nur Studien zu zitieren oder die Zahlen im Kopf zu haben. Es sind vielleicht gerade Sie, die den Unterschied bei jemandem machen. Sie sind es, die eine Großmutter vom Aktivismus ihrer Enkelin überzeugen oder von notwendigen Klimamaßnahmen. Denn aus Ihrem Mund klingt die Wahrheit ehrlicher, von Ihnen klingt sie wie von keinem sonst, für jemanden sind Sie die vertrauenswürdigste Person, wenn es um eine gute Zukunft geht.

KRÄFTE BÜNDELN UND EINTEILEN

Macht entspricht der menschlichen Fähigkeit, nicht nur zu handeln oder etwas zu tun, sondern sich mit anderen zusammenzuschließen und im Einvernehmen mit ihnen zu handeln. Über Macht verfügt niemals ein Einzelner; sie ist im Besitz einer Gruppe und bleibt nur so lange existent, als die Gruppe zusammenhält.   HANNAH ARENDT[5]

Koordination und Zusammenarbeit lohnen sich. Sie sind die Erfolgsrezepte der Klimabewegung. Innerhalb kürzester Zeit waren wir mit Fridays For Future und dem Klimavolksbegehren zu einem wichtigen Knotenpunkt im Netzwerk der Nachhaltigkeit geworden. Dabei zeigte sich, dass viele Befürworterinnen und Befürworter ehrgeiziger Klimapolitik noch nie koordiniert aktiv geworden waren. Es brauchte die neue Bewegung, die Frische und mitunter auch unsere Naivität. Wir packten in der Klimapolitik einfach an und mischten mit. Plötzlich zogen Wissenschaft, Wirtschaft, Religionsgemeinschaften, NGOs und die Bevölkerung am selben Strang, forderten dieselben Dinge, gaben gemeinsame Pressekonferenzen und verstärkten sich gegenseitig.

Eine einzelne Streikende ist kaum ein Streik. Zehn Menschen kommen vermutlich nicht weit. Sind es aber hunderte, werden die Medien aufmerksam. Bei tausenden wird die Politik hellhörig. Passiert das Gleiche in mehreren Städten überall im Land, zur selben Zeit, mit denselben Parolen, womöglich noch in vielen Ländern, dann kann das die Welt verändern. Der Schlüssel ist Koordination.

Um das zu verdeutlichen, stellen Sie sich vor, die Hälfte aller Wienerinnen und Wiener ließe für ein Monat ihr Auto stehen und wählte stattdessen das Fahrrad. Ziel dieser Aktion könnte zum Beispiel der Ausbau des Fahrradnetzes sein. Bald säße man mit den EntscheidungsträgerInnen an einem Tisch und würde die Zukunft der städtischen Verkehrspolitik mitverhandeln. Obwohl ein fleischfreier Monat für niemanden eine große Herausforderung darstellt, könnte eine koordinierte Million Menschen in Österreich den Billigfleischmarkt damit boykottieren und vermutlich die Abschaffung der Massentierhaltung erreichen. Auch in der digitalen Welt ist Koordination der Schlüssel. Schon ein paar hundert Menschen, die koordiniert und zur selben Zeit einen Inhalt teilen, lösen einen Trend aus, der sich wie ein Schneeball fortsetzt – denken Sie nur an die Ice Bucket Challenge, die mit einem ungewöhnlichen Mittel die Aufmerksamkeit auf eine seltene Nervenkrankheit lenkte.

Damit eine Aktion online oder offline funktioniert, muss sie einerseits *skalierbar* und andererseits *sichtbar* sein. Das heißt, sie sollte leicht nachzumachen sein und gleichzeitig Aufmerksamkeit erregen. Dabei muss man noch nicht einmal sonderlich kreativ sein: Nahezu jede funktionierende Aktion wurde bereits irgendwo gemacht und wartet darauf, kopiert zu werden. Lassen Sie sich also inspirieren und vor allem: Trauen Sie sich!

Die Welt ist voller Menschen, die es besser wissen, die es »immer schon gewusst haben«, die es sich »doch schon längst gedacht haben«, aber die nie etwas getan haben. Wir brauchen mehr Macherinnen und Macher! Ich weiß, dass es beängstigend ist. Der erste Schritt ins Tun ist immer der schwierigste. Vielleicht sind da Selbstzweifel voller »Ich schaffe das nicht« oder »Dafür bin ich nicht gut genug«. Oder Sie haben Sorge, was andere denken könnten. Vielleicht sind es auch tatsächliche

Bedenken anderer, die Ihnen mit »Das ist jetzt aber schon übertrieben« und »Bist du dir sicher, dass du das machen willst?« den Wind aus den Segeln nehmen.

Aber, ich sage es gerne noch einmal: Sie könnten genau die Person sein, die es für einen anderen Menschen braucht, um die Notwendigkeit einer Klimawende zu verstehen. Und Sie sind auch genau der richtige Mensch, um etwas anzugehen. Die Überwindung der gedanklichen Hürden ist schwierig, aber Sie werden unglaublich daran wachsen! Ich habe vor drei Jahren nicht gedacht, dass ich jemals eine Demo organisieren und am Heldenplatz vor 25 000 Menschen sprechen würde. Ich war bei weitem nicht gerüstet für die Organisation eines Volksbegehrens und wusste nicht, was es bedeuten würde, so viele Freiwillige zu koordinieren. Aber ich habe mich überwunden, habe es gemacht und bin daran gewachsen wie in keiner Lebensphase davor.

Das Credo ist also ganz klar: vom Reden ins Tun kommen! Bevor man sich wochenlang in Details verliert, ob und wie etwas gelingen kann, ist es meist ratsam, loszulegen und den Rest am Weg zu erlernen und zu korrigieren. So ist es zumindest bei Fridays For Future und dem Klimavolksbegehren gelungen. Und ich war ja bei weitem nicht allein – wo jemand aktiv wird, schließen sich andere an. Das wird auch bei Ihnen passieren.

Hier lässt sich das Credo ebenso hervorragend anwenden. Wenn jemand vorangeht und mitreißt, tauchen schnell neue Menschen auf und bekunden Interesse, sprühen vor Ideen und möglichen Aktionen. Auch hier gilt: vom Reden ins Tun kommen. Wie bei Bernie Sanders' Kampagne in den USA bekamen Menschen in der Klimabewegung mitunter beim ersten Gespräch eine kleine – oder sogar größere – Verantwortung übertragen. Es muss etwas sein, das wichtig genug ist, um sich involviert zu fühlen und zu bemerken: Ah, ich werde hier gebraucht, ich mache einen Unterschied. Und so schlossen sich immer mehr Menschen an, die anpacken wollten.

ZWISCHENERFOLGE FEIERN
UND PAUSEN MACHEN

9. März 2021. Es ist unglaublich, wie schnell sich in der Politik das Blatt wenden kann. Am Montag eine Woche zuvor sah es noch so aus, als ob gar kein Antrag zum Klimavolksbegehren zustande kommen würde. Über drei Wochen lang standen die Verhandlungen zwischen den Regierungsparteien still. Dann überschlugen sich die Ereignisse.

Wir veröffentlichten eine Umfrage, die zeigte, dass 88 Prozent der Menschen in Österreich von der Politik einen klaren Plan und Maßnahmen zur Emissionsreduktion erwarteten. Das traf ins Schwarze. Die Forderungen des Klimavolksbegehrens waren die großen Puzzlestücke in dem Plan, den die Politik bisher schuldig geblieben war. Über achtzig Prozent unterstützten die Forderung nach einem unabhängigen wissenschaftlichen Klimarat, und fast drei Viertel der Befragten forderten eine CO_2-Bepreisung. Die Ergebnisse bestätigten erneut die breite Zustimmung für Klimaschutz in der Bevölkerung.[6] Das machte neben den unterstützenden offenen Briefen von allen Seiten Druck auf die Verhandlungen. Als dann die *Kronen Zeitung* titelte, dass die ÖVP für den Stillstand verantwortlich gewesen war, veränderte sich die Situation schlagartig.

Ab Freitag gab es Nonstop-Verhandlungen zwischen den Regierungsparteien. Am Dienstag folgte eine Pressekonferenz samt Klimaministerin Leonore Gewessler. Nur wenige Stunden später verließen wir das Parlamentsgebäude und wussten, dass uns gelungen war, worauf wir alle seit Monaten, manche seit Jahren, hingearbeitet hatten. Einige unserer zentralen Forderungen waren in einen Antrag gegossen und im Umweltausschuss beschlossen worden. Und das, obwohl uns wiederholt gesagt wurde: Ja, Klimaschutz eh – aber nicht über das Regierungsprogramm hinaus. Mit der Einrichtung eines BürgerInnenrates und einer wissenschaftlichen Kontrollinstanz waren zentrale Eckpfeiler für ein kommendes Klimaschutzgesetz eingeschlagen. Außerdem sollte der Budgetdienst des Parlaments in Zukunft klimarelevante Abschätzungen zu Gesetzen und Verordnungen durchführen können. Bei Emissionsüberschreitung sollten Bund und Länder in Zukunft einzahlen.[7] Einige Gesetzesbeschlüsse würden in Zukunft vor allem auf uns und unsere hartnäckige Arbeit zurückzuführen sein!

Natürlich durfte es nicht allein dabei bleiben. Der Antrag sollte allerhöchstens der Auftakt sein. Viele Punkte, wie die Steuerreform (versprochen für 2022) und der Emissionsfahrplan zur Klimaneutralität 2040, blieben vage Kopien des Regierungsprogramms. Noch lagen keine effektiven Instrumente der CO_2-Bepreisung auf dem Tisch, und Zwischenziele samt konkretem Reduktionspfad waren auch ausständig. Bei vielen anderen Punkten fehlten klare Zeitpläne, und die Opposition war nicht eingebunden worden. Den notwendigen Schulterschluss in Klimabelangen und weitere Konkretisierungen würden wir also weiter einmahnen müssen.

Für diesen Dienstag ließen wir die Kritik jedoch einmal beiseite. Ich lief über den Platz auf die vielen Freiwilligen zu, die vor dem Gebäude warteten. Die auf Karton gemalten Zugwagons standen symbolisch bereit für die Abfahrt Richtung Klimazukunft. Steffi, Lautaro, Emilia, Christian, Alex, Lisa … so viele waren gekommen.

»Wir werden weiter dranbleiben!«, rief ich. Dani streckte mir ein Bier entgegen und lachte.

»Jetzt dürfen wir aber einmal feiern!«, sagte sie.

Heute hatten wir unseren wichtigsten Meilenstein erreicht. Wir hatten die Reise des Volksbegehrens gestartet mit dem Ziel, unsere Forderungen in Beschlüsse umzuwandeln. Das war uns gelungen, und wir waren damit zum umsetzungsstärksten Volksbegehren der letzten zwanzig Jahre geworden! Einzig und allein durch die Tatkraft und den Einsatz unzähliger Freiwilliger war unsere Vision zur politischen Realität geworden. Wir alle waren erschöpft von der Sturmfahrt, doch wir blickten zuversichtlich in die Zukunft, denn nun wussten wir, dass Veränderung möglich war.

Motivation und Energie sind das A und O der freiwilligen Arbeit. Und beides wächst, wenn man Pausen einplant und Erfolge feiert. Gerade im Klimaschutz bedarf es großer Ausdauer, bis etwas passiert – Wissenschafterinnen wie Helga Kromp-Kolb können ein Lied davon singen! Auch das Klimavolksbegehren ist erst nach zwei Jahren im Parlament angekommen. Die Klimabewegung wird es noch lange brauchen, in den kommenden Monaten, im nächsten Jahr und vermutlich bis zur Erfüllung der Klimaneutralität. Gehen Sie deshalb gut mit Ihren eigenen Ressourcen um, besser als ich es getan habe. Die Klimaneutralität kommt nicht morgen, aber jeder Schritt, den wir machen, ist unglaublich wichtig!

Gerade weil ich es so lange Zeit missachtet habe, verstehe ich jetzt, wie wichtig es für die eigene Motivation ist, Zwischenerfolge feiern zu können. Wir sollten nicht bis 2040 oder 2050 warten, bis wir uns gegenseitig für die getane Arbeit auf die Schulter klopfen, sondern es jetzt tun und Kraft daraus ziehen. Ab und zu tut es zusätzlich gut, den Kopf von jeglichem Engagement frei zu machen und sich Zeit für Familie und Freundschaften oder für sich selbst zu nehmen. Durchatmen, ausruhen, unbekümmert lachen. Denn wie sollen wir die Ausbeutung der Welt denn stoppen, wenn wir uns dabei selbst ausbeuten und vor Erschöpfung umkippen?

Vom Reden ins Tun kommen und sich gelegentlich zurücknehmen. Wie geht das zusammen, fragen Sie sich jetzt? Sehr gut sogar. Stellen Sie sich vor, Sie singen gerne und wollen einen Ton ewig halten. Allein können Sie das nicht, doch mit einem Chor voller motivierter Sängerinnen und Sänger ist es möglich. Auch wenn jede zusätzliche Stimme den Chor verstärkt, müssen nicht alle zu jedem Zeitpunkt singen. Die Klimabewegung ist groß, und andere können die Melodie weitertragen, während Sie eine Atempause einlegen. Genauso sind Sie nicht allein dafür verantwortlich, die Welt von heute auf morgen umzugestalten. Aber Sie machen einen großen Unterschied, wenn Sie aktiv werden!

TUN, WAS MAN AM BESTEN KANN – FÜR DIE SACHE

In meiner Jugend haben Umweltorganisationen immer Listen ausgeteilt, von Dingen, die man zur Nachhaltigkeit beitragen kann: das Wasser beim Zähneputzen nicht laufen lassen, stoßlüften und die Heizung im Winter nicht zu stark aufdrehen. Das waren die Top-Starter. Doch ist das alles, was wir tun können? Diese Dinge haben noch keine Regierung geändert und den Kurs der EU korrigiert. Die Menschen, die ich in den vergangenen zwei Jahren treffen durfte, haben unmissverständlich gezeigt, dass mehr möglich ist. Drei eifrige junge Menschen am Heldenplatz haben begonnen, was dann durch tausende verstärkt die Klimapolitik einer Nation umkrempelte. Wir alle können etwas verändern.

In unseren diversen Rollen in der Gesellschaft besitzen wir Hebel, die wir bedienen können. Sie gehen weit über den persönlichen Konsum hinaus. In jeder unserer Rollen besitzen wir eine gewisse Verantwortung und auch eine Möglichkeit, die Zukunft zu formen.

Als Mutter oder Vater können Sie Ihren Kindern mitgeben, bewusst mit der Welt und ihren Ungerechtigkeiten umzugehen. Sie können sie zum Träumen anregen, wie die Zukunft aussehen sollte. Sich eine gute Welt vorstellen zu können ist ein wichtiger erster Schritt. Dann können Sie Ihre Kinder tagtäglich dazu ermutigen, diese Welt mitzugestalten – gemeinsam mit Ihnen.

Als Nachbarin oder Nachbar können Sie sich gegenseitig helfen, wenn große Krisen (wie eine Pandemie) anklopfen, oder mit einem geborgten Hammer durch die kleine Krise eines abstehenden Nagels helfen. Miteinander können Sie die Gasse und die Gemeinde zu einem lebenswerten Ort machen, Bäume pflanzen und Energiegemeinschaften gründen.

Die meisten füllen durch ihren Beruf eine weitere Rolle in der Gesellschaft aus, die sie nutzen können. Als Lehrerin oder Lehrer können Sie wesentlich zum Umweltverständnis Ihrer SchülerInnen beitragen, ganz gleich in welchem Fach. Sind Sie in einem Unternehmen angestellt?

Dann sprechen Sie mit Ihren Vorgesetzten über Maßnahmen des Unternehmens zum Klimaschutz. Ob es beispielsweise einen betrieblichen Plan gibt, wie man die hausinternen Treibhausgas-Emissionen berechnet und bis 2040 auf null reduziert. Sie führen selbst ein Unternehmen? Umso besser! Schauen Sie, dass Sie der Natur mehr zurückgeben, als Sie ihr entnehmen, und werden Sie Entrepreneur For Future. Investieren Sie in Unternehmen? Dann bieten Investitionen in Unternehmen, die schon jetzt Teil der Lösung sind, die besten Zukunftsaussichten.

Wir brauchen Pfarrer, die über Schöpfungsverantwortung predigen. Wir brauchen Baufirmen, die nachhaltig und ressourcenschonend bauen. Wir brauchen Museen, die die Taktik der Bremserinnen und Bremser und den Protest der Klimaheldinnen und Klimahelden dokumentieren. Wir brauchen KünstlerInnen, die in Comics und Songs Visionen der Zukunft zeichnen – abseits der apokalyptischen Horrorszenarien. Wir brauchen JournalistInnen und WissenschafterInnen, die in ihren Artikeln und Büchern die Klimakrise, die Dringlichkeit und die vielfältigen Lösungen thematisieren. Wir brauchen Uni-Kurse, Schul-Workshops, Management-Seminare und Erwachsenenbildung zu den notwendigen Maßnahmen. Wir brauchen Gemeinde-Bedienstete, denen saubere Luft und beruhigte Straßen ein Anliegen sind. Wir brauchen InstallateurInnen, die Millionen von Öl- und Gasheizungen durch Alternativen ersetzen. Wir brauchen PilotInnen, AutomechanikerInnen und PetrochemikerInnen, die sich für eine Wende in ihren Branchen starkmachen und ihre KollegInnen vor Jobverlust bewahren.

Kurz gesagt: Finden Sie das, was Sie gut und gerne machen, und tun Sie es für die Sache! Es motiviert nichts so sehr wie das Wissen, dass der eigene Beitrag von Bedeutung ist, dass man selbst entscheidend ist.

Eine weitere Rolle kommt uns allen zu, nämlich jene, Teil einer Demokratie zu sein. Wir alle sind Bürgerinnen und Bürger. Und als solche haben wir einen mächtigen Hebel namens Mitbestimmung. Darum in aller Klarheit: Wählen Sie *keine Partei, die Klimaschutzversprechen wiederholt gebrochen und Klimaschutz ausgebremst* hat! Wählen Sie Parteien, die einen glaubwürdigen Plan zur Erreichung der Klimaziele vorlegen. Manche werden jetzt fragen: Was ist, wenn das keine tut? Was ist, wenn keine Fraktion auch nur annähernd genug tut? Nun, dann stellen Sie sicher, dass die Parteien mit Nichtstun nicht mehr durchkommen.

Unsere demokratische Mitbestimmung ist keineswegs auf Wahlen beschränkt. Unterschreiben Sie Volksbegehren und Petitionen, die Umweltschutz vorantreiben. Gehen Sie zu Demonstrationen und Kundgebungen! Schreiben Sie E-Mails an die Bürgermeisterin oder den Bürgermeister und fragen Sie, welche Maßnahmen Ihre (Klimabündnis-)Gemeinde oder Ihr Bezirk zur Erreichung der Pariser Klimaziele umsetzt. Schreiben Sie Briefe an die Bundesregierung und die Parlamentarier mit der Aufforderung, ihre Klimaversprechen einzuhalten. Rufen Sie bei lokalen Parteivertreterinnen und -vertretern an und fragen Sie nach deren Plänen zum Klimaschutz. Und sagen Sie all diesen Menschen, dass Sie nur mehr Parteien wählen werden, die sich diesem Thema umfassend annehmen.

Glauben Sie mir, es sind genau diese E-Mails, diese Anrufe, diese Nachfragen, die Eindruck hinterlassen und etwas verändern. Das garantiere ich Ihnen. Und wenn Sie selbst Politikerin oder Politiker sind, dann los, worauf warten Sie? Werden Sie zum Vorbild – innerhalb und außerhalb Ihrer Partei. Wir haben eine ganze Welt zu gewinnen!

MUTIG VORANGEHEN
UND ZUM EIGENEN VORBILD WERDEN

»Hey Mama«, rufe ich, als ich das Haus betrete. Ich ziehe mir die Schuhe aus und stelle den Rucksack ab. Meine Mama biegt um die Ecke. Sie hat Gewicht verloren, aber sie strahlt mich übers ganze Gesicht an. »Wie geht's dir heute?«

»Gut«, sagt sie stolz. »Ich habe mir heute einen Plan für die Woche gemacht.« Das gibt ihr Sicherheit. Lange war sie verloren in der neuen Situation, gestrandet in einem anderen Selbst, einem neuen Alltag, erholt von der Hirnblutung zwar, aber noch nicht wieder genesen. Wer weiß, ob sie das jemals sein wird. Aber sie hat ein neues Kapitel aufgemacht und die ersten mutigen Schritte in die Zukunft gesetzt.

Ich hatte vor drei Jahren plötzlich den Mut, aus meinem gewohnten Weg auszubrechen. Statt in die Wissenschaft bin ich auf die Straße gegangen. Obwohl ich Menschenmassen und Lärm nicht gut aushalte, bin ich zwischen zig und manchmal zigtausenden Menschen gestanden und habe Forderungen skandiert. Ich habe getan, was meiner Meinung nach notwendig war. So wie es meine Mama immer getan hat. Sie war immer die starke Frau, die alles geschupft hat. Eine sensible Zuhörerin, eine starke Schulter zum Anlehnen, eine Macherin. Das habe ich wohl von ihr.

Es sind Menschen wie Sie und ich, die unsere Zukunft gestalten, nicht nur einzelne Ikonen wie Greta Thunberg. Für Gerechtigkeit einzustehen ist nicht immer episch. Der Weg zum Erfolg ist nicht mit großen Umbrüchen gepflastert, sondern meist mit unzähligen kleinen Handgriffen und Anrufen, die jeder für sich zu klein scheinen, um ausschlaggebend zu sein. Aber gerade die Summe der Taten, die Summe der Ruderschläge, lässt uns Fahrt in die richtige Richtung aufnehmen.

Deshalb will ich Ihnen mitgeben: Haben Sie Mut! Den Mut, gemeinsam mit uns voranzugehen. Werden Sie zu Ihrem eigenen Vorbild! Die gesellschaftlichen Veränderungen, die notwendig sind, können stattfinden. Wenn wir alle gemeinsam anpacken. Wir können mitbestimmen, uns Gehör verschaffen, Stellung beziehen und die Zukunft politisch einfordern. Das sind unfassbar mächtige Werkzeuge. Ich setze viel Hoffnung in sie.

Und ich setze viel Hoffnung in *Sie*.

DANKSAGUNG

Dieses Buch über komplexe wissenschaftliche Themen packend und mit einer ordentlichen Portion persönlicher Geschichten zu schreiben war eine ziemliche Kraftanstrengung. Allein hätte ich das nicht geschafft. Glücklicherweise war ich das zu keinem Zeitpunkt.

Der größte Dank gilt deshalb dir, Florian, dass du mit mir die schreiberische Reise in eine verheißungsvolle Zukunft angetreten hast. Ohne deine Tatkraft und Bestärkung wäre ich womöglich schon am ersten Kapitel verzweifelt. Du warst mein Kompass auf dieser Irrfahrt und hast uns immer mit Weitblick die richtige Fahrtrichtung einschlagen lassen.

Am Anfang der Reise stand Bettina, die aus unerfindlichen Gründen davon überzeugt war, dass ich die richtige Person für dieses Buch sei. Danke an dich und das Team im Zsolnay Verlag für eure Begleitung und die Überzeugung, dass in uns schon alles schlummert, was es braucht, um in See zu stechen.

Danke an meine Eltern, die nicht nur mich geprägt haben, sondern auch ihre Geschichte zur Geschichte dieses Buchs werden ließen. Ich bin froh, dass wir so viel voneinander lernen dürfen.

Ohne die Bereitschaft der unermüdlichen Koryphäen aus diversen Fachgebieten hätten wir uns bei Aktivismus, Engagement und auch bei diesem Buch durch Gegenwind vom Kurs abbringen lassen. Eure konstruktive Kritik und wissenschaftliche Rigorosität kartografieren die neue Welt, auf die wir zuhalten wollen. Großer Dank an Helga Kromp-Kolb, Karl Steininger, Gottfried Kirchengast, Helmut Haberl, Barbara Blaha, Michael Soder, Martin Schenk, Eva Schulev-Steindl, Michaela

Krömer, Florian Stangl, Ulla Rasmussen, Tobias Rieder, Benedikt Narodoslawsky und Reinhard Steurer für euer Feedback zu diesen Seiten.

Am innigsten will ich all den mutigen Menschen danken, die Teil der gemeinsamen Mission wurden. Danke, Johannes und Phil, dass ihr – stundenlang samt frierendem Hintern – mit mir am Heldenplatz gestanden seid. Danke an Kathi, die mir seit Sandkistentagen hilft, das Ziel nicht aus den Augen zu verlieren, an Angie, die strategische Visionärin an Bord, und an Adrian, Jasmin Duregger und Adrian Frey, die unseren Blick auf fossile Tanker und irrige Abwege im Gewässer schärften. Vielen Dank auch an Bernhard, dessen inhaltliche Genauigkeit jedes Argumentationsleck stopfen konnte. Und danke an alle, die in der Klimabewegung in den letzten zwei Jahren das Ruder in die Hand genommen haben – ohne euch würde es diese Seiten nicht geben. Wir haben Geschichte geschrieben!

Für mich war es eine turbulente Zeit, erfüllt von großer Verantwortung, Druck, Selbstzweifel aber auch einer großen Portion an Erfolgen und Erfahrungen, durch die ich viel über die Welt, die Politik und mich selbst gelernt habe. Dass ich bei der emotionalen Sturmfahrt nicht über Bord gegangen bin, verdanke ich den liebsten Menschen in meinem Leben. Danke, dass ihr mich immer auffangt!

ANMERKUNGEN

EINLEITUNG

1 Shorrocks, A.; et al.: *Global wealth report 2020*. Zürich: Credit Suisse AG Research Institute, 2020. S. 29.

KAPITEL 1 • DIE PLANETARE GRENZE KLIMAKRISE

1 Intergovernmental Panel on Climate Change (IPCC): *The Physical Science Basis. Contribution of Working Group I to the Fifth Assessment Report of the Intergovernmental Panel on Climate Change.* Cambridge / New York: Cambridge University Press, 2013. S. 714 (Table 8.7.).

2 World Meteorological Organization (WMO): *State of the Global Climate 2020. Provisional Report.* Genf: WMO, 2020. S. 5.

3 Zhang, Y. G.; et al.: *A 40-million-year history of the atmospheric CO_2.* Phil. Trans. R. Soc. A 371, 20130096, 2013.

4 World Meteorological Organization (WMO): *State of the Global Climate 2020. Provisional Report.* Genf: WMO, 2020. S. 3.

5 Austrian Panel on Climate Change (APCC): *Österreichischer Sachstandsbericht Klimawandel 2014.* Wien: APCC, 2014. S. 29.

6 UN Office for Disaster Risk Reduction (UNDRR); Centre for Research on the Epidemiology of Disasters (CRED): *Human cost of disasters. An overview of the last 20 years. 2000–2019.* Brüssel / Genf: CRED / UNDRR, 2020. S. 6.

7 Sherwood, S. C.; Hubert, M.: *An adaptability limit to climate change due to heat stress.* PNAS 107, 21, 2010. S. 9552–9555.

8 Xu, C.; et al.: *Future of the human climate niche.* PNAS 117, 21, 2020. S. 11350–11355.

9 Kulp, S. A.; Strauss, B. H.: *New elevation data triple estimates of global vulnerability to sea-level rise and coastal flooding.* Nature Communications 10, 4844, 2019.

10 Plumer, B.; Popovich, N.: *Why Half a Degree of Global Warming Is a Big Deal.* New York Times, 07.10.2018.

11 Intergovernmental Panel on Climate Change (IPCC): *Summary for Policy Makers.* In: *Global Warming of 1.5 °C. An IPCC Special Report on the impacts of global warming of 1.5 °C above pre-industrial levels and related global greenhouse*

gas emission pathways, in the context of strengthening the global response to the threat of climate change, sustainable development, and efforts to eradicate poverty.* Genf: World Meteorological Organization, 2018.
12 Mercator Research Institute on Global Commons and Climate Change (MCC) [Website]: *MCC Carbon Clock.* Berlin: www.mcc-berlin.net, 2018 (Zugriff: 26.03.2021).
13 Ebd.
14 Intergovernmental Panel on Climate Change (IPCC): *Climate Change 2007: The Physical Science Basis. Contribution of Working Group I to the Fourth Assessment Report of the Intergovernmental Panel on Climate Change.* Cambridge/New York: Cambridge University Press, 2007. S. 633 f.
15 Copernicus Atmosphere Monitoring Services (CAMS): *Wildfires continue to rage in Australia.* atmosphere.copernicus.eu, 06.01.2020 (Zugriff: 26.03.2021).
16 Jurikova, H.; et al.: *Permian-Triassic mass extinction pulses driven by major marine carbon cycle perturbations.* Nature Geoscience 13, 2020. S. 745–750.
17 Lui, P. R.; Raftery, A. E.: *Country-based rate of emissions reductions should increase by 80 % beyond nationally determined contributions to meet the 2 °C target.* Communications Earth & Environment 2, 20, 2021.
18 Steffen, W.; et al.: *Trajectories of the Earth System in the Anthropocene.* PNAS 115, 33, 2018. S. 8252–8259.
19 Mersmann, K.; Stein, T.: *Warm Air Helped Make 2017 Ozone Hole Smallest Since 1988.* Aktualisierte Version v. Blumberg, S. www.nasa.gov, 02.11.2017 (Zugriff: 26.03.2021).

KAPITEL 2 • GROSSE ZIELE UND WERTE

1 Haberl, H.: *The global socioeconomic energetic metabolism as a sustainability problem.* Energy 31, 1, 2006. S. 87–99.
2 Steffen, W.; et al.: *The Trajectory of the Anthropocene: The Great Acceleration.* The Anthropocene Review 2, 1, 2015.
3 Ebd.
4 Rockström, J.; et al.: *A safe operating space for humanity.* Nature 461, 2009. S. 472–475.
5 Meadows, D.; et al.: *Limits to Growth. The 30-Year Update.* White River Junction: Chelsea Green Publishing, 2004.
6 Hickel, J.; Kallis, G.: *Is Green Growth Possible?* New Political Economy 25, 4, 2019. S. 469–486.
7 Vadén, T.; et al.: *Decoupling for ecological sustainability: A categorisation and review of research literature.* Environmental Science & Policy 112, 2020. S. 236–244.
8 Haberl, H.; et al.: *A systematic review of the evidence on decoupling of GDP, resource use and GHG emissions, part II: synthesizing the insights.* Environmental Research Letters 15, 065003, 2020.
9 Oxfam: *Confronting Carbon Inequality. Putting climate justice at the heart of the COVID-19 recovery.* Oxfam Media Briefing. oxfamilibrary.openrepository.com, 21.09.2020 (Zugriff: 27.03.2021).
10 Hickel, J.: *Quantifying national responsibility for climate breakdown: an equality-based attribution approach for carbon dioxide emissions in excess of the plane-

11 tary boundary. Lancet Planetary Health 4, 9, 2020. S. E399-E404.
11 United Nations (UN): *The Sustainable Development Goals Report 2020.* New York: United Nations, 2020. S. 36, S. 38.
12 Centre for Research on Energy and Clean Air (CREA): *11,000 air pollution-related deaths avoided in Europe as coal, oil consumption plummet.* www.energyandcleanair.org, 30.04.2020 (Zugriff: 27.03.2021).
13 Raworth, K. Die Donut-Ökonomie. Endlich ein Wirtschaftsmodell, das den Planeten nicht zerstört. Übers. V. Freundl, H.; Schmid, S. München: Carl Hanser Verlag, 2018. S. 61 (die Grafik wurde den Begrifflichkeiten in diesem Buch angepasst)
14 Keisler-Starkey, K.; Bunch, L. N.: *Health Insurance Coverage in the United States: 2019.* United States Consensus Bureau, Current Population Reports P60-271. Washington, D.C.: U. S. Government Publishing Office, 2020. S. 5 (Table 1).
15 Wilper, A. P.; et al.: *Health Insurance and Mortality in US Adults.* American Journal of Public Health 99, 2009. S. 2289-2295.
16 Roser, M.: *The short history of global living conditions and why it matters that we know it.* www.ourworldindata.org, 2020 (Zugriff: 27.03.2021).
17 Ebd.
18 Climate Action Tracker: Warming Projections Global Update December 2020. www.climateactiontracker.org. Berlin: Climate Analytics / NewClimate Institute, 2020.
19 Roser, M.; Ortiz-Ospina, E.: *Income Inequality.* Aktualisierte Version. www.ourworldindata.org, 2013 (Zugriff: 27.03.2021).
20 World Inequality Lab: *World Inequality Report 2018.* World Inequality Lab, 2017. S. 13 (Figure E5).
21 United Nations (UN) Department of Economic and Social Affairs: *World Social Report 2020. Inequality in a rapidly changing world.* New York: United Nations, 2020. S. 26.
22 World Inequality Lab: *World Inequality Report 2018.* World Inequality Lab, 2017. S. 52 f.
23 Shorrocks, A.; et al.: *Global wealth report 2020.* Zürich: Credit Suisse AG Research Institute, 2020. S. 29.
24 Ferschli, B.; et al.: *Bestände und Konzentration privater Vermögen in Österreich. Simulation, Korrektur und Besteuerung.* ICAE Working Papers Series, No. 72. Linz: Johannes Kepler Universität, Institute for Comprehensive Analysis of the Economy, 2017. S. 26.
25 Statistik Austria: *Nettojahreseinkommen der ganzjährig Vollzeitbeschäftigten 2019.* Erstellt am 18.12.2020.
26 United Nations (UN) Department of Economic and Social Affairs: *World Social Report 2020. Inequality in a rapidly changing world.* New York: United Nations, 2020. S. 32.
27 Arbeiterkammer (AK) Wien: *Vorstandsvergütung in den ATX Unternehmen. Vergütungspolitik und Gehälter-Ranking, 2018.* Wien: Kammer für Arbeiter und Angestellte für Wien, 2018. S. 9.
28 Ebd.
29 Forbes: *Real Time Billionaires.* www.forbes.com (Zugriff: 29.08.2020).
30 Hubmann, G. (Hg.): *Erben & Schenken.* Linz: www.verteilung.at (Zugriff: 30.03.2021).
31 Shaxson, N.: *Tackling Tax Havens.* Finance & Development 56, 3, 2019. S. 6-10.

32 Tax Justice Network: *The Price of Offshore.* Briefing Paper. Buckinghamshire: Tax Justice Network, 2005.
33 Wilkinson, R.; Pickett, K.: *The Spirit Level: Why Equality is Better for Everyone.* London: Penguin, 2010.
34 Pizzigati, S.: *Minimum wage? It's time to talk about a maximum wage.* The Guardian, 30.06.2018.
35 Piketty, T.: *Kapital und Ideologie.* Übers. v. Hansen, A.; et al. München: C. H. Beck, 2020. S. 53.
36 Hubmann, G. (Hg.): *Steuern & Abgaben.* Linz: www.verteilung.at (Zugriff: 30.03.2021).
37 Zvinys, A. K.: *Estate, Inheritance, and Gift Taxes in Europe.* www.taxfoundation.org, 30.07.2020 (Zugriff: 30.03.2021).
38 Heck, I.; et al.: *Vermögenskonzentration in Österreich – ein Update auf Basis des HFCS 2017.* Working-Paper-Reihe der AK Wien. Materialien zu Wirtschaft und Gesellschaft Nr. 206. Wien: Arbeiterkammer Wien, 2020.
39 Ebd.
40 Humer, S.: *Aufkommen von Erbschaftssteuern – Modellrechnung exemplarischer Tarife.* Berichte und Dokumente. Wirtschaft und Gesellschaft, Jg. 40, Heft 1, 2014. S. 151–159.
41 O'Neill, D. W.; et al.: *A good life for all within planetary boundaries.* Nature Sustainability 1, 2018. S. 88–95.
42 Hickel, J.: *Is it possible to achieve a good life for all within planetary boundaries?* Third World Quarterly 40, 1, 2019. S. 18–35.
43 Hickel, J. via Twitter, 01.05.2020, 19:23.
44 Raworth, K.: *Doughnut Economics. Seven Ways to Think Like a 21st-Century Economist.* London: Random House Business, 2017. S. 268.

KAPITEL 3 • EIN GREEN NEW DEAL

1 Woodside, H.: *Climate change is a feminist issue – meet 16 women working to save the planet.* www.stylist.co.uk, 2020 (Zugriff: 31.03.2021).
2 Intergovernmental Panel on Climate Change (IPCC): *Summary for Policy Makers.* In: *Global Warming of 1.5 °C. An IPCC Special Report on the impacts of global warming of 1.5 °C above pre-industrial levels and related global greenhouse gas emission pathways, in the context of strengthening the global response to the threat of climate change, sustainable development, and efforts to eradicate poverty.* Genf: World Meteorological Organization, 2018.
3 Marketagent: *Krisen-Barometer.* Pressemitteilung. Wien: APA, 07.05.2020.
4 Akonsult: *Meinungen und Einstellungen zur Klimakrise.* Umfrage im Auftrag von Greenpeace Österreich. Wien: AKONSULT communication & consulting KG, 2020.
5 Integral: *Mutter Erde Studie »Klimawandel«.* Im Auftrag von Mutter Erde/ORF. Wien: Integral Marktforschung, 2020.
6 Marketagent: Klimavolksbegehren. Klimaschutzmaßnahmen und Klimapolitik. Im Auftrag vom Verein Klimavolksbegehren. Baden: Marketagent, 2020.
7 Joeres, A.: *Tempolimit, Flughafenverbot und Klimasteuer.* www.zeit.de, 22.06.2020 (Zugriff: 20.08.2020).
8 Coleman, M.; et al.: *Ireland's world-leading citizens' climate assembly. What worked? What didn't?* www.climate-

changenews.com, 27.06.2019 (Zugriff: 31.03.2021).
9 Phalnikar, S.: *Klimaschutz in Frankreich: Bürgerbeteiligung gescheitert?* www.wd.com, 16.02.2021 (Zugriff: 31.03.2021).
10 Kröger, M.; et al.: *Green New Deal nach Corona: Was wir aus der Finanzkrise lernen können.* DIW aktuell Nr. 39. Berlin: DIW, 2020. S. 4.
11 Hepburn, C.; et al.: *Will COVID-19 fiscal recovery packages accelerate or retard progress on climate change?* Oxford Review of Economic Policy 36, Issue Supplement_1, 2020. S. 359–381.
12 Harvey, F.: *Green stimulus can repair global economy and climate, study says.* The Guardian, 05.05.2020.
13 Howard, P.; Sylvan, D.: *Gauging Economic Consensus on Climate Change.* New York: Institute for Policy Integrity, New York University School of Law, 2021. S. 12.
14 Vivid Economics; Finance for Biodiversity Initiative: *Greenness of Stimulus Index. An assessment of COVID-19 stimulus by G20 countries and other major economies in relation to climate action and biodiversity goals.* London: Vivid Economics, 2021. S. 3.
15 Harvey, F.: *Revealed: Covid recovery plans threaten global climate hopes.* The Guardian, 09.11.2020.
16 Laufer, N.: *Klimaneutralität bis 2040 kostet jährlich vier Milliarden Euro.* Der Standard, 28.01.2020.
17 Österreichisches Institut für Wirtschaftsforschung (WIFO): *Subventionen und Steuern mit Umweltrelevanz in den Bereichen Energie und Verkehr.* Wien: WIFO, 2016. S. 3.
18 Transport & Environment: *Leaked study shows aviation in Europe undertaxed.* Briefing. Brüssel: Transport & Environment, 2019. S. 3.
19 Hehenberger, A.: *Pendlerpauschale & Co: Verkehrs-Ökosteuern im Check.* Wien: Momentum Institut, 29.09.2020.
20 Artelys: *An updated analysis on gas supply security in the EU energy transition. Final report.* Im Auftrag der Europäischen Klimastiftung. Paris: Artelys, 2020. S. 3.
21 Abnett, K.; Jessop, S.: *EU to offer gas plants a green finance label under certain conditions: draft.* Aktualisierte Version. www.reuters.com, 22.03.2021 (Zugriff: 31.03.2021).
22 Kischko, I.: *OMV fühlt sich als Klimaschützer.* Der Kurier, 06.02.2020.
23 Energy Watch Group: *Erdgas leistet keinen Beitrag zum Klimaschutz. Der Umstieg von Kohle und Erdöl auf Erdgas beschleunigt den Klimawandel durch alarmierende Methanemissionen.* Berlin: Energy Watch Group, 2019. S.
24 Holz, F.; Kemfert, C.: *Neue Gaspipelines und Flüssiggas-Terminals sind in Europa überflüssig.* DIW aktuell Nr. 50. Berlin: DIW, 2020.
25 Vogler, C.: *Fossile Brennstoffe nicht vom Tisch.* Wien: ORF.at, 11.02.2020 (Zugriff: 20.04.2020).
26 Tong, D.; et al.: *Committed emissions from existing energy infrastructure jeopardize 1.5 °C climate target.* Nature 572, 2019. S. 373–377.
27 UNIQA: *Statement of Decarbonisation.* Wien: UNIQA Österreich Versicherungen AG, 2018.
UniCredit Group: *Coal sector. UniCredit Global Policy – Summary.* Mailand: UniCredit Group, 2020.
28 Katholische Presseagentur Österreich (kathpress): *Kirche zieht Geld aus umweltschädlichen Firmen ab.* Wien: www.katholisch.at, 22.03.2019 (Zugriff: 20.05.2020).

29 AP News Wire: *From LA to Oslo, 12 cities pledge to divest from fossil fuel.* www.independent.co.uk, 22.09.2020 (Zugriff: 02.04.2021).
Carrington, D.: *Ireland becomes world's first country to divest from fossil fuels.* The Guardian, 12.07.2018.
Partridge, J.: *World's biggest fund manager vows to divest from thermal coal.* The Guardian, 14.01.2020.
McKibben, B.: *At last, divestment is hitting the fossil fuel industry where it hurts.* The Guardian, 16.12.2018.
Ambrose, J.: *World's biggest sovereign wealth fund to ditch fossil fuels.* The Guardian, 12.06.2019.

30 Go Fossil Free: *1200+ Divestment Commitments. Overview.* www.gofossilfree.org (Zugriff: 02.04.2021).

31 Randall, R.; Warren, H.: *Peak Oil is Suddenly Upon Us.* Bloomberg, 01.12.2020.

32 Ambrose, J.: *Seven top oil firms downgrade assets by $87bn in nine months.* The Guardian, 14.08.2020.

33 Beer, K.: *Über 135 Finanzunternehmen fordern Einhaltung der Pariser Klimaziele.* www.heise.de, 13.10.2020 (Zugriff: 02.04.2021).

34 Jergitsch, F.; Hammerschmid, I.: *Im Finanzsektor wird es ernst im Umgang mit Klimarisiken.* Der Standard, 21.12.2020.

35 Wälterlin, U.: *Klimapolitik gefährde Pensionssparen: Australierin klagt Regierung.* Der Standard, 22.02.2021.

36 Schweizer Bundesamt für Umwelt (BAFU): *Schweizer Finanzmarkt auf dem Klimaprüfstand.* Pressemitteilung. Bern: BAFU, 09.11.2020.

37 Reclaim Finance; Urgewald: *ONE YEAR ON: BlackRock still addicted to fossil fuels.* Paris/Sassenberg: Reclaim Finance/Urgewald, 2021.

38 Europe Beyond Coal: *Fool's Gold. The financial institutions risking our renewable energy future with coal.* Briefing. Berlin: Europe Beyond Coal, 2020.

39 Erste Group: *Erste Group beendet Finanzierungen im Bereich Kraftwerkskohle bis 2030.* Pressemitteilung. Wien: Erste Group, 10.03.2021.

40 Mazzucato, M.: *The Covid-19 crisis is a chance to do capitalism differently.* Übers. v. d. AutorInnen. The Guardian, 18.03.2020.

41 Gatzke, M.; Uken, M.: *»Der Neoliberalismus hat ausgedient«.* Interview mit Klaus Schwab. www.zeit.de, 21.09.2020.

42 Kapeller, J.; et al.: *From free to civilized trade: a European perspective.* Review of Social Economy 74, 3, 2016. S. 320–328.

43 Geyer, R.; et al.: *Production, use, and fate of all plastics ever made.* Science Advances 3, 7, e1700782, 2017.

44 Bundesministerium für Klimaschutz, Umwelt, Energie, Mobilität, Innovation und Technologie (BMK); Bundesministerium für Landwirtschaft, Regionen und Tourismus (BMLRT): *Ressourcennutzung in Österreich 2020.* Band 3. Wien: BMK/BMLRT, 2020. S. 9.

45 VCÖ: *Mobilität als Dienstleistung erspart teuren Autobesitz.* Verkehr aktuell, Factsheet 2020–04. Wien: VCÖ, 2020. S. 1.

46 OMV: *Nachhaltigkeitsbericht 2019. Nichtfinanzieller Bericht.* Wien: OMV, S. 135.

47 CDP: *CDP Carbon Majors Dataset 2017.* London: CDP, 2017.

48 OMV: *Nachhaltigkeitsbericht 2019. Nicht-finanzieller Bericht.* Wien: OMV, 2019. S. 5. OMV: *Geschäftsbericht 2019.* Wien: OMV, 2019., S. 44; S. 79.

49 Arbeitsmarktservice (AMS): *Arbeitslosigkeit im April weiter stark gestiegen.* Pressemitteilung. Wien: www.ams.at, 04.05.2020. (Zugriff: 02.04.2021).

50 Statista: *Anzahl der Beschäftigten* im Bereich erneuerbare Energien in Österreich nach Technologie im Jahr 2017.* Hamburg: https://de.statista.com, 23.09.2020 (Zugriff: 02.04.2021).
51 Goers, S.; et al.: *Wirtschaftswachstum und Beschäftigung durch Investitionen in Erneuerbare Energien. Volkswirtschaftliche Effekte durch Investitionen in ausgewählte Produktions- und Speichertechnologien.* Linz: Energie Institut an der JKU Linz, 2020. S. 2.
52 Jacobsen, M.; et al.: *100 % Clean and Renewable Wind, Water, and Sunlight All-Sector Energy Roadmaps for 139 Countries of the World.* Joule 1, 1, 2017. S. 108–121.
53 Forum Ökologisch-Soziale Marktwirtschaft (FÖS): *Wie notwendige Wirtschaftshilfen die Corona-Krise abfedern und die ökologische Transformation beschleunigen können – Update für Österreich.* Policy Brief 03 / 2020, im Auftrag von Greenpeace Österreich. Berlin: FÖS, 2020.
54 Umwelt+Bauen: *Marshall-Plan aus der Gesundheitskrise.* Wien: Umwelt+Bauen, 2020. S. 9.
55 VCÖ: *VCÖ-Studie: Verkehrsverlagerung ist Konjunkturspritze und Jobmotor.* Pressemitteilung. Wien: VCÖ, 06.22.2013.
56 Platform; et al.: *Offshore. Oil and gas workers' views on industry conditions and the energy transition.* London: Platform / Friends of the Earth Scotland / Greenpeace, 2020. S. 6.
57 WWF: *Energie- und Klimazukunft Österreich. Szenario für 2030 und 2050.* Im Auftrag von Global 2000, Greenpeace und WWF. Wien: WWF, 2017.
58 Bundesministerium für Klimaschutz, Umwelt, Energie, Mobilität, Innovation und Technologie (BMK): *Energie in Österreich. Zahlen, Daten, Fakten.* Wien: BMK, 2020.
59 Ebd.
60 Ebd.
61 Climate Change Centre Austria (CCCA); et al.: *Referenzplan als Grundlage für einen wissenschaftlich fundierten und mit den Pariser Klimazielen in Einklang stehenden Nationalen Energie- und Klimaplan für Österreich (Ref-NEKP). Gesamtband.* Wien: ÖAW, 2019. S. 53 f.
62 Strobl, G.: *Was für und was gegen ein Verbot von Öl- und Gasheizungen spricht.* Der Standard, 19.08.2020.
63 Umweltbundesamt: *Sanierungsrate in Österreich: Vorschlag für neue Berechnung.* Pressemitteilung. Wien: Umweltbundesamt, 28.04.2020.
64 Statistik Austria; E-Control: *Energiearmut in Österreich. Haushaltsenergie und Einkommen. Mikrozensus Energie und EU-SILC – Statistical Matching.* Wien: Statistik Austria, 2019. S. 20.
65 WWF; Global 2000: *Klima- und Energiestrategie: GLOBAL 2000 und WWF fordern von Regierung deutliche Weichenstellung statt reiner Symbolpolitik.* Wien: APA, 27.02.2018.
66 Kärnten Solar: *Villacher Brauerei.* Projektprofil. Klagenfurt: www.kaerntensolar.at (Zugriff: 02.04.2021).
67 VCÖ: *Warum können wir statt dem E-Auto mit Akku nicht auf den Durchbruch von Brennstoffzelle oder Treibstoffen aus Wasserstoff warten?* Wien: www.vcoe.at (Zugriff: 02.04.2021).
68 Umweltbundesamt: *Klimaschutzbericht 2020.* Report REP-0738. Wien: Umweltbundesamt, 2020. S. 59.
69 VCÖ: *Güterverkehr auf Klimakurs bringen.* VCÖ-Schriftenreihe »Mobilität mit Zukunft«. Wien: VCÖ, 2020.
70 Umweltbundesamt: *Klimaschutzbericht*

2020. Report REP-0738. Wien: Umweltbundesamt, 2020. S. 8.
71 Agence France-Presse (AFP): *Paris to keep new cycling paths beyond pandemic.* France24, 16.09.2020.
72 VCÖ: *Öffentlicher Verkehr der Zukunft.* VCÖ-Magazin 2018–01. Wien: VCÖ, 2018. S. 1.
73 Stadt Wien, Straßenverwaltung und Straßenbau: *Zahlen und Fakten zum Wiener Straßennetz.* Wien: www.wien.gv.at (Zugriff: 14.11.2020).
74 Wächter, O.: *Platzkampf: Warum Gehsteige in Wien oft zu schmal sind.* Kurier, 06.12.2020.
75 VCÖ: *Verkehr ist mit Abstand Österreichs größtes Klimaschutz-Problem.* Wien: www.vcoe.at, 22.07.2020.
76 VCÖ: *Österreichs Bevölkerung ist sehr vielfältig mobil.* VCÖ-Factsheet 2020–04. Wien: VCÖ, 2020. S. 2.
77 ORF Schauplatz: *Zurück aufs Land.* Reportage von Doris Plank, 24.09.2020.
78 VCÖ: *Jede 5. Autofahrt in Österreich ist kürzer als zweieinhalb Kilometer.* Wien: www.vcoe.at, 28.07.2017.
79 VCÖ: *VCÖ-Pendlercheck hat 127 Verbindungen untersucht: Öffentlicher Verkehr deutlich günstiger als Pkw.* Wien: www.vcoe.at, 08.12.2017.
80 MO.Point – Mobilitätsservices GmbH: *Was kostet Mobilität?* www.mopoint.at/blog/was-kostet-mobilitaet (Zugriff: 21.09.2020).
81 LeasePlan Österreich Fuhrparkmanagement GmbH: *LeasePlan Car Cost Index 2020: Elektroautos werden immer leistbarer.* Wien: APA, 16.10.2020.
82 VCÖ: *Mobilitätsarmut nachhaltig verringern.* VCÖ-Factsheet 2018–02. Wien: VCÖ, 2018. S. 2.
83 Greenpeace Österreich: *Greenpeace-Report deckt auf: Reichste zehn Prozent verursachen doppelt soviel Treibhausgase wie DurchschnittsbürgerInnen.* Wien: APA, 15.09.2020.
84 Ivanova, D.; Wood, R.: *The unequal distribution of household carbon footprints in Europe and its link to sustainability.* Global Sustainability 3, E18, 2020. S. 1–12.
85 Österreichische Hagelversicherung: *Bodenbilanz: Österreich wird zunehmend verbaut.* Wien: APA, 02.04.2020.
86 Eurostat: *Greenhouse gas emission statistics – emission inventories.* Brüssel: Statistics Explained, 2020.
87 EU-Umweltbüro: *EU-Kommission: Österreichs Klimapläne höchst unzureichend.* Wien: EU-Umweltbüro, 21.06.2019.
88 Europäische Kommission: *Arbeitsunterlage der Kommissionsdienststellen. Bewertung des endgültigen nationalen Energie- und Klimaplans Österreichs.* Korr. Version: SWD(2020) 919 final/2. Brüssel: 2021.
89 Kirchengast, G.; et al.: *Referenzplan als Grundlage für einen wissenschaftlich fundierten und mit den Pariser Klimazielen in Einklang stehenden Nationalen Energie- und Klimaplan für Österreich (Ref-NEKP). Gesamtband.* Hg. v. Österreichischen Klimaforschungsnetzwerk Climate Change Center Austria Wien-Graz. Wien: Verlag der ÖAW, 2019.
90 International Panel on Climate Change (IPCC): *Mitigation Pathways Compatible with 1.5 °C in the Context of Sustainable Development.* In: *Global Warming of 1.5 °C. An IPCC Special Report on the impacts of global warming of 1.5 °C above pre-industrial levels and related global greenhouse gas emission pathways, in the context of strengthening the global response to the threat of climate change, sustainable development, and efforts to eradicate poverty.* Genf: World Meteorological Organization, 2018. S. 108.

91 Kirchengast, G.; Steininger, K.: *Treibhausgasbudget für Österreich auf dem Weg zur Klimaneutralität. Wegener Center Statement 9.10.2020 – ein Update zum Ref-NEKP der Wissenschaft.* Graz: Wegener Center für Klima und Globalen Wandel / Universität Graz, 2020.
92 Timperley, J.: *The law that could make climate change illegal.* BBC, 08.07.2020.
93 Orange, R.: *Denmark's climate policies ›insufficient‹ to meet 2030 emissions target.* The Guardian, 28.02.2021.
94 Schulev-Steindl, E.; et al.: *Gutachten: Evaluierung des Klimaschutzgesetzes.* Graz: ClimLaw:Graz, Forschungszentrum für Klimaschutz, 2020.
95 World Bank Group: *State and Trends of Carbon Pricing 2019.* Washington, D.C.: World Bank Group, 2019. S. 13.
96 Umweltbundesamt (Deutschland): *Methodenkonvention 3.0 zur Ermittlung von Umweltkosten. Kostensätze. Stand 02/2019.* Dessau-Roßlau: Umweltbundesamt, 2019. S. 9.
97 Diesel: 2,67 kg CO_2-Emissionen / Liter. Nach: Valsecchi, C.; et al.: *Annex 5. Subsidy level indicators for the case studies.* S. 2. In: Valsecchi, C.; et al.: *Environmentally Harmful Subsidies (EHS): Identification and Assessment.* Final report for the European Commission's DG Environment. Brüssel: IEEP, 2019.
Benzin (Normal / Super / Super Plus): ca. 2,3 kg CO_2-Emissionen / Liter. Basierend auf 0,737 kg Treibstoff / Liter (ebd.); und 3,14 bis 3,18 kg CO_2-Emissionen / 1 kg Treibstoff. Umweltbundesamt: *CO_2 Emission Factors for Fossil Fuels.* Climate Change 28 / 2016. Dessau-Roßlau: Umweltbundesamt, 2016. S. 32.
98 APA: *JETZT legt Modell für ökosoziale Steuerreform vor.* Salzburger Nachrichten, 30.08.2019.
99 Kirchner, M.; et al.: *CO2 taxes, equity and the double dividend – Macroeconomic model simulations for Austria.* Energy Policy 126, 2019. S. 295–314.
100 Ennöckl, D. im Expertenhearing zum Klimavolksbegehren, Umweltausschuss, 9. Sitzung, 16.12.2020.
101 Hoge Raad, 20.12.2019, 19 / 00135, ECLI:NL:HR:2019:2007.
102 Urgenda: *A Moment of Hope: Urgenda wins historic climate case in Supreme Court of the Netherlands.* Amsterdam, 20.12.2019.
103 Bundesverfassungsgericht Deutschland: *Verfassungsbeschwerde gegen das Klimaschutzgesetz teilweise erfolgreich.* Pressemitteilung Nr. 31 / 2021, 29.04.2021.
104 SORA, ISA: *Wahlanalyse Nationalratswahl 2019.* Wien, 2019.
105 Österreichisches Klimaforschungsnetzwerk Climate Change Center Austria (CCCA): *Ref-NEKP Bewertung Parteipositionen. Ergebnisse der ExpertInnenbewertung.* Wien / Graz / Innsbruck: CCCA, 2019.

KAPITEL 4 • BILLIGE AUSREDEN – WARUM NICHTS GESCHIEHT

1 Lamb, W. F.; et al.: *Discourses of climate delay.* Global Sustainability 3, E17, 2020.
2 Kujau, A.: *Plastic Ocean – Plastikinseln im Meer.* Aktualisierte Version. Hamburg: www.reset.org, 2013 / 2019 (Zugriff: 17.03.2021).

3 Global Footprint Network: *National Footprint Accounts 2021 edition (Data Year 2017)*. (Zugriff: 02.01.2021).
4 Panny, S.: *Wie viel Treibhausgas produziert dein Essen eigentlich?* Hg. v. Momentum Institut. Wien: www.moment.at, 10.02.2020.
5 Bundesministerium für Klimaschutz, Umwelt, Energie, Mobilität, Innovation und Technologie (BMK): *Österreichischer Fußabdruck-Rechner*. www.meinfussabdruck.at (Zugriff: 03.01.2021).
6 Zechmeister, A.; et al.: *Nahzeitprognose der österreichischen Treibhausgas-Emissionen für 2019. Nowcast 2020. Projektbericht*. Report REP-0740. Wien: Umweltbundesamt, 2020. S. 10.
7 Learmonth, I.: *How the ›carbon footprint‹ originated as a PR campaign for big oil*. https://thred.com, 23.09.2020 (Zugriff: 21.03.2021).
8 Griffin, P.: *CDP Carbon Majors Report 2017*. London: CDP Worldwide, 2017. S. 8.
9 Siemens Historical Institute: *Zitate Werner von Siemens, 1854–1892 (Auswahl)*. Berlin: Siemens, 2016. S. 1.
10 Franco, E. G.; et al.: *The Global Risks Report 2020*. Insight Report, 15. Auflage. Köln / Genua: World Economic Forum, 2020. S. 2.
11 voestalpine AG: *H2FUTURE: Weltweit größte »grüne« Wasserstoffpilotanlage erfolgreich in Betrieb gegangen*. Pressemitteilung. Linz: voestalpine AG, 11.11.2019.
12 voestalpine AG: *Unser Weg in die CO2-arme Zukunft*. Projektpräsentation. Linz: voestalpine AG, 2019. Voestalpine AG: *Konzernlagebericht 2019/20*. Linz: voestalpine AG, 2020.
13 Siemens Historical Institute: *Zitate Werner von Siemens, 1854–1892 (Auswahl)*. Berlin: Siemens, 2016. S. 1.
14 Ambrose, J.: *Seven top oil firms downgrade assets by $87bn in nine months*. The Guardian, 14.08.2020.
15 Kusmer, A.: *How one Danish energy company went from black to green in 10 years*. The World, 01.10.2020.
16 Inagaki, K.; et al.: *Sony warns it could move factories over Japanese energy policy*. Financial Times, 27.11.2020.
17 BP: *From International Oil Company to Integrated Energy Company: bp sets strategy for decade of delivery towards net zero ambition*. Pressemitteilung. London: BP, 04.08.2020.
18 Groom, N.: *Special Report: Millions of abandoned oil wells are leaking methane, a climate menace*. Reuters, 16.06.2020.
19 Waterson, J.: *Guardian to ban advertising from fossil fuel firms*. The Guardian, 29.01.2020.
20 Siemens Historical Institute: *Zitate Werner von Siemens, 1854–1892 (Auswahl)*. Berlin: Siemens, 2016. S. 2.
21 Joe Kaeser via Twitter, 12.01.2020 (09:11).
22 Bachmann, A.: *Hat Schweden den Heiligen Gral zur Klimarettung gefunden?* Hg. v. Momentum Institut. Wien: www.moment.at, 27.09.2019.
23 Europäisches Parlament: *EU climate law: MEPs want to increase 2030 emissions reduction target to 60 %*. Pressemitteilung. Brüssel, 08.10.2020.
24 Greenpeace: *Greenpeace zu EU-Klimaziel: 55 Prozent Nettoziel ist unzureichender Kompromiss*. Wien: APA, 11.12.2020.
25 Schaible, J.: *»Die Situation ist dramatisch«: Die Artenvielfalt auf Äckern und Wiesen nimmt stark ab. Wissenschaftler mehrerer Akademien drängen die Politik zum Handeln – und schlagen konkrete Schritte vor*. Der Spiegel, 12.10.2020.
26 Bloss, M.: *Geschichtsschreibung in der Klimapolitik: Alle Infos zum EU Klima-*

gesetz. Brüssel: www.michaelbloss.eu, 2020.

27 Burck, J.; et al.: *Climate Change Performance Index 2021.* Bonn / Köln / Beirut: Germanwatch / NewClimate Institute / Climate Action Network International, 2020. S. 7.

28 Kirchengast, G.; Schleicher, S.: *Wo steht Österreich derzeit im Kontext der EU Länder?* Briefing-Unterlagen. Graz: Wegener Center / Universität Graz / CCCA, 2019. S. 1.

29 Friedlingstein, P.; et al. : *Supplemental data of Global Carbon Budget 2019 (Version 1.0).* Datensatz. Earth System Science Data 11, 4, 2019. S. 1783–1838.

30 Crippa, M.; et al.: *Fossil CO_2 and GHG emissions of all world countries. 2019 Report.* JRC Science for Policy Report EUR 29849 EN. Luxemburg: Publications Office of the European Union, 2019. S. 33.

31 Friedlingstein, P.; et al.: *Supplemental data of Global Carbon Budget 2019 (Version 1.0).* Datensatz. Earth System Science Data 11, 4, 2019. S. 1783–1838.

32 Umweltbundesamt: *Klimaschutzbericht 2020.* Report REP-0738. Wien: Umweltbundesamt, 2020. S. 55.

33 Friedlingstein, P.; et al.: *Supplemental data of Global Carbon Budget 2019 (Version 1.0).* Datensatz. Earth System Science Data 11, 4, 2019. S. 1783–1838.

34 Zentralanstalt für Meteorologie und Geodynamik (ZAMG): *2020 war sehr warm, nass und sonnig.* Wien: www.zamg.ac.at, 2020 (Zugriff: 09.04.2021).

35 Wadsak, M.: *Klimawandel. Fakten gegen Fake & Fiction.* Unter Mitarbeit von Georg Renöckl. Wien: Braumüller, 2020. S. 59.

36 Steyrer, G.; et al.: *Waldschutzsituation 2019 in Österreich: Schäden durch Borkenkäfer weiter extrem hoch.* Forstschutz Aktuell 64, 2020. S. 33–44.

37 Austrian Panel on Climate Change (APCC): Österreichischer *Sachstandsbericht Klimawandel 2014.* Wien: APCC, 2014. S. 29.

38 Wadsak, M.: *Klimawandel. Fakten gegen Fake & Fiction.* Unter Mitarbeit von Georg Renöckl. Wien: Braumüller, 2020. S. 19.

39 NASA: *2020 Tied for Warmest Year on Record, NASA Analysis Shows.* Washington, D. C.: www.giss.nasa.gov, 14.01.2021.

40 Narodoslawsky, B.: *Inside Fridays For Future. Die faszinierende Geschichte der Klimabewegung in Österreich.* Wien: Falter Verlag, 2020. S. 50.

41 Wissenschaftlicher Beirat der Bundesregierung Globale Umweltveränderungen: *Welt im Wandel. Sicherheitsrisiko Klimawandel.* Heidelberg: Springer, 2008.

42 Wadsak, M.: *Klimawandel. Fakten gegen Fake & Fiction.* Unter Mitarbeit von Georg Renöckl. Wien: Braumüller, 2020. S. 70 f.

43 Milman, O.: ›Invisible killer‹: *fossil fuels caused 8.7 m deaths globally in 2018, research finds.* The Guardian, 09.02.2021.

44 Wadsak, M.: *Klimawandel. Fakten gegen Fake & Fiction.* Unter Mitarbeit von Georg Renöckl. Wien: Braumüller, 2020. S. 67 ff.

45 Ebd., S. 74.

46 Republik Österreich, Bundesministerium für Landesverteidigung (Hg.): *Unser Heer 2030. Die Antwort auf künftige Bedrohungen.* Wien, 2019. S. 7 ff.

47 Wadsak, M.: *Klimawandel. Fakten gegen Fake & Fiction.* Unter Mitarbeit von Georg Renöckl. Wien: Braumüller, 2020. S. 77.

48 Greenpeace Österreich: *Die Klimakrise in Österreich. Der Bundesland-Report zu den Folgen der Erderhitzung von Greenpeace Österreich.* Wien: www.greenpeace.at, 2019. S. 9.
49 Ebd.
50 Ebd., S. 11.
51 Wadsak, M.: *Klimawandel. Fakten gegen Fake & Fiction.* Unter Mitarbeit von Georg Renöckl. Wien: Braumüller, 2020. S. 73 f.
52 Goebel, T.: *Klimakrise greift Wasser in Österreich schon jetzt an: »Es wird zu viel verbaut«.* Hg. v. Momentum Institut. Wien: www.moment.at, 17.04.2020.
53 Küntzle, T.; Hametner, M.: *Wie der frühe Frühling Österreichs Ernten gefährdet.* Beitrag im Projekt »Klima«. Addendum, 11.03.2020.
54 Wadsak, M.: *Klimawandel. Fakten gegen Fake & Fiction.* Unter Mitarbeit von Georg Renöckl. Wien: Braumüller, 2020. S. 72 f.
55 Küntzle, T.; Hametner, M.: *Wie der frühe Frühling Österreichs Ernten gefährdet.* Beitrag im Projekt »Klima«. Addendum, 11.03.2020.
56 Ebd.
57 Roth, R.; et al.: *Expertenforum Klima. Schnee.Sport. D-A-CH | Perspektiven des Schneesports im Zeichen globalen Klimawandels.* Planegg / Köln / Garmisch-Partenkirchen: Stiftung Sicherheit im Skisport/Deutsche Sporthochschule Köln / Karlsruhe Institute of Technology KIT, 2019.
58 Greenpeace Österreich: *Die Klimakrise in Österreich. Der Bundesland-Report zu den Folgen der Erderhitzung von Greenpeace Österreich.* Wien: www.greenpeace.at, 2019. S. 16.
59 Wadsak, M.: *Klimawandel. Fakten gegen Fake & Fiction.* Unter Mitarbeit von Georg Renöckl. Wien: Braumüller, 2020. S. 78.
60 Greenpeace Österreich: *Die Klimakrise in Österreich. Der Bundesland-Report zu den Folgen der Erderhitzung von Greenpeace Österreich.* Wien: www.greenpeace.at, 2019. S. 13.
61 Austrian Panel on Climate Change (APCC): Österreichischer *Sachstandsbericht Klimawandel 2014.* Wien: APCC, 2014. S. 363.
62 Steininger, K.; et al.: *Klimapolitik in Österreich: Innovationschance Coronakrise und die Kosten des Nicht-Handelns.* Wegener Center Research Briefs 01–2020. Graz: Wegener Center Verlag / Universität Graz, 2020. S. 7 f.
63 Steininger, K.; et al.: *Die Auswirkungen des Klimawandels in Österreich: eine ökonomische Bewertung für alle Bereiche und deren Interaktion. Hintergrund und Ergebnisse des Forschungsprojekts COIN.* Graz: www.coin.ccca.at, 2015.
64 Bundesministerium für Klimaschutz, Umwelt, Energie, Mobilität, Innovation und Technologie: *Energie in Österreich. Zahlen, Daten, Fakten.* Wien, 2020.
65 Kletzan-Slamanig, D.; Köppl, A.: *Umweltschädliche Subventionen in den Bereichen Energie und Verkehr.* WIFO-Monatsberichte 89, 8, 2016. S. 605–615.
66 Steininger, K.; et al.: *Klimapolitik in Österreich: Innovationschance Coronakrise und die Kosten des Nicht-Handelns.* Wegener Center Research Briefs 01–2020. Graz: Wegener Center Verlag / Universität Graz, 2020. S. 7 f.
67 Köstinger, E.: *2993/AB vom 30.04.2019 zu 3001/J (XXVI.GP).* Beantwortung der parlamentarischen Anfrage. Wien: www.parlament.gv.at, 30.04.2019. S. 5.
68 Rechnungshof Österreich: *Klimaschutz in Österreich – Maßnahmen und Ziel-*

erreichung 2020. Bericht des Rechnungshofes, 16.04.2021. S 14.
69 International Renewable Energy Agency (IRENA): *Renewable Power Generation Costs in 2019*. Abu Dhabi: IRENA, 2020.
70 Greenpeace Energy eG: *Was Strom wirklich kostet. Vergleich der staatlichen Förderungen und gesamtgesellschaftlichen Kosten von konventionellen und erneuerbaren Energien*. Hamburg: Greenpeace Energy eG, 2015.
71 Jacobsen, M. Z.; et al.: *100 % Clean and Renewable Wind, Water, and Sunlight All-Sector Energy Roadmaps for 139 Countries of the World*. Joule 1, 2017. S. 108–121.
72 Hutsteiner, R.: *Energiewende bis 2050 machbar*. Wien: www.science.orf.at, 2017 (Zugriff: 09.04.2021).
73 Andrijevic, M.; et al.: *COVID-19 recovery funds dwarf clean energy investment needs*. Science 370, 6514, 2020. S. 298–300.
74 Frankfurter Allgemeine Zeitung (FAZ), Redaktion: »*Politik ist das, was möglich ist*«. FAZ, 20.09.2019.
75 Republik Österreich, Parlament: *Keine CCS-Projekte in Österreich*. Parlamentskorrespondenz Nr. 40, 18.01.2019.
76 Wiedmann, T., et al.: *Scientists' warning on affluence*. Nature Communications 11, 3107, 2020.
77 Müller, M.; et al.: *Mit Hightech den Klimawandel stoppen*. Aktualisierte Version. Beitrag im Projekt »Klima«. Addendum, 12.12.2019.
78 Bastin, J.-F.; et al.: *The global tree restoration potential*. Science 365, 6448, 2019. S. 76–79.
79 Kalt et al. (2019): *Natural climate solutions versus bioenergy: Can carbon benefits of natural succession compete with bioenergy from short rotation coppice?* GCB Bioenergy 11, 11, 2019. S. 1283–1297
80 Idel, A.: *Die Kuh ist kein Klimakiller! Wie die Agrarindustrie die Erde verwüstet und was wir dagegen tun können*. 8. Auflage. Agrarkultur im 21. Jahrhundert. Marburg: Metropolis, 2021.
81 Bundesregierung (Deutschland): *Moore – die natürlichen Filter*. Berlin: www.bundesregierung.de, 02.04.2015 (Zugriff: 09.04.2021).
82 Creutzig, F.; et al.: *Considering sustainability thresholds for BECCS in IPCC and biodiversity assessments*. Editorial Commentary. GCB Bioenergy 13, 2021. S. 510–515.
83 Fuss, S.; et al.: *Negative emissions – Part 2: Costs, potentials and side effects*. Environmental Research Letters 13, 063002, 2018.
84 Kirchengast, G.; Steininger, K.: *Treibhausgasbudget für Österreich auf dem Weg zur Klimaneutralität. Wegener Center Statement 9.10.2020 – ein Update zum Ref-NEKP der Wissenschaft*. Graz: Wegener Center für Klima und Globalen Wandel / Universität Graz, 2020.
85 Döschner, J.: »*Champagner unter den Energieträgern*«. Tagesschau, 12.10.2020.
86 Kopetz, H.: *Die Traumwelt der Gaswirtschaft*. Der Standard, 04.02.2021.
87 Umweltbundesamt: *Sachstandsbericht Mobilität und mögliche Zielpfade zur Erreichung der Klimaziele 2050 mit dem Zwischenziel 2030. Kurzbericht*. Wien: Umweltbundesamt, 2018. S. 28.
88 Kabbaj, W.: *What a driverless world could look like*. TED Talk. TED@UPS, 2016.
89 Calthorpe, P.: *7 principles for building better cities*. TED Talk. TED2017, 2017.
90 Malmodin, J.; Lundén, D.: *The Energy and Carbon Footprint of the Global ICT*

and E&M Sectors 2010–2015. Sustainability 10, 3027, 2018.
Appunn, K.; et al.: *Germany's greenhouse gas emissions and energy transition targets.* Factsheet. Berlin: www.cleanenergywire.org, 2021.
91 Ferreboeuf, H.; et al.: *Lean ICT. Towards Digital Sobriety.* The Shift Project Report. Paris: www.theshiftproject.org, 2019.
Clark, S.: *Can we have net zero emissions and still fly?* The Guardian, 24.11.2019.
92 Lange, S.; et al.: *Digitalization and energy consumption. Does ICT reduce energy demand?* Ecological Economics 176, 106760, 2020.

KAPITEL 5 • FOSSILE VERSTRICKUNGEN – WARUM WIRKLICH NICHTS GESCHIEHT

1 James Hansen, Aussage vor dem US-Senat, 23. Juni 1988. In: YaleClimateConnections: *James Hansen's 1988 testimony after 30 years. How did he do?* Video. www.youtube.com, 20.06.2018 (Zugriff: 09.04.2021).
2 Thatcher, M.: *Speech to Conservative Party Conference.* Rede vom 13.10.1989. Thatcher Archiv, Margaret Thatcher Foundation, www.margaretthatcher.org (Zugriff: 20.03.2021). S. 24 ff.
3 Congressional Record Online: *Climate Change.* Washington, D. C.: Government Publishing Office. www.gpo.gov, 2019, S. 1546–1551. (Zugriff: 15.11.2020).
4 Unbekannt: *Smoking and Health Proposal.* Brown & Williamson Records, Master Settlement Agreement, 1969. San Francisco: Truth Tobacco Industry Documents, www.industrydocuments.ucsf.edu, 2012.
5 DeMelle, B.: *Heartland Institute Exposed: Internal Documents Unmask Heart of Climate Denial Machine.* Seattle: www.desmogblog.com, 14.02.2012.
6 Zitat v. Kert Davies. In: Goldenberg, S.: *Leak exposes how Heartland Institute works to undermine climate science.* The Guardian, 15.02.2012.
7 Blasberg, A.; Kohlenberg, K: *Die Klimakrieger.* Bearbeitete Version. Die Zeit Nr. 48/2012. www.zeit.de, 22.11.2012 (Zugriff: 15.04.2020).
8 Kaufman, A.: *The Mercers, Trump's Billionaire Megadonors, Ramp up Climate Change Denial Funding.* Bearbeitete Version. New York: www.huffpost.com, Inc., 25.01.2018 (Zugriff: 15.04.2020).
9 Mayer, J.: *Dark Money. The Hidden History of the Billionaires Behind the Rise of the Radical Right.* New York: DoubleDay, 2016. S. 368.
10 Zibel, A.: *The Koch Government: How the Koch Brothers' Agenda Has Infiltrated the Trump Administration.* Washington, D. C.: Public Citizen, 2017.
11 Parkes, G.: *How to Think About the Climate Crisis. A Philosophical Guide to Saner Ways of Living.* London / New York: Bloomsbury, 2020.
12 Popovich, N.; et al.: *The Trump Administration Rolled Back More Than 100 Environmental Rules. Here's the Full List.* Aktualisierte Version. www.nytimes.com, 20.01.2021 (Zugriff: 18.03.2021).
13 Helman, C.: *Trump: ›We Have Ended*

The War On American Energy‹. Forbes, 30.01.2018.
14 Lefebvre, B.; Gardner, L.: *Biden kills Keystone XL permit, again.* Aktualisierte Version. www.politico.com, 20.01.2021 (Zugriff: 20.03.2021).
15 Horaczek, N.: *Die Klimawandelleugner-Lobby.* Falter 09/19, 27.02.2019.
16 Ebd.
17 Zitat v. Norbert Hofer, ORF-Elefantenrunde der Spitzenkandidaten und Spitzenkandidatinnen, 26.09.2019.
18 Freiheitliche Partei Österreichs: *FPÖ – Rauch zu Klimavolksbegehren: Himmelfahrtskommando ohne Hausverstand.* Pressemitteilung. www.fpoe.at, 23.06.2020 (Zugriff: 09.04.2021).
19 Horaczek, N.: *Die Klimawandelleugner-Lobby.* Falter 09/19, 27.02.2019.
20 Joeres, A.; Götze, S.: *Die Klimaschmutzlobby. Wie Politiker und Wirtschaftslenker die Zukunft unseres Planeten verkaufen.* München: Piper, 2020.
21 Schlamp, H.-J.: *Der grüne Papst.* Der Spiegel, 16.06.2015.
22 The Heartland Institute: *Tell Pope Francis: Global Warming is not a Crisis!* Aktualisierte Version. Chicago: www.heartland.org, 15.05.2016 (Zugriff: 16.04.2020).
23 Spindle, B.; Rocca, F. X.: *Oil Companies Look to Join Climate Debate.* Colorado Business Roundtable, www.cobrt-archive.com, 28.05.2015.
24 Doherty, B.: *Australia only nation to join US at pro-coal event at COP24 climate talks.* The Guardian, 10.12.2018.
25 Aussage bei Diskussionsrunde: *08: Emission Trading: an Effective Way To Reduce Emissions.* Europäisches Forum Alpbach, 26.08.2019.
26 Tansey, R.: *Big Oil and gas buying influence in Brussels. With money and meetings, subsidies and sponsorships, the oil and gas lobby is fuelling the climate disaster.* Hg. v. James O'Nions. Brüssel: Corporate Europe Observatory / Food & Water Europe / Friends of the Earth Europa / Greenpeace EU, 2019. S. 9.
27 EU-Transparenzregister: *OMV AG.* ec.europa.eu/transparencyregister, Stand 16.02.2021 (Zugriff: 20.03.2021).
28 EU-Transparenzregister: *Borealis AG.* ec.europa.eu/transparencyregister, Stand 24.03.2020 (Zugriff: 20.03.2021).
29 Lobbypedia: *Bayer.* www.lobbypedia.de (Zugriff: 20.03.2021).
30 Corporate Europe Observatory: *A grey deal? Fossil fuel fingerprints on the European Green Deal.* Brüssel: www.corporateeurope.org, 07.07.2020 (Zugriff: 09.04.2021).
31 Abgeordnetenwatch: *Wie die Gaslobby arbeitet.* www.abgeordnetenwatch.de, 08.02.2018 (Zugriff: 21.04.2020).
32 Steiner, E.: *Wolfgang Schüssel wird Aufsichtsrat in Russland.* Die Presse, 11.04.2018.
33 Sommerbauer, J.: *Gusenbauer & Co: Netzwerke, die sich auszahlen.* Die Presse, 15.01.2011.
34 Von Salzen, C.: *Wie Gerhard Schröder als Türöffner für Gazprom agiert.* Der Tagesspiegel, 20.12.2017.
35 Kireev, M.: *Russlands loyalster Bundeskanzler.* www.zeit.de, 29.09.2017 (Zugriff: 09.04.2021).
36 Murphy, A.; et al.: *GLOBAL 2000. The World's Largest Public Companies.* www.forbes.com, 13.05.2020 (Zugriff: 21.04.20).
37 Polke-Majewski, K.; Greven, L.: *Politiker sind auf Bewährung.* Aktualisierte Version. www.zeit.de, 29.05.2013 (Zugriff: 21.04.2020).
38 RWE Group: *Vorstand und Aufsichts-*

räte. Dr. Wolfgang Schüssel. www.group.rwe (Zugriff: 21.04.20).

39 Statista: *Stromerzeugung des Energiekonzerns RWE nach Energieträger im Jahr 2019*. www.statista.com, 2020 (Zugriff: 18.03.2021).
Statista: *Stromerzeugung des Energiekonzerns RWE nach Energieträger im Jahr 2018 (in Terawattstunden)*. www.statista.com, 14.03.2019 (Zugriff: 21.04.2020).

40 Hiptmayr, C.: *Putins Freunde*. Profil, 11.03.2019.

41 Kotanko, C.: *Die Jobs der Ex-Kanzler: »Der Herr Bundeskanzler war sehr preiswert«*. Oberösterreichische Nachrichten, 03.05.2019.

42 Schmid, C.: *Bundesbudget 2021 und Bundesfinanzrahmen 2021 bis 2024*. Wien: Wirtschaftskammer Österreich, 2020. S. VI.

43 Fridays For Future Österreich: *Wirtschaftskammer AGAINST Future: Zeitschrift von WKO-Fachverband leugnet die Klimakrise*. Wien: APA, 02.03.2020.

44 Laufer, N.: *Wirtschaftskammer hält Klimaziel für »überzogen«, Unternehmen geben Kontra*. Der Standard, 09.12.2020.

45 WWF Österreich: *Vor EU-Gipfel: Unternehmen fordern CO2-Reduktion von 65 Prozent*. Wien: APA, 08.12.2020.

46 Global2000: *Appell der Wirtschaft für Klimaschutz und Energiewende*. www.global2000.at/klimaschutzappell (Zugriff: 18.03.2021).

47 Wirtschaftskammer Österreich: *Im Einsatz für Ein-Personen-Unternehmen (EPU)*. www.wko.at (Zugriff 19.04.2020).

48 Deloitte: *Deloitte Unternehmensmonitor 2020*. In Kooperation mit SORA. Wien, 2020.

KAPITEL 6 • AKTIV WERDEN

1 Fridays For Future: *Strike Statistics*. www.fridaysforfuture.org (Zugriff: 07.01.2021).

2 Narodoslawsky, B.: *Inside Fridays For Future. Die faszinierende Geschichte der Klimabewegung in Österreich*. Wien: Falter Verlag, 2020. S. 104 f.

3 Strobl, G.: *Erneuerbare Energien haben in EU erstmals Kohle und Gas abgehängt*. Der Standard, 25.01.2021.

4 Chenoweth, E.; Stephan, M. J.: *Why Civil Resistance Works: The Strategic Logic of Nonviolent Conflict*. New York: Columbia University Press, 2011.

5 Arendt, H.: *Macht und Gewalt*. 14. Auflage. München: Piper, 2000.

6 Berger, A.: *Klimavolksbegehren. Klimaschutzmaßnahmen und Klimapolitik*. Umfrage. Baden: Marketagent, 2021.

7 Umweltausschuss zum österreichischen Nationalrat: *Entschließung betreffend Maßnahmen im Zusammenhang mit dem Klimavolksbegehren*. 697 der Beilagen XXVII. GP – Ausschussbericht NR – Entschließungstext. Wien, 2021.